云南磷化集团有限公司

"云南省磷化工产业现状及绿色可持续发展研究"
及"云南省技术创新人才培养对象"项目资助

磷产业伴生氟的
赋存形态与回收利用

何宾宾　梅　毅　杨文娟
　　　　　　　　　　　　　编著
李维莉　祖　运　欧志兵

北　京

冶　金　工　业　出　版　社

2025

内 容 提 要

本书通过分析表征、理论模型与软件计算，揭示了湿法磷酸中液相氟赋存形态；针对湿法磷酸液相中 HF、H_2SiF_6、金属-氟络合物赋存形态，研究了两步沉淀法制备氟硅酸钠的氟回收技术、$Na_xMg_yAl_zF_w$ 沉淀法回收液相氟技术，及空气汽提法氟回收技术。

本书主要作为氟化工领域的学术研究和从业人员的参考书，还可作为高等院校博士和硕士研究生的参考书。

图书在版编目（CIP）数据

磷产业伴生氟的赋存形态与回收利用／何宾宾等编著. -- 北京：冶金工业出版社，2025. 2. -- ISBN 978-7-5240-0087-7

Ⅰ. TD871；TQ124. 3

中国国家版本馆 CIP 数据核字第 2025KB3105 号

磷产业伴生氟的赋存形态与回收利用

出版发行　冶金工业出版社	电　　话　(010)64027926
地　　址　北京市东城区嵩祝院北巷 39 号	邮　　编　100009
网　　址　www.mip1953.com	电子信箱　service@ mip1953.com

责任编辑　赵缘园　刘小峰　美术编辑　吕欣童　版式设计　郑小利
责任校对　郑　娟　责任印制　范天娇
唐山玺诚印务有限公司印刷
2025 年 2 月第 1 版，2025 年 2 月第 1 次印刷
710mm×1000mm　1/16；16 印张；308 千字；241 页
定价 158. 00 元

投稿电话　(010)64027932　投稿信箱　tougao@cnmip. com. cn
营销中心电话　(010)64044283
冶金工业出版社天猫旗舰店　yjgycbs. tmall. com
（本书如有印装质量问题，本社营销中心负责退换）

前　　言

我国氟化工产品总产能超过 640 万吨，总产值 1000 亿元以上，产能与产量均居全球首位，支撑着国防、航空航天、新材料等多个战略新兴领域，其中 50% 高端特种材料为含氟产品。自然界的氟主要赋存于萤石和磷矿中，我国萤石资源储量少，濒临枯竭，以占全球 24% 的萤石资源支撑了全球 70% 的氟化工产品，资源消耗量巨大，难以为继，萤石已列为国家战略稀缺资源，且副产大量氟石膏，环境风险大。磷矿伴生氟资源丰富，我国磷矿开采量超过 1 亿吨，伴生氟资源超过 300 万吨，但磷矿在湿法加工过程氟平均回收率为 30%~40%，未回收氟资源远超氟的表观消费量，导致氟资源的极大浪费与环境污染。在萤石资源日渐枯竭及磷矿湿法加工过程中氟资源回收率低的双重背景下，开发氟资源高效回收新技术与新装备势在必行，对提高氟资源回收率、保障战略氟供应安全、破解氟化工可持续发展难题具有重大意义。

我国高度重视氟资源的开发与利用，国家发改委《产业结构调整指导目录（2024 年本）》指出"加大磷矿和萤石矿的中低品位矿、选矿尾矿、伴生资源综合利用"。2023 年工业和信息化部等八部委联合颁布《推进磷资源高效高值化利用实施方案》提出："开发提高磷酸及磷肥生产过程中氟逸出率和收率的技术与装备"。2021 年中国氟硅有机材料工业协会《中国氟化工"十四五"规划》，提出"做好磷矿资源中氟、硅、镁、钙、碘等资源的回收利用""重点完善我国氟化工产业链，构建氟化工全产业体系，减少进口依赖"。工信部 2021 年《"十四五"工业绿色发展规划》鼓励"磷矿中氟资源等共伴生矿产资源的开发"。

针对磷矿湿法加工过程中氟回收率低的难题，国内外开展了大量技术研究，但鉴于湿法磷酸中氟的赋存形态不清晰，导致常规技术氟回收率低，尤其随着我国磷矿日益低品质化，杂质铝含量上升，氟回收率进一步下降，解决磷矿湿法加工过程中氟高效回收迫在眉睫。

本书针对磷矿湿法加工过程中氟赋存形态复杂，导致氟回收率低及氟加工利用的关键技术难题，系统阐述了磷矿加工过程中氟资源高效回收关键技术与装备，揭示了氟的赋存形态、迁移转化行为及影响机制。此外，以液相氟、固相氟为研究对象，分别介绍了两种氟回收的最新研究技术。在回收氟的同时，详细介绍了氟硅酸生产氟化工产品的技术工艺原理、方法及存在的问题，并提出了具体的技术趋势。本书可供从事氟化工领域科技人员参考，也可作为"氟资源回收与利用"课程的教材，还可作为研究生、本科生的必修课或选修课教材。

本书共分9章。第1章绪论，由梅毅教授（昆明理工大学）撰写，简要介绍磷资源伴生氟资源量、氟的流向、氟的危害及氟的赋存形态研究现状。第2~5章，由何宾宾正高级工程师/教授（云南磷化集团有限公司、昆明理工大学）、姜威高级工程师、杨军博士（云南磷化集团有限公司）撰写，系统研究了液相氟与固相氟的赋存形态，提出两步沉淀法、$Na_xMg_yAl_zF_w$ 沉淀法及空气汽提法回收液相氟；第6章由杨文娟工程师、朱桂华工程师（云南磷化集团有限公司）撰写，系统介绍了磷石膏与磷渣酸中氟回收最新技术与装备，为磷石膏与磷渣酸的资源化利用提供了可行的途径。第7章氟硅酸生产氟化铝，由李维莉教授（昆明学院）、高智城工程师（云南磷化集团有限公司）撰写，全面总结了氟化铝物化性质、用途及氟硅酸生产氟化铝工艺、装备。第8章氟硅酸生产氟硅酸钠，由祖运副教授（昆明理工大学）、傅英（云南云天化股份有限公司）、涂忠兵博士（云南磷化集团有限公司）撰写，介绍了氟硅酸钠物化性质、市场现状、应用领域及氟硅酸生产氟硅酸钠工艺技术、工艺设备、技术趋势及存在的问题。第9章氟硅酸生产其他氟硅酸盐，由侯屹东工程师（云南磷化集团有限公司）、马丽萍教授（昆明理工大学）撰写，介绍了氟硅酸生产氟硅酸盐、氟化盐的生产工艺、产品用途等。

全书由何宾宾正高级工程师/教授统稿，梅毅教授审稿，欧志兵、龚丽、杨文娟参与其中工作。

本书的撰写得到了中国工程院-云南省政府战略研究与咨询项目"云南省磷化工产业现状及绿色可持续发展研究"、云南省技术创新人才培养对象项目（何宾宾）的支持，也得到了云南磷化集团有限公司、国家磷资源开发利用工程技术研究中心、昆明理工大学、昆明学院、云南省磷资源技术创新中心、云南省磷化工节能与新材料重点实验室、云南云天化股份有限公司、瓮福云天化有限公司、三环中化有限公司、天安化工有限公司、云天化红磷化工有限公司等单位的支持。其中的许多技术均在参编单位进行成果转化与推广，因为篇幅和参编人员的限制，无法将所有人员作一一说明，在此，对所有对本书作出贡献的专家、企业家、学者、博士生、硕士生表示衷心感谢！

本书为国内外磷产业伴生氟回收的首部图书，虽经多次修改，但限于作者水平，不妥之处在所难免，敬请广大读者批评指正。

何宾宾

2024 年 11 月于昆明

目　　录

1 绪　论

氟是自然界中最活泼的元素，没有正氧化态，基态原子价电子层结构为
$2s^2 2p^5$，半径极小，具有强烈的得电子倾向，即强氧化性，是已知最强的氧化剂
之一[1-2]。最基础的酸性含氟化合物是氢氟酸和氟硅酸，为氟化工之母，可生产
无机与有机氟化物产品，其主要产品与用途见图 1.1[3-4]。

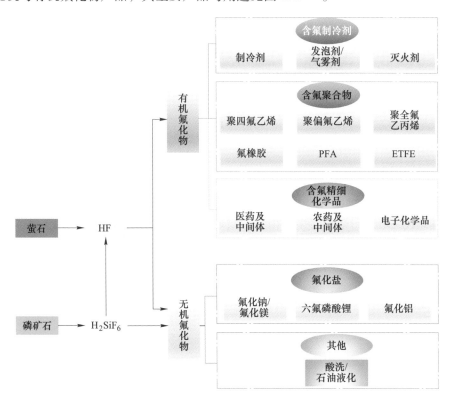

图 1.1　氟的用途与产品分类

Fig. 1.1　Fluorine application and product classification

其中，含有氟元素的无机化合物统称为无机氟化物，主要以氢氟酸或氟硅酸
为原料加工生产而成[5-6]。无机氟化物种类较多，主要产品有氟硅酸钠、冰晶石、
氟化铝等，用途广泛。如氟化铝、氟铝酸钠等主要应用于电解铝工业[7]；六氟磷
酸锂、高纯氟化氢、六氟化硫等无机氟化物虽然产量小，但价值高，特别是六氟

磷酸锂可以用于锂电池行业，是制作电解液的主要材料[8-9]；氟硅酸钠主要用作玻璃和搪瓷乳白剂、助熔剂、农业杀虫剂，也用于陶瓷、玻璃、搪瓷、木材防腐、医药、水处理、皮革、橡胶等工业[10]。

有机氟化物主要以氢氟酸为原料进行生产，包含氟化烷烃、含氟精细化学品、有机氟材料等三种[11-12]。氟化烷烃及其替代品大量用于冰箱及空调的制冷系统中，它所消耗量占整个氟消耗量的 60% 以上[13]。含氟精细化学品是指含氟有机中间体、含氟电子化学品、含氟表面活性剂、含氟特种单体、锂电用含氟精细化学品、环保型含氟灭火剂及含氟新材料等，广泛应用于医药、农药、染料、半导体、改性材料和新能源等行业[14]。有机氟材料是极端环境情况下的首选工程材料，因为其具有热稳定性、耐化学性、不黏性、介电性及极小的摩擦系数是其他材料所不具备的，因此，有机氟材料被称作"有机材料之王"，例如，（1）氟塑料由于具有轻、薄、防水、坚固、耐用及防风等特性，被广泛应用于医疗、军工、航天等行业来制作高端服装[14-15]。（2）氟涂料被称为"涂料王"可以用作不粘锅涂料；0.5% 含氟涂料对儿童乳牙龋病的预防效果较好；水性含氟涂料用途广泛，适合要求长期保护的各种建筑物墙面，特别适合潮湿多雾地区和沿海地区的墙面使用[16-18]。（3）分子结构中含有氟元素的化工合成树脂都被称为含氟聚合物，因为其有较高的耐久性、耐热性和耐候性等特征，被大量应用于石油化工、汽车工业、工业建筑等行业[19-20]，含氟聚合物所消耗的氟量占氟总消耗量的 20%。

自然界中，氟元素主要有两种矿物赋存形态：一种赋存于萤石（氟化钙）中；另一种是含氟磷矿石[21-22]，两种矿物均是我国非金属战略资源。全球萤石蕴藏量较小，2023 年世界萤石总储量约 2.8 亿吨，较 2022 年增加了 2200 万吨，且集中在为数不多的几个国家，资源储量区域分布如图 1.2 所示。

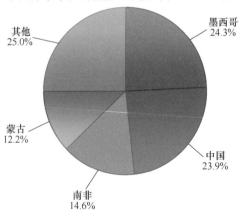

图 1.2　2023 年全球萤石基础储量区域分布

Fig. 1.2　Regional distribution of global fluorite reserves in 2023

2023 年我国已探明萤石矿物基础储量仅为 6700 万吨，与 2022 年基本持平。但资源禀赋较差，平均品位 35%~40%，近年未发现大型矿床，资源总量呈下降趋势，主要分布在江西、浙江、内蒙古、福建等省区，2022 年资源基础储量地区分布如图 1.3 所示。

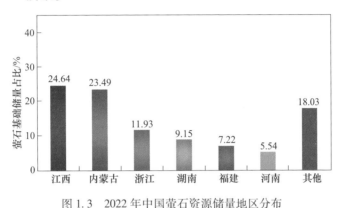

图 1.3　2022 年中国萤石资源储量地区分布

Fig. 1.3　Regional distribution of fluorite reserves in China in 2022

我国是氟化工产品出口与内需大国，2023 年共生产氟化工主要产品 402.8 万吨，对氟资源的需求量极大，年产氟化物在 150 万吨左右（以 100%HF 计），其中消耗的 88%氟资源来源于萤石生产（年消耗 400 万~500 万吨萤石资源量），其余来源于磷化工副产氟硅酸。随着我国新能源产业的快速发展，现有萤石资源量难以满足日益增长的氟化工原料需求，过度开采使萤石资源濒临枯竭[23]。2003 年以来，我国相继出台了一系列的政策来缓解我国萤石日益减少的状况，这些政策主要包括不颁发开采许可证、提高萤石的出口关税、对加工产品出口管制等，但收效甚微。因此，为满足全球日益增长的氟化工材料的需求，亟需寻找萤石的替代资源。

◀1.1　磷资源伴生氟资源量

磷矿中氟质量含量（下同）为 2%~5%，主要赋存矿物矿相为氟磷酸钙 [$Ca_5(PO_4)_3F$] 和氟硅酸钙（$CaSiF_6$）[24-25]。全球磷矿资源储量较为丰富，根据美国地质调查局 2021 年《矿产品商品摘要》的统计数据，全球磷矿基础储量为 710 亿吨，主要以海相沉积磷矿形式存在，分布在非洲、亚洲、美洲等 60 多个国家和地区，其中，储量在 10 亿吨以上的国家（地区）有摩洛哥、西撒哈拉、中国、阿尔及利亚、叙利亚、南非、约旦、俄罗斯、美国和澳大利亚，占世界总储量的 94.99%，而摩洛哥和西撒哈拉储量极为丰富，两国储量共计达到 500 亿吨，占到全球基础储量的 70%左右[25-26]。我国已探明磷矿资源基础储量约 37 亿吨，占世界 5.2%[27]。按照平均 3% 的氟含量，磷矿中伴生的氟资源量为 1.11 亿吨，占自然界中主要含氟矿物资源总量的 87.4%，列于表 1.1。因此，磷矿中蕴藏着巨大的氟资源量。

表 1.1　我国萤石、磷矿储量及氟含量

Table 1.1　Fluorite and phosphate ore reserves and fluorine content in China

矿物名称	储量/亿吨	平均含氟量/%①	氟资源量/亿吨②	百分比/%
萤石矿	0.42	38	0.16	12.6
磷矿	37	3	1.11	87.4
总量	37.42	41	1.27	100

①②均按单质氟折百计算。

◀1.2　磷资源湿法加工过程氟的流向

磷矿是生产磷化工产品的主要基础原料，为生产出合格的磷化工产品，须通过化学与物理方法将磷矿中的磷元素转变为磷酸与黄磷[28]。

按磷矿加工工艺的不同，分为热法与湿法工艺。全球磷矿加工工艺与产品消耗分布见图 1.4。

从图 1.4 可知，热法磷加工通过电炉生产黄磷进而生产工业磷酸（具有纯度高等优点），以黄磷或热法磷酸为原料加工成各种工业磷化物及磷酸盐，广泛应用于下游的军工、食品添加剂、洗涤剂、金属表面处理、工业水处理、建筑工业、医药、塑料增塑剂等领域[29-33]。湿法磷加工比例占磷产业的 80%～90%，其工艺是使用强酸（包括硫酸、硝酸与盐酸，其中硫酸法是主流成熟技术；硝酸法主要生产硝基磷肥，硝酸分解磷矿生产湿法磷酸的工艺仍处于实验室阶段；盐酸法国内暂未产业化应用）分解磷矿生产湿法磷酸，再基于湿法磷酸生产磷肥、饲料磷酸钙盐、工业磷酸等产品，具有工艺成熟，成本低等优点[34-37]。

截至 2023 年，我国磷肥产量为 P_2O_5 2170 万吨，饲料磷酸钙盐产量 188 万吨（P_2O_5），均居世界前列[38]。磷肥和饲料磷酸钙盐是保障我国粮食安全与畜牧业健康可持续发展的重要原料，所以湿法磷加工是当前乃至未来很长一段时间磷矿的主要加工方式，也是本书主要研究对象。

在硫酸分解磷矿生产湿法磷酸过程中，磷矿中钙元素形成硫酸钙，磷元素形成湿法磷酸，氟元素首先以氢氟酸的形式生成，其总化学反应见式（1.1）：

$$Ca_5(PO_4)_3F + 5H_2SO_4 + 5nH_2O \Longrightarrow 3H_3PO_4 + 5CaSO_4 \cdot nH_2O \downarrow + HF \uparrow$$

$$(1.1)$$

其中，硫酸钙有三种不同的水合结晶形态，即二水硫酸钙（$CaSO_4 \cdot 2H_2O$）、

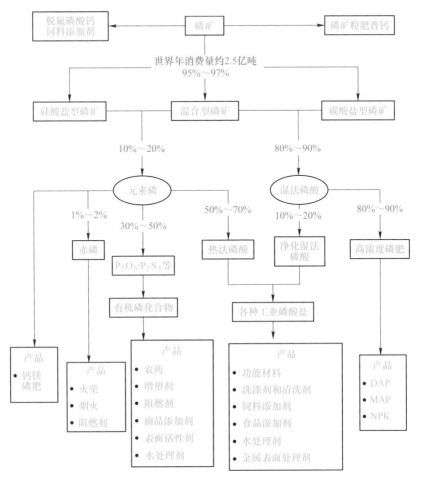

图 1.4　全球磷矿加工方式与产品消耗分布

Fig. 1.4　Distribution of phosphate ore processing and product consumption globally

半水硫酸钙（$CaSO_4 \cdot 1/2H_2O$）和无水硫酸钙（$CaSO_4$），从磷酸溶液中沉淀出来，其生成条件主要取决于磷酸浓度、温度以及游离硫酸根浓度[39]。故上述总化学反应式中 $CaSO_4 \cdot nH_2O$ 中的 n 可以等于 2、1/2 或 0，相应三种方法即二水物法、半水物法和无水物法。

　　目前全球 90%的湿法磷酸以二水物法生产，其分为两步进行。第一步是磷矿和循环料浆（或返回系统的稀磷酸，即一洗液）进行预分解反应，循环料浆中含有磷酸且循环量较大，使磷矿充分溶解在过量的磷酸溶液中生成磷酸二氢钙，其化学反应见式（1.2）：

$$Ca_5(PO_4)_3F + 7H_3PO_4 =\!=\!= 5Ca(H_2PO_4)_2 + HF\uparrow \qquad (1.2)$$

预分解反应是为了避免磷矿直接与浓硫酸发生剧烈反应，使生成的硫酸钙覆盖于磷矿表面，阻碍磷矿进一步分解，同时避免生成难以过滤的细小二水硫酸钙晶体（磷石膏）。在此过程中磷矿中部分氟首先以氢氟酸的形式进入反应料浆中，并与磷矿中的活性二氧化硅继续反应生成四氟化硅，四氟化硅进一步与反应料浆中氢氟酸反应转化为氟硅酸，反应如式（1.3）所示。反应料浆中继续加入硫酸反应生成磷石膏与湿法磷酸，反应如式（1.5）所示。

在硫酸分解磷矿生产湿法磷酸过程中，氟硅酸主要流向三部分：其一，与料浆中的钠、钾、铝反应，生成难溶的氟硅酸钠、氟硅酸钾、氟化铝等沉淀，粗粒径随转台过滤机进入磷石膏中，细粒径穿滤进入湿法磷酸中，即为湿法磷酸固相氟，主要反应见式（1.4）；其二，进入萃取尾气系统，高浓度氟硅酸作为产品回收利用，低浓度氟硅酸洗涤磷石膏进入酸性循环水中；其三，剩余氟（一般 70%以上）进入湿法磷酸，即液相氟[40]。但磷矿中金属元素随硫酸分解进入湿法磷酸，如 Al^{3+}、Fe^{3+}、Ca^{2+}、Mg^{2+} 等，导致氟的赋存形态复杂，至今尚未开展系统性研究[41]。

$$6HF + SiO_2 \Longrightarrow H_2SiF_6 + 2H_2O \tag{1.3}$$

$$(Na,K)_2O + H_2SiF_6 \Longrightarrow (Na,K)_2SiF_6 \downarrow + H_2O \tag{1.4}$$

$$Ca(H_2PO_4)_2 + 5H_2SO_4 + 10H_2O \Longrightarrow 5CaSO_4 \cdot 2H_2O \downarrow + 10H_3PO_4 \tag{1.5}$$

湿法磷酸生产磷肥、饲料磷酸钙盐等磷化工产品过程中，为减少产品烘干成本，提高装置产能，需将湿法磷酸浓度浓缩至48% P_2O_5 以上，在浓缩过程中部分氟逸出并以 H_2SiF_6 形式回收，是当前湿法磷酸中氟的主要回收方法，而剩余氟主要进入磷化工产品中[42-43]。

图 1.5 是国内某磷肥标杆型企业的氟平衡图，磷精矿（磷矿品位 30.0%

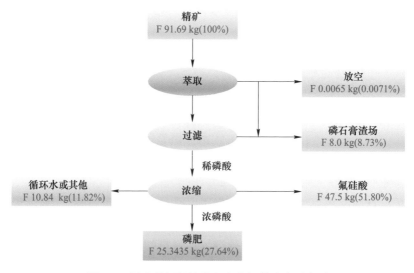

图 1.5　国内某标杆性磷肥企业氟的流向平衡图

Fig. 1.5　Fluorine flow balance diagram of a benchmark enterprise in China

P_2O_5）中氟含量为 3%。从图中可以看出，以 100% P_2O_5 磷精矿为基准，仅回收了 51.8% 的氟（以 H_2SiF_6 的形式回收），少部分氟排空进入空气，大部分进入磷肥与磷石膏渣场中未回收，不仅造成资源的浪费、环境的风险，也对磷肥等磷化工产品品质造成较大影响。

2023 年我国磷矿加工量为 10530.9 万吨，其中湿法加工磷矿量为 6269.0 万吨，平均含氟量为 3.0%，则所含氟资源量为 188.1 万吨（以单质氟计算），回收量仅 45.1 万吨，损失量为 143.0 万吨，损失量占国内 2023 年氢氟酸表观消费量（152.2 万吨）的 93.9%，具体见表 1.2，因此，提高磷矿湿法加工过程中氟的回收率具有显著的资源与经济效益。

表 1.2　2023 年我国磷矿中氟资源蕴藏量与损失量

Table 1.2　Reserves and losses of fluorine resources in phosphate ores in China in 2023

中国湿法磷矿消耗量/万吨	平均含氟量/%	氟资源量/万吨	氟资源损失量/万吨	国内氢氟酸表观消费量/万吨
6269.0	3.00	188.1	143.0	152.2

◀1.3　磷资源湿法生产过程氟排放危害与治理

从 1.2 节可知，当前我国湿法磷加工过程氟的回收率低，是重要的氟外流产业，不仅造成氟资源的浪费，同时对生态环境与化肥品质带来潜在的影响与破坏[44-45]。氟主要进入尾气、磷石膏及磷化工产品中。其中，为了控制尾气氟化物的污染，GB 31573—2015《无机磷化学工业污染物排放标准》规定氟化物排放浓度限值为 6 mg/m³，目前大部分磷化工企业氟排放量控制在 6 mg/m³ 左右，占氟排放总量低于 1%，但未实现零排放[46]。另外，湿法磷酸生产过程中副产大量磷石膏与酸性循环水，暂存于磷石膏渣场中，氟含量一般 500~2000 mg/m³，构成潜在的环境威胁，此部分氟占氟总量的 20% 以上[47]。剩余超 70% 的氟进入湿法磷酸中，除少部分随湿法磷酸浓缩工艺而回收，大部分进入到以磷肥为主的磷化工产品中，在施肥后，随着雨水流入土壤、湖泊与渗入地下水，导致土壤与水体的氟含量超标[48-49]。

湿法磷加工过程气、液、固相氟污染途径如图 1.6 所示。从图 1.6 可知，进入大气中氟污染物随气流、降水等向周围地区扩散最终落到地面被植物、土壤吸收或吸附，造成一些蔬菜中氟化物检出量高于食品卫生标准允许限值 1 mg/kg。进入水中氟污染物随水流迁移影响径流区的生物和土壤。我国部分区域水体中氟浓度较高，已超过 4 mg/L，甚至 20 mg/L，污染较为严重[50]。

　　进入土壤中的氟污染物，使我国土壤（A层）氟背景值为（478±197.7）mg/kg，比世界土壤氟背景平均值高约139%。但受气候、生物、母质、地形等因素影响，不同土壤的氟含量差异显著，如氟污染区局部土壤中油菜和稻谷样品中氟含量范围分别为1.86~2.68 mg/kg和10.40~13.50 mg/kg；而甘肃白银市污水灌溉区农田土壤氟含量为276.60~4989.70 mg/kg，平均含量1689.00 mg/kg[51-52]。

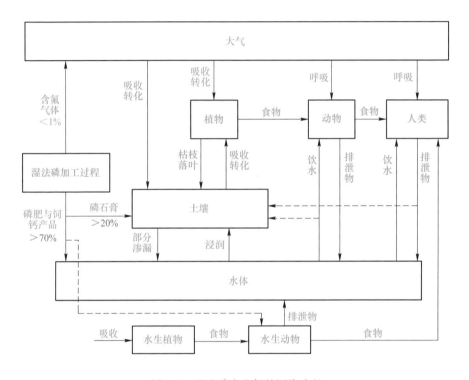

图 1.6　湿法磷产业氟的污染途径

Fig. 1.6　Fluorine contamination route in wet process phosphorus industry

　　大气、水体及土壤中的氟流入并富集于人体与动植物体内，造成负面影响。其中，当人体和动物氟摄入过量会导致中毒，危害健康，其危害情况见表1.3。氟进入人体和动物途径如下：在酸性胃液环境中，约有40%的氟化物转化为氢氟酸，被机体吸收，其余的氟化物在肠道中被吸收。一旦被吸收过量的氟进入血液系统，将迅速遍布全身，其中约90%的氟化物将富集于钙含量较高的区域，如骨骼和牙齿，造成常见的病症有氟斑牙病、氟骨症、甲状腺肿、眼鼻喉病、神经、遗传毒性等[53-54]。此外，植物吸收氟是一个持续的过程，适量的氟有助于植物的生长发育，但氟过量则阻碍植物生长代谢，如产量、叶绿素含量、光合速率等下降，铁、钾、锌、镁等矿质元素呈逐渐降低的趋势。

表 1.3 氟对人体与动物的危害

Table 1.3 Fluorine harm to human and animal

氟化物量/mg·kg⁻¹	时间	摄入途径	危害
0.1	1 次	空气	嗅觉不适
1.0	终生	水	有利于牙齿
2.0~8.0	8 年（儿童）	水	斑牙病
8.0	10 年以上	水	氟骨病
20.0~80.0	10~20 年	空气	运动机能
40.0	5 年	食物	体重减轻
50.0	不定	水/食物	甲状腺障碍
60.0	数月	食物	生殖系统障碍
100.0	数月	食物	贫血/肾病
2500.0~5000.0	1 次	食物	致死

针对氟对环境污染问题，国内外学者开展了大量的污染治理研究工作。主要包括生物修复技术，物理化学固化及有机肥吸附等。其中生物修复技术主要通过植物自身的代谢、转化、降解等作用吸收来自大气、水和土壤中氟污染物[55]；许多学者利用 F⁻ 与 Ca^{2+}、Ba^{2+} 等在土壤、水体中发生沉淀反应，产生不溶性胶体沉淀而降低氟对环境的污染[56]；此外，通过施用动物粪便和作物秸秆，来增加土壤中的有机质含量，以改善土壤结构，增加土壤胶体对氟化物的吸附，减小土壤中氟化物向作物中转移，效果明显[57]。但大部分工作由于成本及可操作性问题仍然停留在实验室研究阶段。因此，从湿法磷加工过程深度脱氟并回收是解决氟资源回收率低与氟污染重要且可靠的途径。

1.4 磷资源湿法生产过程氟的赋存形态、脱除与回收

从 1.2 节与 1.3 节可知，磷矿中 70% 以上的氟进入湿法磷酸中，实现湿法磷酸中氟的高效回收，减少氟进入磷化工产品与磷石膏中，具有资源与环境的双重意义。

国内外学者，结合湿法磷酸生产工艺流程，分别在萃取工序、浓缩工序与其他工序开展了系列氟脱除与回收的研究。

1.4.1 氟的赋存形态

从图 1.5 可知，硫酸分解磷矿生产湿法磷酸过程中，磷矿中的氟、铁、铝、镁、钙等元素随硫酸分解一同进入湿法磷酸中。其中，氟转化为氢氟酸，与磷矿

中伴生活性二氧化硅继续反应生产氟硅酸[58]。为了厘清湿法磷酸中氟的赋存形态，国内外学者开展了较多的研究。M. E. Guendouzi 等[59]认为湿法磷酸气相氟主要由 SiF_4、HF 组成，其中 HF 由 F^-、HF_2^- 与 $H_2F_3^-$ 组成；V. M. Norwood 通过相关仪器表征手段研究了湿法磷酸中 H_3PO_4、HF、H_2SiF_6 的赋存形态[60]。王励生等基于稳定常数通过线性回归拟合出 Al^{3+} 和氟的赋存形态，未考虑其他金属离子对 Al^{3+} 和氟赋存形态影响，且未开展其他金属离子与氟的络合形态研究[61]。张志业等研究了磷矿中 F^- 和 Al^{3+} 进入湿法磷酸中的比例以及磷矿中 $n(F^-)/n(Al^{3+})$ 摩尔比的关系，当 $n(F^-)/n(Al^{3+})$ 小于 3 时，F^-、Al^{3+} 进入磷酸中的比例增大，这是因为 F^-、Al^{3+} 形成了大量的 AlF^{2+} 或 AlF_2^+ 络合离子；当 $n(F^-)/n(Al^{3+})$ 等于 3 时，F^-、Al^{3+} 进入磷酸中量最少，这是因为形成 AlF_3 沉淀而进入磷石膏中；当 $n(F^-)/n(Al^{3+})$ 在 3~5.8 时，F^-、Al^{3+} 进入磷酸中的量逐渐增大；大于 5.8 时，磷矿中的 F^-、Al^{3+} 进入磷酸中的量开始减少[62]。阳杨等研究了湿法磷酸浓缩后氟分配及脱氟工艺研究，认为浓缩磷酸达到稳态时氟的分布是：在一定 F、Al^{3+}、Fe^{3+} 含量情况下，0.032 mol/L SiF_6^{2-} 和 0.158 mol/L AlF^{2+}，几乎很难形成 Fe^{3+} 的络合物[42]。J. R. Lehr 与 P. S. O'Neill 等认为湿法磷酸中固相氟主要由 $Na_2(K_2)SiF_6$ 及少量 CaF_2 组成，并在湿法磷酸中发现了 $Ca_4SO_4SiAlF_{13} \cdot 10H_2O$，$NaMgAlF_{12}(OH)_6 \cdot 3H_2O$ 等组分[63-64]。Witkamp 等认为 AlF_5^{2-} 在磷酸溶液中是稳定的，Hapet 等认为磷酸溶液中 AlF_2^+ 是稳定的[65-66]。A. W. Frazier 等研究氟在湿法磷酸中与其他元素的作用行为，认为湿法磷酸中氟可形成 12 种氟沉淀物，如 $Na_2(K_2)SiF_6$、$CaNaAlF_6 \cdot H_2O$ 等[67]。

然而，到目前为止，湿法磷酸液相中不同金属离子与 HF、H_2SiF_6 等组分形成络合物的络合能力强弱、竞争机制、对氟回收影响、相互转化规律以及阻碍氟难以回收的关键组分仍不清楚，需深入研究。

1.4.2　氟的脱除与回收

1.4.2.1　磷矿萃取过程中氟的脱除与回收

从图 1.5 可知，磷矿中氟在硫酸分解过程中形成了 H_2SiF_6 和 HF，均进入气、固、液三相。为了实现气相氟超低排放，国内外从基础理论到产业化应用开展了相关研究。尾气中氟化物主要由 HF 与 SiF_4 组成，利用其易溶于水的特性，在洗涤器中用水吸收生成 H_2SiF_6，H_2SiF_6 直接回收并进一步加工成氟化工产品[68]。虽然湿法脱氟效果较好，但因酸沫夹带等原因造成氟尾气排放超标，同时产生大量酸性含氟废水[69]。

针对湿法脱除尾气中氟的问题，已开发出湿法耦合干法工艺处理含氟尾气，其工艺图见图 1.7[68]。将反应槽尾气、低位闪蒸尾气等混合后通入一个小型水喷淋吸收塔中，回收尾气中的氟化物，生成高浓度氟硅酸（质量浓度≥10%）；出塔湿度较高的尾气进入混合器，与喷入的生石灰粉和活性炭充分混匀后进入袋式除尘器，除尘后尾气中氟化物质量浓度极低，实现超低排放。

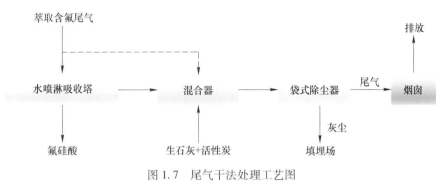

图 1.7　尾气干法处理工艺图

Fig. 1.7　Block diagram of tail gas with wet treatment process

有关学者开展了尾气制备氟化钠、冰晶石、氟硅酸铵、氟硼酸钾、氟硅酸钠等产品的相关研究[70-74]，但尾气中的氟含量低，产业化后经济效益难以过关。

在磷矿萃取过程中，除尾气氟外，大部分氟进入萃取料浆中[75-76]。任孟伟研究了湿法磷酸萃取料浆中氟的脱除，从而避免因后续磷化工产品氟指标限制，增加湿法磷酸脱氟净化成本，从实验数据可知，原矿中氟质量分数为 3.31%，萃取槽中加入碳酸钠沉淀脱氟，在反应时间 53.33 min、反应温度 64.44 ℃、液固比为 3.04 等条件下，转台过滤机过滤后湿法磷酸中氟含量为 0.18%，可直接生产高品质饲料磷酸钙盐等化工产品[77]。但萃取料浆中的氟硅酸形成氟硅酸钠等不溶性沉淀混入磷石膏中，难以分离导致氟资源未回收；此外，磷石膏夹杂着以 HF、H_2SiF_6 等形式存在的水溶性氟致使磷石膏建材制品质量强度降低、可溶物易析出，质量不稳定，难以满足市场需求，严重限制了磷石膏的规模化、资源化利用[78]。

目前，湿法磷酸副产的磷石膏大部分堆存在渣场，导致氟资源的浪费与潜在的环境风险[79-82]。国内外对磷石膏中氟的脱除与回收开展了大量研究。钟雯等研究了不同预处理方式（水洗、浮选、煅烧等）对磷石膏中残留氟的影响，认为高温煅烧法是较优的方法，总氟的脱除率高达 90% 以上[83-87]。张利珍采用石膏调浆-石灰-母液循环预处理技术能有效脱除磷石膏中 76.20% 的水溶氟，水溶氟降至 0.043%，满足 GB/T 23456—2018《磷石膏》的二级品指标限值要求[88]。李兵等利用 0.8 g 电石渣固化 200 g 磷石膏中的水溶性氟，反应时间为 2 h、反应温度为 30 ℃，磷石膏中大部分水溶性氟被固化[89]。李展等研究了石灰中和法和酸浸法脱除磷石膏中氟的规律，并利用扫描电镜（SEM）、傅里叶变换红外光谱仪（FT-IR）、X 射线衍射（XRD）研究了氟脱除过程中磷石膏微观形貌、表面基团和物相组成的变化，认为碱性条件会抑制 CaF_2 的生成，因此，添加石灰至溶液 pH 值为中性时，氟的脱除效果较佳，过量的石灰会导致溶液碱性增强，从而阻碍可溶氟的脱除[90]。孔霞等以 H_2SO_4 浸取磷石膏实现脱氟，考察了浸取温度、时间，硫酸质量分数，磷石膏固含量、粒度 5 个因素对氟去除率的影响规律，结果表明：温度、时间、硫酸质量分数是影响氟脱除率的主要因素，其余影响较小。最佳浸出条件为温度 88 ℃，时间 45 min，H_2SO_4 质量分数 30%，固含量 0.43 g/mL，在此条件下氟去除率可达 84.50%[91]。F. Wu 等采用电石渣或石灰作为磷石膏碱基中和剂，聚合硫酸铁或聚合氯化铝作为定向凝固稳定剂，分析了磷石膏稳定性混合后 1 天、3 天、5 天、15 天氟浸出毒性实验，实验结果表明，该方法效果较好，在浸出 pH 值为 6~9 时，浸出液中氟小于 10 mg/L，满足国家标准要求，并通过机理分析表明磷石膏中氟稳定固化是由于不溶性物质的产生、吸附和封装[78]。F. Wu 提出了一种新型定向固化/稳定磷石膏中氟的方法，以石灰或电石渣（CS）作为碱性调节剂，采用聚合氯化铝、聚合硫酸铁和聚丙烯酰胺等高靶向固化剂，实验结果表明石灰对氟有显著的稳定作用，当石灰与聚丙烯酰胺添加量均大于 5% 时，氟的浸出浓度小于 1 mg/L[79]。Y. Xie 等采用硫铝酸盐水泥制备了酸化硫铝酸盐水泥复合材料，其对氟去除率高，形成的产物为氟化钙（CaF_2）、氟化铝（AlF_3）和三氟化铁（FeF_3）。同时，酸化硫铝酸盐水泥复合材料可以将磷石膏渗滤液在较宽的浓度范围内均能得到有效的处理，处理后浸出液中氟化物含量均低于 4 mg/L[84]。J. Xiang 等利用改性嗜酸菌溶液去除磷石膏中的氟，研究结果表明：当微生物诱发碳酸盐沉淀与酶诱导碳酸盐沉淀的比例为 2：1 时，氟的去除率最高，达到 72.87%~74.92%[76]。J. Xiang 等报道了一种利用生物洗涤去除氟的新方法，该方法能有效将磷石膏中不溶性磷、氟转变为磷酸和氢氟酸，实现磷、氟的脱除率均达 74.67%~77.02%[77]。程来斌等通过石灰沉淀法降低了磷石膏回水中氟，并将氟化物沉淀送至磷矿浆中掺混后利用，上层滤液作为磷酸过滤洗水从而提高磷的收率[85]。上述文献报道的技术均可实现氟的固化或脱除，但宝贵的氟资源均未资源化回收利用。

　　基于上述情况，国内外在资源化回收磷石膏中氟开展了系统研究[92-94]，如云南磷化集团有限公司与昆明理工大学共同开展了原位磷石膏"1+2"逆流洗涤净化的研究，开发了二水磷石膏在调晶剂协同作用下，细晶溶解、原位再结晶新方法，揭示了磷、氟对亚稳期磷石膏晶体成核与成长影响机制，首次开发了磷石膏原位深度净化技术，并基于该技术开发了溶解再结晶串级稳态结晶器与"1+2"深度逆流净化器。净化后水溶性氟含量由 0.2% 降至 0.01% 以下，净化液返回湿法磷酸萃取装置，在提高磷石膏品质的同时，同步实现氟资源的回收利用，目前该技术已在全国推广应用多套。

1.4.2.2　湿法稀磷酸中氟的脱除与回收

　　湿法稀磷酸中氟脱除与回收方法研究较多，其中化学沉淀法和浓缩法实现了产业化应用[41]。化学沉淀法是在湿法稀磷酸中加入金属盐类作为沉淀剂，生成难溶的氟硅酸盐，从而实现氟的分离与回收[95]。A. W. Frazie 通过系统研究，认为氟在湿法稀磷酸生产过程中生成 12 种沉淀，如 K_2SiF_6、Na_2SiF_6、$Ca_4SO_4AlSiF_{13} \cdot 10H_2O$ 等，为沉淀法脱除湿法磷酸中的氟奠定了理论基础[67]。基于 A. W. Frazie 的研究成果，从技术、经济和实际应用情况出发，王超等采用钾盐、钠盐与钙盐作为湿法磷酸中氟的沉淀剂[96]；董占能研究了 Na_2CO_3、Na_2SO_4 和 Na_3PO_4 三种盐的脱氟性能[97]；国外也有许多类似的研究，包括使用钾、钠盐的混盐脱氟或与其他方法联用进行多级脱氟，反应原理见方程式（1.6），其中 Na^+、K^+ 形成氟盐沉淀见式（1.7）、式（1.8）[63,98]。

$$M^{x+} + SiF_6^{2-} \longrightarrow M_xSiF_6 \downarrow \tag{1.6}$$

如：
$$2Na^+ + SiF_6^{2-} \longrightarrow Na_2SiF_6 \downarrow \tag{1.7}$$

$$2K^+ + SiF_6^{2-} \longrightarrow K_2SiF_6 \downarrow \tag{1.8}$$

其中，M 代表碱土金属，$x = 1$ 或 2。

氟硅酸钠、氟硅酸钾这两种沉淀物在水中溶解度极低，但在湿法磷酸中溶解度有所增大，其随磷酸温度与 P_2O_5 浓度变化曲线见图 1.8[99]。从图 1.8 中可知，随磷酸浓度和温度的变化，氟硅酸钠和氟硅酸钾的溶解度有所差异，需根据具体工艺条件选用钾盐或者钠盐。一般来说，在湿法磷酸浓度较低时，钾盐的脱氟效果比较好；在湿法磷酸浓度较高时，钠盐的脱氟效果比较好。但化学沉淀法的研究均基于湿法磷酸中氟的赋存形态之一——氟硅酸而开展的，对其他氟的组分如氢氟酸、金属-氟络合物的脱除研究较少，导致氟脱除率低，且氟化物纯度低难以资源化回收。

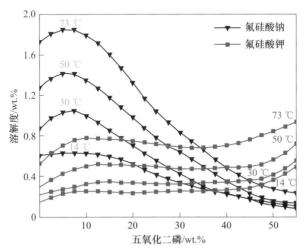

图 1.8 氟硅酸钠与氟硅酸钾在不同磷酸浓度、温度下的溶解度曲线

Fig. 1.8 Solubility curves of sodium fluorosilicate and potassium fluorosilicate at different phosphoric acid concentrations and temperatures

在饲料磷酸氢钙生产过程中，为了不引入其他金属离子，采用碱性石灰乳（$Ca(OH)_2$）为沉淀剂，提高磷酸 pH 值，在降低氟含量的同时实现铁、铝、镁等杂质的脱除石灰乳沉淀脱氟与其他金属杂质一般应用于饲料磷酸氢钙生产，其工艺流程见图 1.9[100-102]。从反应式（1.9）、式（1.10）可知，$Ca(OH)_2$ 可使稀磷酸中的氟化物与钙离子反应生成氟化钙沉淀，铁、铝杂质离子形成磷酸盐沉淀，反应见式（1.11）、式（1.12）[103]。

$$H_2SiF_6 + 3Ca(OH)_2 === 3CaF_2 \downarrow + SiO_2 \cdot 4H_2O \qquad (1.9)$$

$$2HF + Ca(OH)_2 === CaF_2 \downarrow + 2H_2O \qquad (1.10)$$

$$2Al^{3+} + 6F^- + 3Ca(OH)_2 + 2H_3PO_4 === 3CaF_2 \downarrow + 2AlPO_4 \downarrow + 6H_2O \qquad (1.11)$$

$$2Fe^{3+} + 6F^- + 3Ca(OH)_2 + 2H_3PO_4 === 3CaF_2 \downarrow + 2FePO_4 \downarrow + 6H_2O \qquad (1.12)$$

$Ca(OH)_2$ 同时还与部分磷酸发生反应，生成 $Ca(H_2PO_4)_2 \cdot 2H_2O$：

$$2H_3PO_4 + Ca(OH)_2 === Ca(H_2PO_4)_2 \cdot 2H_2O \qquad (1.13)$$

因 $Ca(OH)_2$ 与磷酸反应总是处于界面过饱和状态，伴随发生式（1.14）：

$$H_3PO_4 + Ca(OH)_2 === CaHPO_4 \cdot 2H_2O \downarrow \qquad (1.14)$$

采用石灰乳 $Ca(OH)_2$ 中和沉淀氟与杂质时，生成的沉淀物主要包括两类：

第一类是非磷酸盐型沉淀，如 CaF_2、$SiO_2 \cdot 4H_2O$、$CaSO_4 \cdot 2H_2O$；

第二类是磷酸盐型沉淀，如 $AlPO_4$、$FePO_4$、$CaHPO_4 \cdot 2H_2O$。

第一类非磷酸盐型中的 CaF_2、$SiO_2 \cdot 4H_2O$ 等为沉淀氟化物产生的目标产物，理论上不带走磷酸中的磷；第二类磷酸盐型中的 $AlPO_4$、$FePO_4$ 等因共沉淀产生磷酸盐，导致磷的损失。

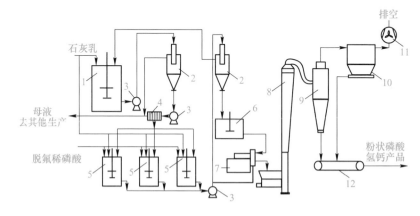

图 1.9 两段中和生产饲料磷酸氢钙工艺流程

Fig. 1.9 Process flow of two-stage neutralization production of calcium hydrogen phosphate

1—中和槽；2—稠厚器；3—泵；4—压滤机；5—产品中和沉淀槽；6—稠浆槽；7—离心机；
8—气流干燥器；9—旋风分离器；10—袋滤收尘器；11—风机；12—皮带机

　　为了进一步提高氟的脱除率，国内外学者在钠、钾、钙的基础上加入化学助剂二氧化硅、氢氧化铝、含钛化合物、铵等，但是考虑到脱氟效果和成本，应用最广的助剂是硅藻土、白炭黑等[104-105]，其作用是使湿法磷酸中氢氟酸转化为氟硅酸，反应方程式见式（1.15）、式（1.16）：

$$SiO_2 + 4HF === SiF_4\uparrow + 2H_2O \qquad (1.15)$$

$$SiF_4 + 2HF === H_2SiF_6 \qquad (1.16)$$

　　当溶液中有钾、钠盐存在时，氟硅酸与之反应生成沉淀，从而提高脱氟率。

　　目前文献报道的化学沉淀法均为一步法工艺，存在湿法磷酸中金属离子杂质对沉淀结晶的影响机制不清晰、晶体结晶大小差异较大、过滤强度低、氟脱除率低、形成的氟化物沉淀纯度低、难以资源化利用等问题。

　　在高浓度磷肥生产过程中，需要将 22%~27% P_2O_5 的稀磷酸浓缩至 42%~52% P_2O_5，达到高浓度磷肥的原料要求。在稀磷酸浓缩过程中，随磷酸浓度、温度、真空度的增加，磷酸中的氟脱除率上升（图 1.10）[106]。

　　磷酸浓缩工艺流程主要有 3 种，分别为典型的强制循环真空蒸发流程、罗纳-普朗克磷酸浓缩流程及斯温森磷酸浓缩流程，而大部分采用典型的强制循环真空蒸发流程，其氟回收的工艺流程如图 1.11 所示[107]。

　　湿法稀磷酸进入浓缩强制循环回路，与大量循环磷酸混合，借助强制循环泵送入石墨换热器，采用低压蒸汽加热后的热酸送入闪蒸室，水分闪蒸后获得浓磷酸。闪蒸室逸出的二次蒸气经旋风除沫器，分离了磷酸酸沫后的含氟气体首先进入第一氟吸收塔，用水吸收后形成质量浓度 10%~18% 的氟硅酸。第一氟吸收塔吸收后的含氟气体进入第二氟吸收塔进一步吸收，吸收液约为质量浓度 3% 稀氟硅酸溶液；在第二氟吸收塔中，可借助吸收塔冷却器循环冷却水流量即可控制成品氟硅酸浓度。第二氟吸收塔上部设有大气冷凝器，不凝性气体及少量水蒸气则经真空系统排入大气，尾气中氟含量控制在 6 mg/m³ 以内。浓缩装置所需的真空由主蒸汽喷射器、中间冷凝器和辅蒸汽喷射器所组成的真空系统来实现。

　　随着湿法磷酸 P_2O_5 浓度的提高，溶液中铝、铁、镁等杂质组分由于溶解度降低而部分呈沉淀析出，导致磷酸黏度上升，蒸发操作变得困难，主要表现为：杂质离子达到饱和或过饱和状态，从而形成继沉淀，继沉淀中主要由 Fe^{3+}、Al^{3+}、Mg^{2+} 与氟沉淀物组成，导致氟的损失[108-109]。

　　浓缩脱氟技术是目前湿法磷酸氟回收的主流技术，但鉴于腐蚀、蒸发效率等因素，浓缩温度一般控制在 85 ℃ 以内，导致浓缩磷酸浓度一般低于 53% P_2O_5，氟的收率低于 50%，大部分氟进入磷肥等磷化工产品中，造成资源的浪费与潜在的环境风险[110]。针对上述浓缩氟回收的问题，国内外学者开展了较多的技术研究，如采用分段浓缩磷酸，提高磷酸浓度的同时，降低继沉淀量与能耗，提高氟收率；通过改造氟硅酸循环洗涤系统，提高氟硅酸的洗涤率，降低尾气氟含

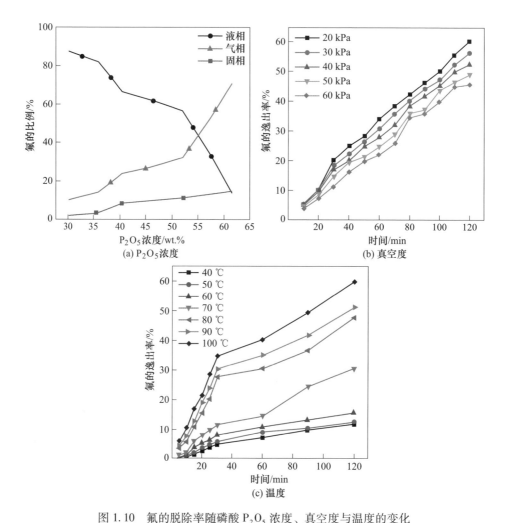

图 1.10　氟的脱除率随磷酸 P_2O_5 浓度、真空度与温度的变化

Fig. 1.10　The removal rate of fluorine varies with phosphoric acid P_2O_5

concentration, vacuum degree and temperature

量[111-112]；B. Peng 开展了不同真空度和温度浓缩湿法磷酸实验，在 15～17 kPa，将温度提升至 130 ℃浓缩湿法磷酸，氟的回收率和氟硅酸纯度分别为 93.26%、97.24%，但温度高导致设备腐蚀严重，难以实现规模化应用[22]。

1.4.2.3　湿法浓磷酸中氟的脱除与回收

湿法浓磷酸中氟的脱除与回收技术主要有汽提法与溶剂萃取法[113-114]。其中，汽提法利用换热器直接（间接）将湿法磷酸升温至一定温度，促进湿法磷酸中的氟硅酸、氢氟酸等含氟物逸出，再用介质（空气/蒸汽）带出，不断改变气液平衡从而实现湿法磷酸快速脱氟，其主要反应方程式见式（1.17）[115]。

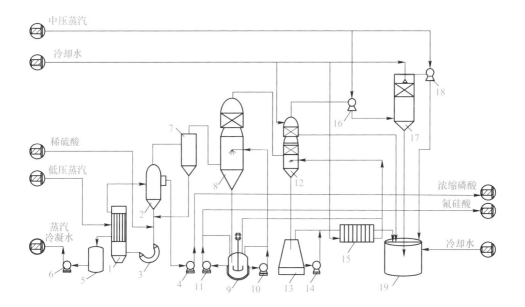

图 1.11 典型的强制循环真空蒸发流程

Fig. 1.11 Typical forced-cycle vacuum evaporation process

1—石墨换热器；2—闪蒸室；3—循环泵；4—浓磷酸泵；5—冷凝水槽；
6—冷凝水泵；7—除沫器；8—第一氟吸收塔；9—吸收塔槽；10—第一吸收塔泵；
11—氟硅酸泵；12—第二氟吸收塔；13—第二吸收塔槽；14—第二吸收塔泵；
15—吸收塔冷却器；16—主蒸汽喷射器；17—中间冷凝器；18—辅蒸汽喷射器；19—热水槽

$$H_2SiF_6 + nH_2O \Longrightarrow SiF_4\uparrow + 2HF\uparrow + nH_2O \qquad (1.17)$$

氢氟酸常温下为气体，能够充分溶解在湿法磷酸中[3]。加热后氢氟酸溶解度降低，从湿法磷酸中逸出到空气中从而带出；氟硅酸沸点低，受热易分解，分解后生成 HF 和 SiF$_4$ 从湿法磷酸中逸出[105,116-118]。汽提脱氟的操作温度一般在 90 ℃以上，达到湿法磷酸的沸点。根据操作方法，可分为常压空气（蒸汽）法和真空法，常压法是在常压条件下通入热空气（蒸汽）与湿法磷酸逆流接触带出氟[117]；真空法是指加热的同时，通过真空泵维持一定的真空度，实现氟从湿法磷酸中快速逸出[115]。为了提高脱氟效率，在汽提脱氟过程中，向湿法磷酸中加入活性硅源（包括二氧化硅、副产硅渣、水玻璃等），促使氢氟酸与硅源反应变为低沸点的氟硅酸，氟硅酸受热分解生成 HF 和 SiF$_4$，随着蒸汽、空气带出，可实现湿法磷酸中氟的脱除与回收，其反应方程式见式（1.15）[119]。但由于湿法浓磷酸组分复杂，氟的赋存形态与脱除机制不清晰，致使氟脱除停留时间较长，能耗较高，效率低，难以实现深度脱除。

溶剂萃取技术一般指让两种互不相溶或者微溶的溶液相互接触，然后通过物理或化学过程，使一相中的溶质全部或者部分转移到另外一相的过程[120-121]。湿法磷酸溶剂正萃取脱氟是将湿法磷酸在分离器中和非水溶性的萃取剂进行逆流接触，从而使磷酸被有机溶剂萃取进入有机相，而氟与金属离子等则留在水相中从而进入萃余酸中，而反萃取则是氟等进入有机相中[122]。徐浩川等对反萃取分离磷酸中氟化物机理进行了深入研究，依据量子化学计算、傅里叶变换红外光谱（FT-IR）、核磁共振氟谱（^{19}F-NMR）等表征，获得萃取物组分，分析探讨了萃取机理，考察了不同氟赋存形态对萃取脱氟效果的影响，研究结果表明：TBP中 P＝O 双键中的氧与 HF 发生氢键缔合作用实现氟的萃取分离作用，异戊醇和二异丙醚中的氧与 HF 发生氢键作用，多种药剂实现协同萃氟作用；有机相中氟化物存在形式主要为 HF·TBP，在煤油、异戊醇和二异丙醚溶剂环境中的萃合物组成分别为：0.9 HF·TBP、1.4 HF·TBP 和 1.6 HF·TBP；TBP 可有效反萃取磷酸中 F^-、CaF^+、MgF^+、FeF_x^{3-x}（x 为 1～6 的整数），但不适用于脱除磷酸中的 SiF_6^{2-}、AlF_x^{3-x}（x 为 1～6 的整数），难以实现深度脱氟[123]；左永辉以 TP35 和 SO17 为复合有机相，以硫酸为有机相处理剂，对湿法磷酸中的氟离子进行反萃取分离实验，研究结果表明：在预处理剂硫酸质量分数为 75%，TP35 和 SO17 体积比为 7：3，预处理剂硫酸与复合有机相体积比为 1：1，复合有机相与水相体积比为 1：5，搅拌速率为 200 r/min，温度 90 ℃，反应 50 min，氟萃取效率为 98.3%，湿法磷酸中 P_2O_5 的损失率仅有 2.21%；负载有机相中的氟离子反萃过程中，选择氢氧化钠为反萃剂，研究结果表明：当氢氧化钠摩尔浓度为 2 mol/L，反萃液与负载有机相体积比为 10：1，反应 30 min，反应温度为室温，搅拌速度为 200 r/min 时，氟离子的反萃率可达 90.2%，且复合有机相可以循环利用[124]。

1.4.2.4　其他氟脱除与回收方法

吸附法是利用材料吸附作用，实现磷酸中氟的脱除。目前吸附剂主要有活性氧化铝、活性炭和沸石等[125-127]。活性氧化铝有效成分为水合氧化铝，比表面积大，为多孔结构，既有物理吸附又有离子交换作用，是目前比较有效的氟吸附方法，其吸附氟能力和溶液 pH 值及氧化铝颗粒大小有关，当 pH 值为 5～6 时，吸附能力较强；颗粒越小，吸附能力越强。利用活性炭和沸石的多孔结构吸附氟，包括外扩散和内扩散两个过程[128-129]。严远志以湿法磷酸副产氟硅酸为原料合成 Si/Al-MCM-41 分子筛，并吸附湿法磷酸中的氟，考察了吸附时间、吸附温度、固液比、分子筛硅铝比和磷酸浓度对氟脱除率影响；结果表明，在常温下，吸附时间为 30 min、固液比为 1：50、分子筛硅铝比为 9 时，氟脱除率可达 56.67%。随着磷酸浓度的增加，MCM-41 分子筛的脱氟率增大[130]。但总体来说，吸附法用于湿法磷酸中氟的脱除与回收面临如下挑战：强酸体系下吸附剂的适应性、用量、成本及循环利用问题。

除上述的湿法磷酸中氟脱除与回收方法外，相关文献报道过膜过滤法、结晶法、离子交换法、电渗析法等，这些方法都存在较大的技术局限性，技术产业化应用前景不明朗[131-132]。从磷资源加工过程回收的氟一般是氟硅酸，如何实现氟硅酸的资源化利用在本章 1.5 节简要介绍。

◀1.5 氟硅酸资源化利用

1.5.1 氟硅酸的性质

氟硅酸作为氟化工最基础的化工原料之一，主要来源于湿法磷酸生产过程[36]。具体表现为：在湿法磷酸生产过程中，磷矿石与硫酸反应产生氟化氢和四氟化硅气体，通过水吸收后得到氟硅酸[133-134]。

氟硅酸一般以水溶液形式存在，市场上氟硅酸质量浓度大概为 20% ~ 35%。氟硅酸是一种强酸，对大多数金属、玻璃、陶瓷有腐蚀性，密度 1.32 g/mL，最高沸点为 107.3 ℃。氟硅酸不燃，易溶于水，有消毒性能，对皮肤有强烈腐蚀，对人体吸收器官有毒害[135-137]。

常温下氟硅酸易挥发，以 HF 和 SiF_4 的形式从溶液中缓慢溢出，因此需要在密封容器中保存。同时，在氟硅酸水溶液中，SiF_6^{2-} 易水解为 $Si(OH)_{4-x}F_y^{(y-x)}$，其中 $(4-x+y) = 4, 5, 6$。水解方程如下：

$$SiF_6^{2-} + 4H_2O \rightleftharpoons Si(OH)_4 + 4H^+ + 6F^- \tag{1.18}$$

氟硅酸在强酸溶液中稳定性差，易水解，方程式可写为：

$$SiF_6^{2-} + 2H_3O^+ \rightleftharpoons 6HF + SiO_2 \tag{1.19}$$

氟硅酸在碱性溶液中水解机制如下：SiF_6^{2-} 碱性水解是以 SN_1 机制（是一种亲核取代反应机制，其中反应分为两个步骤。首先，离去基团离去形成碳正离子中间体，然后亲核试剂攻击碳正离子形成产物）为主，方程式如下：

$$SiF_6^{2-} + 6OH^- \longrightarrow Si(OH)_6^{2-} + 6F^- \tag{1.20}$$

氟硅酸作为一种强酸，化学性质复杂，不仅可以与碱性氧化物反应，而且还可以与碱、酸以及其他化合物发生反应。（1）与金属氧化物反应：当氧化镁、氧化铅以及氧化锌等在氟硅酸溶液中将会形成它们各自硅酸盐沉淀[135-137]。（2）与碱反应：当氟硅酸少量时与氢氧化铝会形成二氧化硅，当氟硅酸过量时将会产生氟化氢气体；氟硅酸也可以和氢氧化钠进行反应，当溶液碱过量时将会产生二氧化硅沉淀和氟化钠，当溶液碱少量时会产生氟硅酸钠；氟硅酸和氨水将会产生氟化铵和二氧化硅[38]。（3）与酸反应：氟硅酸与浓硫酸反应将会产生四氟化硅和氟化氢，目前 H_2SiF_6 制备 HF 和 SiF_4 的重要且较为成熟方法；氟硅酸与硼酸溶液中会产生二氧化硅沉淀[135]。（4）与其他化合物反应[137]：氟硅酸产生的氟硅酸铵和 $CaCl_2$ 是制备人造萤石的方法；氟硅酸和氟化钠会产生氟硅酸钠和氟化氢；氟硅酸形成的氟硅酸钙与 $CaCO_3$ 也可以制备萤石。其具体方程式如表 1.4 所示。

表 1.4　氟硅酸化学性质

Table 1.4　Chemical properties of fluorosilicic acid

反应类型	化学方程式	
氟硅酸与金属氧化物的反应	$H_2SiF_6 + MgO + 5H_2O = MgSiF_6 \cdot 6H_2O \downarrow$	(1.21)
	$H_2SiF_6 + PbO + 3H_2O = PbSiF_6 \cdot 4H_2O \downarrow$	(1.22)
	$H_2SiF_6 + ZnO + 5H_2O = ZnSiF_6 \cdot 6H_2O \downarrow$	(1.23)
氟硅酸与碱的反应	$H_2SiF_6 + 2Al(OH)_3 = 2AlF_3 \downarrow + SiO_2 + 4H_2O$	(1.24)
	$3H_2SiF_6 + 2Al(OH)_3 = 2Al_2(SiF_6)_3 \downarrow + 6H_2O$	(1.25)
	$Al_2(SiF_6)_3 + 6H_2O = 2AlF_3 \downarrow + 3SiO_2 + 12HF$	(1.26)
	$12HF + 4Al(OH)_3 = 4AlF_3 \downarrow + 12H_2O$	(1.27)
	$2NaOH + H_2SiF_6 = Na_2SiF_6 \downarrow + 2H_2O$	(1.28)
	$6NaOH + H_2SiF_6 = 6NaF + SiO_2 \downarrow + 4H_2O$	(1.29)
	$H_2SiF_6 + 6NH_3 + 2H_2O = 6NH_4F + SiO_2 \downarrow$	(1.30)
氟硅酸与酸的反应	$H_2SiF_6 \xrightarrow{H_2SO_4} SiF_4 + 2HF$	(1.31)
	$2H_2SiF_6 + 3H_3BO_3 = 3HBF_4 + 2SiO_2 + 5H_2O$	(1.32)
氟硅酸与其他化合物的反应	$2NH_4F + CaCl_2 = 2NH_4Cl + CaF_2$	(1.33)
	$H_2SiF_6 + 2NaF \rightleftharpoons Na_2SiF_6 + 2HF$	(1.34)
	$CaSiF_6 + 2CaCO_3 = 3CaF_2 + SiO_2 + 2CO_2$	(1.35)

1.5.2　氟硅酸的用途

氟硅酸可以直接用来作为木材防腐剂、杀菌剂和水氟化剂等，也可加工成氟硅酸盐、氟化盐以及氢氟酸等。

国内湿法磷加工副产品氟硅酸的利用始于 20 世纪 70 年代，主要用于氟硅酸钠的生产[138]。自 20 世纪 90 年代以来，贵州宏福、广西鹿寨、江西贵溪和湖北荆襄分别引进 4 套以氟硅酸法生产氟化铝的生产线；原云南氮肥厂则采用南京化工设计院技术建成了以氟硅酸法年产 8500 t 冰晶石工业装置。由于市场等方面的影响，采用间断性生产，目前均已停产。但随着我国大型湿法磷加工装置的上马，加快了湿法磷加工副产品氟硅酸综合利用技术的开发与转化。目前已形成了由湿法磷副产品氟硅酸转化的产品，主要有氟硅酸钠、氟化铝、冰晶石、氢氟酸/无水氟化氢、氟化铵/氟化氢铵，还有少量的氟硅酸钾、氟硅酸镁、氟化钠等[139]。氟硅酸还可以制备四氟化硅和介孔二氧化硅等物质[140-141]。湿法磷酸加工副产物氟硅酸综合利用主要途径如图 1.12[43] 所示。

氟硅酸及其深加工产品应用广泛，氟硅酸和氢氧化钠生产的氟硅酸钠可以制

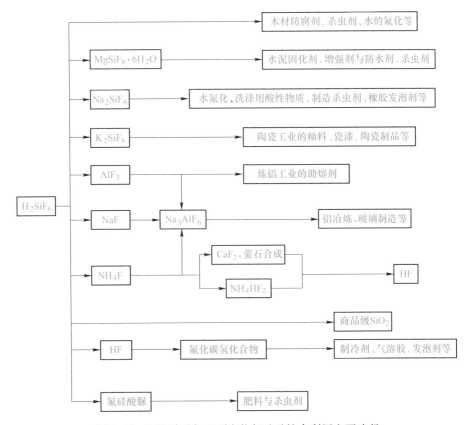

图 1.12 湿法磷酸加工副产物氟硅酸综合利用主要途径

Fig. 1.12 Main ways of comprehensive utilization of fluorosilicic acid

作杀虫剂、橡胶发泡剂[142]；而其生产的氟硅酸钾是陶瓷工业的釉料。氟硅酸生产的氟化钾可以用于玻璃雕刻、食品防腐剂、杀虫剂等方面应用[143-144]。氟硅酸生产的氟硅酸钠在加入碳酸钠后可以制备出附加值更高的氟化钠[145]。氟硅酸和氢氧化铝生产的氟化铝可以作为铝工业的助熔剂，氟化钠与氟化铝合成冰晶石（别名六氟铝酸钠（Na_3AlF_6）），在工业中主要作为助熔剂，并且还能用于氧化铝电解、精炼铝以及玻璃的制造[146-147]。稀氟硅酸和氨水制备的氟化铵在加入$CaCl_2$可以用于制造氟化钙（CaF_2），即萤石的合成[148-149]。氟硅酸还是商品级SiO_2的主要来源，其可以用作电子产品、大型及超大规模集成电路填充剂[150-151]。氟硅酸生产出来的氟化氢主要作为基础化工原料，在含氟高分子材料、化工医药、农药、制冷剂、清洗剂、发泡剂和缩合剂等领域均有广泛的用途[152]。目前最有前景的是如何用氟硅酸制备高质量的氟化氢，已成为当下国内外讨论的热门课题[153-154]。

参 考 文 献

［1］ Osinkin D, Zakharov D M, Khodimchuk A, et al. Strategy for improving the functional performances of complex oxide through the use of a fluorine-containing precursor ［J］. International Journal of Hydrogen Energy, 2023, 48（59）: 22624-22633.

［2］ Lin S, Zheng Y, Liu W, et al. Consolidation of phosphorus tailings and soluble fluorine & phosphorus with calcium carbide residue-mirabilite waste as a green alkali activator ［J］. Case Studies in Construction Materials, 2023, 18: e01779.

［3］ Riesgo B V P, da Silva Rodrigues C, do Nascimento L P, et al. Effect of hydrofluoric acid concentration and etching time on the adhesive and mechanical behavior of glass-ceramics: A systematic review and meta-analysis ［J］. International Journal of Adhesion and Adhesives, 2023, 121: 103303.

［4］ Xiao H M, Zhao S, Hussain D, et al. Fluoro-cotton assisted non-targeted screening of organic fluorine compounds from rice（Oryza sativa L.）grown in perfluoroalkyl substance polluted soil ［J］. Environmental Research, 2023, 216: 114801.

［5］ 彭向龙. 萃取法浓缩氟硅酸的工艺研究 ［D］. 贵阳：贵州大学, 2022.

［6］ 夏克立. 利用含氟废气生产无机氟化物和白炭黑的新方法 ［J］. 磷肥与复肥, 2002（3）: 59-62.

［7］ Fedorov P P, Alexandrov A A. Alexandrov. Synthesis of inorganic fluorides in molten salt fluxes and ionic liquid mediums ［J］. Journal of Fluorine Chemistry, 2019, 227: 109374.

［8］ Dreveton A. Manufacture of Aluminium Fluoride of High Density and Anhydrous Hydrofluoric Acid from Fluosilicic Acid ［J］. Procedia Engineering, 2012, 46: 255-265.

［9］ 李玉芳, 伍小明. 我国六氟磷酸锂合成技术研究进展 ［J］. 精细与专用化学品, 2022, 30（5）: 8-10, 18.

［10］ 张明军, 菅玉航, 常志强, 等. 氟硅酸制氟硅酸钠法工艺探析及优化改造 ［J］. 河南化工, 2017, 34（7）: 35-36.

［11］ Kawamura Y, Nakano T. Non-uniqueness and propagating uncertainties of the temperature scale realized using the triple point of sulfur hexafluoride ［J］. Measurement: Sensors, 2022, 24: 100464.

［12］ Forster A L B, Zhang Y, Westerman D C, et al. Improved total organic fluorine methods for more comprehensive measurement of PFAS in industrial wastewater, river water, and air ［J］. Water Research, 2023, 235（15）: 119859.

［13］ 张呈平, 郭勤, 权恒道. 氯氟烃替代物的过去、现在和未来 ［J］. 精细化工, 2023, 4: 1-14.

［14］ Zhang Y, Ma R, Wang Y, et al. Highly crystalline acceptor materials based on benzodithiophene with different amount of fluorine substitution on alkoxyphenyl conjugated side chains for organic photovoltaics ［J］. Materials Reports: Energy, 2021, 1（4）: 100059.

［15］ Chen Y, Xiang H, Yang X, et al. Organic fluorine-based trifluoroethyl methacrylate as effective defect passivators enabling high efficiency and stable perovskite solar cells ［J］.

Materialstoday Chemistry，2023，28：101362.

［16］胡智超，李慧，张廷建，等．水性含氟涂料研究及应用进展［J］．云南化工，2021，48（10）：21-26.

［17］许远远，王佩刚，方敏．水性含氟涂料树脂制备技术研究进展［J］．浙江化工，2016，47（12）：8-11.

［18］吴小艳，张天明．含氟涂料和含氟泡沫对儿童乳牙龋病的预防效果研究［J］．当代医学，2021，27（23）：148-149.

［19］Liu X，Zhou J，Wu M，et al. Design and synthesis of anhydride-terminated imide oligomer containing phosphorus and fluorine for high-performance flame-retarded epoxy resins［J］. Chemical Engineering Journal，2023，461：142063.

［20］王红．氟树脂在石油化工金属管道和设备腐蚀防护中的应用［J］．涂料工业，2018，48（9）：82-87.

［21］李敬，高永璋，张浩．中国萤石资源现状及可持续发展对策［J］．中国矿业，2017，26（10）：7-14.

［22］Peng B，Ma Z，Zhu Y，et al. Release and recovery of fluorine and iodine in the production and concentration of wet-process phosphoric acid from phosphate rock［J］. Minerals Engineering，2022，188：107843.

［23］Yang H，Zhao Z，Xia Y，et al. REY enrichment mechanisms in the early Cambrian phosphorite from South China［J］. Sedimentary Geology，2021，426：106041.

［24］Cooper J，Lombardi R，Boardman D，et al. The future distribution and production of global phosphate rock reserves［J］. Conservation and Recycling，2011，57：78-86.

［25］吴发富，王建雄，刘江涛，等．磷矿的分布、特征与开发现状［J］．中国地质，2021，48（1）：82-101.

［26］Amar H，Benzaazoua M，Elghali A，et al. Waste rock reprocessing to enhance the sustainability of phosphate reserves：A critical review［J］. Journal of Cleaner Production，2022，381：135151.

［27］许秀成，侯翠红，赵秉强，等．我国磷矿资源开采的可持续性［J］．化工矿物与加工，2014，43（4）：56.

［28］吴潘，吕莉，李剑锋．中低品位磷矿窑法磷酸工艺条件的研究［J］．辽宁化工，2017，46（12）：1176-1178.

［29］Fashu S，Trabadelo V. A critical review on development，performance and selection of stainless steels and nickel alloys for the wet phosphoric acid process［J］. Materials & Design，2023，227：111739.

［30］杨亚斌．热法磷酸生产技术发展和趋势［J］．云南化工，2019，46（11）：32-35.

［31］高阳，邵琛，潘秀梅．绿色无磷洗涤剂配方的研究与开发［J］．化工时刊，2015，29（1）：19-22.

［32］Xu Y，Sun Y，Liu W，et al. Effects of an orthodontic primer containing amorphous fluorinated calcium phosphate nanoparticles on enamel white spot lesions［J］. Journal of the Mechanical Behavior of Biomedical Materials，2023，137：105567.

[33] Huang L Z, Zhang X, Liu R, et al. The redox chemistry of phosphate complexed green rusts: Limited oxidative transformation and phosphate release [J]. Chemical Engineering Journal, 2022, 429: 132417.

[34] 杜招鑫, 高有飞, 赵远方. 溶剂萃取法净化湿法磷酸实验研究 [J]. 现代化工, 2022, 42 (S2): 283-286.

[35] Wang K, Wu Y, Wang Y, et al. The effects of phosphate fertilizer on the growth and reproduction of Pardosa pseudoannulata and its potential mechanisms [J]. Comparative Biochemistry and Physiology Part C: Toxicology & Pharmacology, 2023, 265: 109538.

[36] Wang H, Li R, Fan C, et al. Removal of fluoride from the acid digestion liquor in production process of nitrophosphate fertilizer [J]. Journal of Fluorine Chemistry, 2015, 180: 122-129.

[37] Li W, Peng R, Ye P, et al. The physicochemical data of extraction with the mixed solvent of NOA and MIBK from hydrochloric acid route phosphoric acid [J]. The Journal of Chemical Thermodynamics, 2019, 131: 404-409.

[38] 王莹, 方俊文, 李博, 等. 2021 年我国磷复肥行业运行情况及发展趋势 [J]. 磷肥与复肥, 2022, 37 (8): 1-8.

[39] 贺雷, 朱干宇, 郑光明, 等. 湿法磷酸体系磷石膏结晶过程与机理研究 [J]. 无机盐工业, 2022, 54 (7): 110-116.

[40] 王喜恒, 孙文哲. 湿法磷酸过程氟回收技术研究进展 [J]. 无机盐工业, 2020, 52 (8): 25-29.

[41] 张海燕, 明大增, 吉晓玲, 等. 浅析湿法磷酸脱氟反应原理 [J]. 无机盐工业, 2015, 47 (1): 9-12.

[42] 阳杨, 盛勇, 周佩, 等. 湿法磷酸浓缩后的氟分配及脱氟工艺研究 [J]. 磷肥与复肥, 2015, 30 (9): 31-33, 37.

[43] 彭向龙, 刘松林, 隋岩峰, 等. 环己醇萃取浓缩氟硅酸的工艺研究 [J]. 应用化工, 2023, 52 (3): 739-742.

[44] Lu J, Qiu H, Lin H, et al. Source apportionment of fluorine pollution in regional shallow groundwater at You'xi County southeast China [J]. Chemosphere, 2016, 158: 50-55.

[45] 谭雪梅. 氟污染物对环境的影响与控制技术 [J]. 资源节约与环保, 2015, 166 (9): 140-141.

[46] 闫小勇. 湿法磷酸尾气排放指标优化改造 [J]. 磷肥与复肥, 2012, 27 (6): 37-38, 41.

[47] Jiang Z H, Chen M, Lee X Q, et al. Enhanced removal of sulfonamide antibiotics from water by phosphogypsum modified biochar composite [J]. Journal of Environmental Sciences, 2023, 130: 174-186.

[48] 黄家浩, 陶艳茹, 黄天寅, 等. 洪泽湖水体全氟化合物的污染特征、来源及健康风险 [J]. 环境科学研究, 2023, 4: 1-14.

[49] Ahmad M N, Zia A, Berg L V D, et al. Effects of soil fluoride pollution on wheat growth and biomass production, leaf injury index, powdery mildew infestation and trace metal uptake [J]. Environmental Pollution, 2022, 298: 118820.

［50］李渊. 汾河流域饮用水源中氟和砷的分布特征及土地利用和植被变化的影响［D］. 太原：山西大学，2020.

［51］Frcophth G M, Mba S W C F, Frcophth D Y P, et al. Environmental effect of fluorinated gases in vitreoretinal surgery：a multicenter study of 4,877 patients［J］. American Journal of Ophthalmology, 2022, 235：271-279.

［52］Li L, Luo K L, Liu Y L, et al. The pollution control of fluorine and arsenic in roasted corn in "coal-burning" fluorosis area Yunnan, China［J］. Journal of Hazardous Materials, 2012, 229/230：57-65.

［53］何令令. 不同地质背景区氟的分布特征与人体氟暴露水平研究［D］. 贵阳：贵州大学，2020.

［54］Yu Y Q, Luo H Q, Yang J Y. Health risk of fluorine in soil from a phosphorus industrial area based on the in-vitro oral, inhalation, and dermal bioaccessibility［J］. Chemosphere, 2022, 294：133714.

［55］叶照金，谷亮，周波，等. 我国工业地块氟污染土壤修复技术研究进展［J］. 环境影响评价，2023，45（1）：111-116.

［56］Sivasankar V, Omine K, Zhang Z, et al. Plaster board waste（PBW）-A potential fluoride leaching source in soil/water environments and, fluoride immobilization studies using soils［J］. Environmental Research. 2023, 218（1）：115005.

［57］黎秋君，廖长君，谢湉，等. 化工污染场地氟污染土壤的稳定化技术研究［J］. 工业安全与环保，2022，48（2）：83-85.

［58］王励生. 沉淀法净化湿法磷酸反应机理的研究（续）［J］. 磷肥与复肥，1996（3）：13-16.

［59］Guendouzi M E, Faridi J, Khamar. Chemical speciation of aqueous hydrogen fluoride at various temperatures from 298.15 K to 353.15 K［J］. Fluid Phase Equilibria, 2019, 499：112244.

［60］Norwood V M, Kohler J J. Characterization of fluorine-, aluminum-, silicon-, and phosphorus-containing complexes in wet-process phosphoric acid using nuclear magnetic resonance spectroscopy［J］. Fertilizer Research, 1991, 28（2）：221-228.

［61］王励生. 沉淀法净化湿法磷酸反应机理的研究［J］. 磷肥与复肥，1996，2：16-19.

［62］张志业，尹应跃. 减少铝进入湿法磷酸的有效途径［J］. 磷肥与复肥，2003，2：31-32.

［63］Lehr J R, Frazier A W, Smith J P. Precipitated impurities in wet-process phosphoric acid［J］. Journal of Agricultural and Food Chemistry, 1966, 14（1）：27-33.

［64］O'Neill P S. Calcium Fluoride Production in a Phosphoric Acid Plant. Industrial & engineering chemistry product research and development［J］. Industrial & engineering chemistry research, 1980, 19（2）：250-255.

［65］Witkamp G J, Rosmalen G M. Incorporation of cadmiumand aluminium fluoride in calcium sulphate［J］. Industrial Crystallization, 1976, 1：265-270.

［66］Li J, Wang J H, Zhang Y X. Effects of the impurities on the habit of gypsum in wet-process phosphoric acid［J］. Industrial & engineering chemistry research, 1997, 36（7）：2657-2661.

[67] Frazier A W, Lehr J R, Dillard E F. Chemical behavior of fluorine in production of wet-process phosphoric acid [J]. Environmental science & technology, 1977, 11 (10): 1007-1014.

[68] 董涛. 萃取磷酸生产装置的尾气干法处理工艺 [J]. 硫磷设计与粉体工程, 2012, 108 (3): 5-8, 10.

[69] 陈国华, 卢斌. 高效回收湿法磷酸尾气中氟的方法 [J]. 科技视界, 2019, 280 (22): 217-218.

[70] 张铭, 陈高琪, 纪律, 等. 利用磷酸生产尾气制备氟硼酸钾和氟硅酸钠 [J]. 化工生产与技术, 2012, 19 (5): 32-33, 68.

[71] Liu J, Li X, Zhang L, et al. Direct fluorination of nanographene molecules with fluorine gas [J]. Carbon, 2022, 188: 453-460.

[72] 吕智爽, 蔡梦阳, 杜春霖. 利用生产氢氟酸的废酸制备氟化钠的研究 [J]. 辽宁化工, 2020, 49 (4): 367-369, 373.

[73] 匡家灵. 湿法磷酸副产氟硅酸制备冰晶石的降硅实验探讨 [J]. 化肥工业, 2013, 40 (6): 13-16.

[74] 陈早明, 陈喜蓉. 氟硅酸一步法制备氟化钠 [J]. 有色金属科学与工程, 2011, 2 (3): 32-35.

[75] Xiang J, Qiu J, Song Y, et al. Synergistic removal of phosphorus and fluorine impurities in phosphogypsum by enzyme-induced modified microbially induced carbonate precipitation method [J]. Journal of Environmental Management, 2022, 324: 116300.

[76] Xiang J, Qiu J, Zheng P, et al. Usage of biowashing to remove impurities and heavy metals in raw phosphogypsum and calcined phosphogypsum for cement paste preparation [J]. Chemical Engineering Journal, 2023, 451: 138594.

[77] 任孟伟. 湿法磷酸反应过程脱氟技术研究 [D]. 郑州: 郑州大学, 2018.

[78] Wu F, Ren Y, Qu G, et al. Utilization path of bulk industrial solid waste: A review on the multi-directional resource utilization path of phosphogypsum [J]. Journal of Environmental Management, 2022, 313: 114957.

[79] Wu F, Chen B, Qu G, et al. Harmless treatment technology of phosphogypsum: Directional stabilization of toxic and harmful substances [J]. Journal of Environmental Management, 2022, 311: 114827.

[80] Yang J, Ma L, Liu H, et al. Bounkhong. Chemical behavior of fluorine and phosphorus in chemical looping gasification using phosphogypsum as an oxygen carrier [J]. Chemosphere, 2020, 248: 125979.

[81] Arocena J M, Rutherford P M, Dudas M J. Heterogeneous distribution of trace elements and fluorine in phosphogypsum by-product [J]. Science of The Total Environment, 1995, 162 (2): 149-160.

[82] Wu F, He M, Qu G, et al. Highly targeted stabilization and release behavior of hazardous substances in phosphogypsum [J]. Minerals Engineering, 2022, 189: 107866.

[83] Liu Y, Chen Q, Dalconi M C, et al. Retention of phosphorus and fluorine in phosphogypsum for cemented paste backfill: Experimental and numerical simulation studies [J]. Environmental

Research, 2022, 214: 113775.

[84] Xie Y H, Huang J Q, Wang H Q, et al. Simultaneous and efficient removal of fluoride and phosphate in phosphogypsum leachate by acid-modified sulfoaluminate cement [J]. Chemosphere, 2022, 305: 135422.

[85] 程来斌, 吕景祥, 刘光耀, 等. 磷石膏渣场回水中和降磷降氟改进 [J]. 磷肥与复肥, 2022, 37 (2): 33-35.

[86] Zhou Z, Lu Y, Zhan W, et al. Four stage precipitation for efficient recovery of N, P, and F elements from leachate of waste phosphogypsum [J]. Minerals Engineering, 2022, 178: 107420.

[87] 钟雯. 不同预处理方式对磷石膏中残留的磷和氟的影响 [J]. 居业, 2021, 163 (8): 203-204, 206.

[88] 张利珍, 张永兴, 吴照洋, 等. 脱除磷石膏中水溶磷、水溶氟的实验研究 [J]. 无机盐工业, 2022, 54 (4): 40-45.

[89] 李兵, 陈靖. 利用电石渣固化磷石膏中的水溶性磷、水溶性氟 [J]. 磷肥与复肥, 2018, 33 (9): 6-9.

[90] 李展, 陈江, 张覃, 等. 磷石膏中磷、氟杂质的脱除研究 [J]. 矿物学报, 2020, 40 (5): 639-646.

[91] 孔霞, 罗康碧, 李沪萍, 等. 硫酸酸浸法除磷石膏中杂质氟的研究 [J]. 化学工程, 2012, 40 (8): 65-68.

[92] 刘正东, 周琼波, 坝吉贵, 等. 一种磷石膏预处理净化方法 [P]. 云南省: CN111908813A, 2020-11-10.

[93] 罗栋源, 吴海霞, 杨子杰, 等. 磷石膏水洗液中磷、氟、有机物的去除 [J]. 有色金属 (冶炼部分), 2023 (5): 129-137.

[94] 方竹堃. 磷石膏高效水洗净化处理技术 [J]. 云南化工, 2023, 50 (2): 114-116.

[95] 李庆青, 屈兴华, 郭玉川. 复合沉淀法生产饲料级磷酸氢钙新工艺 [J]. 无机盐工业, 2007, 224 (7): 42-44.

[96] 王超, 丁一刚, 戴惠东, 等. 湿法磷酸中液相氟的回收及利用 [J]. 化工矿物与加工, 2013, 42 (1): 17-19, 27.

[97] 董占能, 张皓东, 张召述. 云南湿法磷酸化学沉淀法脱氟研究 [J]. 昆明理工大学学报 (理工版), 2003, 6: 96-98.

[98] Atkin S, Pelitti E, Vila A, et al. A uoride [J]. Industrial and Engineering Chemistry, 1961, 53 (9): 705-707.

[99] 何宾宾. 饲料级湿法磷酸脱氟技术综述及发展思路 [J]. 磷肥与复肥, 2020, 35 (10): 28-30.

[100] 刘玲. 湿法磷酸制饲料级磷酸氢钙的方法 [J]. 现代化工, 1998 (1): 51.

[101] 刘玉强. 湿法磷酸制饲料级磷酸氢钙脱氟方法 [J]. 云南化工, 1996 (4): 11-13.

[102] 郭昌明, 黎铉海, 李雪琼. 湿法磷酸化学法脱氟的研究进展 [J]. 辽宁化工, 2006, 9: 537-539.

[103] Tarbutton G, Farr T, Jones T, et al. Recovery of by-product fluorine [J]. Industrial and

Engineering Chemistry, 1958, 50 (10): 1525-1528.

[104] 杨雄俊, 李建闻. 食品级硅藻土脱除湿法磷酸中氟的实验研究 [J]. 磷肥与复肥, 2017, 32 (11): 6-8.

[105] 姜威, 龚丽, 聂鹏飞, 等. 副产白炭黑在湿法磷酸脱氟中的应用研究 [J]. 磷肥与复肥, 2021, 36 (8): 9-11.

[106] 韦昌桃, 胡彬, 李勇, 等. 湿法磷酸分段浓缩工艺评价 [J]. 磷肥与复肥, 2018, 33 (2): 28-31.

[107] 王磊. 低温浓缩在湿法磷酸氟回收中的应用 [J]. 肥料与健康, 2021, 48 (5): 49-52.

[108] 陈亮, 李军, 钟本和. 浓缩湿法磷酸脱氟研究 [J]. 磷肥与复肥, 2005, 20 (4): 18-19.

[109] 欧健. 湿法磷酸浓缩工艺中含氟水蒸汽的浓缩方法研究 [D]. 贵阳: 贵州大学, 2021.

[110] 杨伟根. 湿法磷酸浓缩氟回收系统改造 [J]. 磷肥与复肥, 2020, 35 (12): 27-28, 38.

[111] 李朝波. 湿法磷酸浓缩氟吸收系统的改造 [J]. 云南化工, 2020, 47 (10): 164-166.

[112] 王励生, 胡文成. 湿法磷酸浓缩特性及脱氟速率的研究 [J]. 磷肥与复肥, 1995, 4: 5-7.

[113] Kijkowska R, Pawlowska-Kozinska D, Kowalski Z, et al. Wet-process phosphoric acid obtained from Kola apatite. Purification from sulphates, fluorine, and metals [J]. Separation and Purification Technology, 2002, 28 (3): 197-205.

[114] 徐浩川, 孙泽, 于建国. 磷酸三丁酯体系萃取分离磷酸中氟化物机理 [J]. 华东理工大学学报 (自然科学版), 2020, 46 (5): 589-597.

[115] 何宾宾, 周琼波, 张晖, 等. 湿法磷酸汽提法脱氟技术研究 [J]. 无机盐工业, 2016, 48 (9): 49-50.

[116] 蒲江涛, 周贵云. 浓缩湿法磷酸空气气提脱氟的研究 [J]. 磷肥与复肥, 2013, 28 (4): 24-25.

[117] 何宾宾, 龚丽, 姜威, 等. 水玻璃制备白炭黑用于湿法磷酸脱氟剂的研究 [J]. 磷肥与复肥, 2017, 32 (12): 4-6.

[118] 黄平, 李军, 尤彩霞. 真空汽提法脱氟净化湿法磷酸的研究 [J]. 磷肥与复肥, 2009, 24 (3): 17-18.

[119] 潘建. 纳米二氧化硅对高浓湿法磷酸脱氟率影响的实验研究 [J]. 上海化工, 2018, 43 (4): 24-26.

[120] Mu X, Ma J, Liu F, et al. The solvent extraction is a potential choice to recover asphalt from unconventional oil ores [J]. Arab J Chem, 2023, 16 (5): 104650.

[121] Olea F, Valenzuela M, Zurob E, et al. Hydrophobic eutectic solvents for the selective solvent extraction of molybdenum (Ⅵ) and rhenium (Ⅶ) from a synthetic pregnant leach solution [J]. J Mol Liq, 2023, 385 (1): 122415.

[122] Li K, Chen J, Zou D. Recovery of fluorine utilizing complex properties of cerium (Ⅳ) to obtain high purity CeF$_3$ by solvent extraction [J]. Sep Purif Technol, 2018, 191 (31): 153-160.

［123］Zuo Y，Chen Q，Li C，et al. Removal of fluorine from wet-process phosphoric acid using a solvent extraction technique with tributyl phosphate and silicon oil［J］. ACS Omega，2019，4（7）：11593-11601.

［124］左永辉. 湿法磷酸中氟离子的提取研究［D］. 贵阳：贵州大学，2019.

［125］Jeyaseelan A，Katubi K M M，Alsaiari N S，et al. Viswanathan. Design and fabrication of sulfonic acid functionalized graphene oxide for enriched fluoride adsorption［J］. Diamond and Related Materials，2021，117：108446.

［126］Liu D，Li Y，Liu C，et al. Facile preparation of UiO-66@PPy nanostructures for rapid and efficient adsorption of fluoride：Adsorption characteristics and mechanisms［J］. Chemosphere，2022，289：133164.

［127］Guo D，Li H，Wang J，et al. Facile synthesis of NH_2-UiO-66 modified low-cost loofah sponge for the adsorption of fluoride from water［J］. Journal of Alloys and Compounds，2022，929：167270.

［128］胡欣琪，宋永会，张旭，等. 电增强载铝活性炭纤维吸附氟离子性能［J］. 环境工程学报，2014，8（10）：4147-4152.

［129］程伟强. 铝溶胶改性粉煤灰沸石吸附氟离子及其动力学研究［D］. 抚州：东华理工大学，2016.

［130］严远志，吴桂英，金放. 湿法磷酸副产氟硅酸合成的硅铝 MCM-41 分子筛作为磷酸吸附脱氟剂的研究［J］. 山东化工，2019，48（12）：19-21.

［131］符义忠，许磊，姜威，等. 采用超滤膜过滤净化磷酸实验探索［J］. 磷肥与复肥，2023，38（3）：23-24.

［132］黄平，李军，尤彩霞. 净化精制磷酸深度脱氟研究［J］. 无机盐工业，2008，240（11）：44-46.

［133］王睿哲，朱静，李天祥，等. 磷肥副产氟硅酸综合利用研究现状与展望［J］. 无机盐工业，2018，50（12）：4.

［134］黄江生，刘飞，李子艳，等. 氟化氢的制备及纯化方法概述［J］. 无机盐工业，2015，47（10）：5-8.

［135］王俊中，魏昶，姜琪. 氟硅酸性质［J］. 昆明理工大学学报（自然科学版），2001（3）：93-96.

［136］王跃林，廖吉星，吴有丽，等. 湿法磷酸萃取尾气中氟硅资源回收利用工业化技术研究［J］. 磷肥与复肥，2017，32（10）：31-33.

［137］朱建国，袁浩. 磷矿加工中副产氟硅酸及其盐的综合利用［J］. 贵州化工，2007，32（3）：34-36.

［138］李志祥，吉晓玲，陈红琼. 湿法磷加工副产物氟硅酸综合利用现状概述. 云南化工. 2019，46（11）：64-68.

［139］龚海涛，马圭，徐丽丽. 氟硅酸（H_2SiF_6）的制备和应用［J］. 化工文摘，2005（2）：51-52.

［140］管凌飞，张海燕. 我国磷矿伴生氟资源回收利用制无水氟化氢的发展现状及前景［J］. 有机氟工业，2014（1）：17-22.

［141］严永生. 一种采用电渗析分解氟硅酸制备氟化钾工艺方法：CN113086993A ［P］. 2021.

［142］丁一刚，李泽坤，龙秉文，等. 一种利用湿法磷酸副产物氟硅酸直接制备氟化钾的方法：CN108083295A ［P］. 2018.

［143］张美，李茹蕾，郭佩，等. 固废氟硅酸钠合成氟化钠的工艺研究 ［J］. 江西化工，2021，37（6）：32-33.

［144］吕天宝，武文焕，冯怡利，等. 湿法磷酸副产氟硅酸钠制无水氟化氢联产沸石分子筛工艺：CN109179330B ［P］. 2018.

［145］张自学，王煜，郑浩，等. 用氟硅酸制备冰晶石联产水玻璃的新工艺 ［J］. 磷肥与复肥，2016，31（6）：37-40.

［146］施浩进，丁铁福，杨波，等. 氟硅酸制备 HF 和 CaF_2 生产方法简述 ［J］. 有机氟工业，2019（3）：54-57.

［147］侯屹东. 氟硅酸制备氟化钙联产白炭黑研究 ［D］. 昆明：昆明理工大学，2021.

［148］隋岩峰，刘松林，杨帆. 氟硅酸铵氨化制备纳米二氧化硅的实验研究 ［J］. 无机盐工业，2018，50（2）：33-36.

［149］罗建洪，杨兴东，屈吉艳，等. 一种氟硅酸制备无水氟化氢和纳米二氧化硅的方法：CN112340703B ［P］. 2021.

［150］唐波，陈文兴，田娟，等. 氟硅酸制取氟化氢的主要工艺技术 ［J］. 山东化工，2015，44（13）：41-43.

［151］陈文兴，田娟，周昌平，等. 一种利用磷酸中氟硅酸生产无水氟化氢的方法：CN112897466A ［P］. 2021.

［152］田辉明，田正芳，喻瑜丽，等. 一种氟硅酸一步热解制备气相 SiO_2 并回收 HF 的方法：CN112047349A ［P］. 2020.

［153］钟雨明，钟娅玲，汪兰海，等. 一种氟硅酸法生产无水 HF 精制的 FTrPSA 深度脱水除杂的分离与净化方法：CN112744788A ［P］. 2021.

［154］郝建堂. 氟硅酸、氧化镁制无水氟化氢联产优质硫酸镁工艺研究 ［J］. 无机盐工业，2019，51（8）：40-43.

2 液相氟赋存形态

目前，磷资源湿法加工过程中液相氟赋存形态及金属离子与氟竞争络合模式不清晰，致使氟回收率低，氟回收成本高，回收的氟化物纯度低。针对上述问题，初步解析湿法磷酸中固相氟的组成、物相等，采用仪器表征分析、理论模型与软件计算分析相结合，重点研究了湿法磷酸中液相氟的赋存形态及金属离子与氟竞争络合机制，揭示了阻碍湿法磷酸中氟难以回收的关键影响因子，为后续氟的高效回收奠定理论基础。

◀ 2.1 氟的组成与分布

硫酸法湿法磷酸生产工艺流程见图 2.1。即用硫酸分解磷矿（主要成分为 $Ca_5(PO_4)_3F$），生成湿法磷酸与二水磷石膏[1]。其总化学反应式见式（2.1）：

$$Ca_5(PO_4)_3F + 5H_2SO_4 + 10H_2O \Longrightarrow 3H_3PO_4 + 5CaSO_4 \cdot 2H_2O \downarrow + HF \uparrow$$

$$(2.1)$$

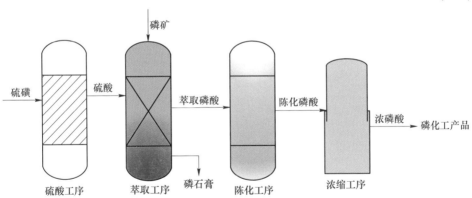

图 2.1　二水物法湿法磷酸生产流程

Fig. 2.1　Dihydrate process of wet process phosphoric acid production

在主反应的同时，生成的 HF 继续与二氧化硅、铁、铝、钠、钾等杂质发生反应见式（1.3），生成固相氟为 $(Na,K)_2SiF_6$（见式（1.4））、AlF_3 见式（2.2），液相氟为 HF、H_2SiF_6[2]。

$$Al^{3+} + 3F^- \Longrightarrow AlF_3 \downarrow \tag{2.2}$$

其中氟的流向：磷矿（伴生氟）与硫酸反应的料浆经转台过滤，滤液为含固相物的萃取磷酸，经陈化工序养晶后大颗粒固相物沉降形成渣返回萃取工序，部分氟进入磷石膏中。剩余细颗粒随陈化磷酸养晶进入浓缩工序浓缩至45%~53%P_2O_5，进而生产磷化工产品（磷肥、饲料磷酸钙盐等），氟也随湿法磷酸进入磷化工产品中。

2.1.1 萃取磷酸中氟的组成与分布

取国内龙头企业湿法磷酸装置生产的萃取磷酸8633.3 g（简称萃取酸），搅拌均匀后，用G4坩埚抽滤（真空过滤泵真空度$P=0.08$ MPa），实现固液分离。用蒸馏水充分洗涤滤饼至pH值为7.0，共用1000 mL蒸馏水，滤饼于70 ℃烘干12 h，烘干后质量129.09 g，固相∶液相质量比为1.5∶98.5。氟质量分数用离子色谱（IC）分析，其他组分质量分数用电感耦合等离子体发射光谱（ICP）分析。从表2.1可知，液相中氟、钠、钾含量比萃取酸略有下降，固相中氟、钠、钾、钙与硫较高。

表 2.1 萃取湿法磷酸组成分析

Table 2.1 Composition analysis of wet process dilute phosphoric acid after extraction

组分	P_2O_5	Fe_2O_3	Al_2O_3	MgO	CaO	SO_4^{2-}	SiO_2	$F_总$	Na_2O	K_2O
萃取酸/%	24.13	0.85	1.10	1.27	0.17	1.87	0.35	1.47	0.23	0.25
液相/%	24.18	0.87	1.11	1.28	0.15	1.84	0.22	1.37	0.16	0.10
固相/%	0.70	0.034	0.14	0.017	19.90	33.99	3.11	13.47	4.96	10.04

利用激光粒度分析获得固相物粒径分布如图2.2所示，主要集中在10~100 μm以内，其中D50为29.00 μm，D90为125.00 μm。通过比表面积孔径分析仪获得

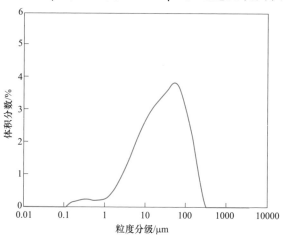

图 2.2 萃取磷酸固相粒径分布

Fig. 2.2 Particle size distribution of solid phase in extracted phosphoric acid

固体物的比表面积见表 2.2，可知萃取磷酸固相物比表面积 995.20 m²/kg。根据离子色谱（IC）分析得到粒径与氟含量的关系，列于表 2.3，可知细粒级中氟含量高，随着粒径的增大，氟含量逐渐降低，结合表 2.1 中数据计算可知，氟在固相与液相的质量分配比为 13：87，氟主要赋存于萃取磷酸的液相中。

表 2.2 萃取磷酸固相物比表面积与粒径分布

Table 2.2 Specific surface area and particle size distribution of solid phase in extracted phosphoric acid

比表面积/m² · kg⁻¹	D10/μm	D50/μm	D90/μm
995.20	3.87	29.00	125.00

表 2.3 萃取磷酸固相物氟含量与粒径分布

Table 2.3 Distribution of solid phase fluorine in extracted phosphoric acid under different particle sizes

粒级	<1 μm	1~10 μm	10~100 μm	>100 μm	合计
固相质量/g	1.98	19.57	67.80	10.65	100.00
F 含量/%	32.00	25.00	11.00	4.60	—
F 质量/g	0.63	4.89	7.46	0.49	13.47

取烘干固相样品开展扫描电子显微镜（SEM）与能谱仪（EDS）分析，其结果如图 2.3 与图 2.4 所示。从图可知，根据颗粒的大小、色泽等因素，分析选定

图 2.3 萃取磷酸固相 SEM 图

Fig. 2.3 SEM image of solid phase in extracted phosphoric acid

A，B—二水硫酸钙；C~F—氟化物

了 6 个样品点（EDS 对应），固相物粒径基本在 100 μm 以下，其中较粗颗粒呈片状：如图 2.3A 点、B 点，其主要由 S、Ca 元素组成；而细粒级如图 2.3C~F点，直径范围在 1~5 μm，主要由 Si、O、Ca、Al、F、K、Na 等元素组成。

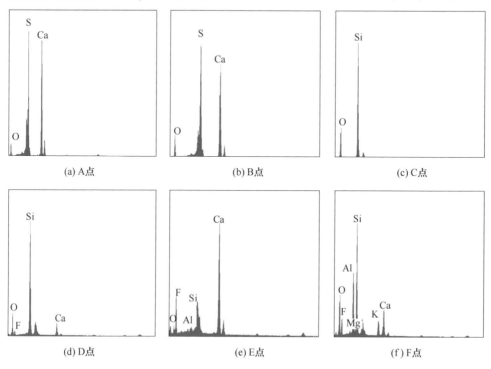

(a) A点   (b) B点   (c) C点

(d) D点   (e) E点   (f) F点

图 2.4 萃取磷酸固相 EDS 图（A~F 点与图 2.3 相对应）

Fig. 2.4 EDS diagram of solid phase in extracted phosphoric acid

（Points A-F correspond to Fig. 2.3）

对烘干样品进行 X 射线衍射（XRD）分析，结果见图 2.5。从图可知，萃取磷酸中固相氟主要由 K_2SiF_6、Na_2SiF_6、未反应的磷矿（$Ca_5(PO_4)_3F$）与少量的 AlF_3 等物相组成，其中 Al、K、Si、F、Na、K 等元素均来自磷矿石，在与硫酸反应过程中，元素之间形成了多种氟化物沉淀，构成了萃取磷酸中固相氟的主要物相。

2.1.2 陈化磷酸中氟的组成与分布

取陈化 1 天后的磷酸 7866.2 g，过滤前搅拌均匀，用 G4 坩埚过滤（真空过滤泵真空度 $P = 0.08$ MPa），滤饼用 1000 mL 蒸馏水（电导率为 10 μS/cm）洗涤，70 ℃烘干 12 h，固体质量 147.2 g，其主要化学组分见表 2.4。从表可知，过滤后的液相氟含量比原酸略有降低，而固相氟含量较高，固相与液相氟质量比为 6.3:

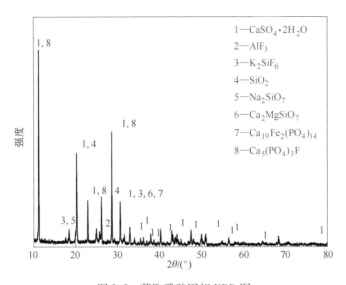

图 2.5　萃取磷酸固相 XRD 图

Fig. 2.5　XRD of solid phase in extracted phosphoric acid

93.7，固相质量有所提高，主要因为从萃取磷酸进入陈化后温度有所降低，磷酸中析出固体。

表 2.4　陈化磷酸组分分析

Table 2.4　Composition analysis of aged phosphoric acid

组分	P_2O_5	Fe_2O_3	Al_2O_3	MgO	CaO	SO_4^{2-}	SiO_2	$F_总$	Na_2O	K_2O
陈化磷酸/%	24.06	0.85	1.10	1.27	0.21	1.30	0.34	1.30	0.19	0.16
液相/%	24.09	0.86	1.11	1.28	0.20	1.29	0.22	1.21	0.15	0.11
固相/%	0.56	0.047	0.087	0.15	24.99	43.80	2.44	5.17	1.72	3.43

　　从陈化磷酸固相物比表面积表 2.5 和粒径分布图 2.6 可以看出，比表面积为 656.90 m^2/kg，比萃取磷酸固相物降低；粒径集中在 10~100 μm 以内，其中 D50 为 42.70 μm，高于萃取磷酸，说明陈化养晶工序促进固形物颗粒长大。

表 2.5　陈化磷酸固相物比表面积与粒径分布

Table 2.5　Specific surface and particle size distribution of
solid phase in aged phosphoric acid

比表面积/$m^2 \cdot kg^{-1}$	D10/μm	D50/μm	D90/μm
656.90	6.32	42.70	132.00

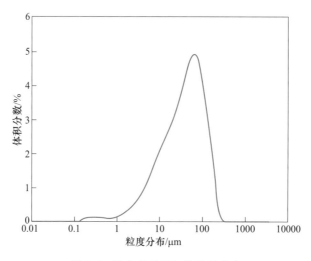

图 2.6 陈化磷酸固相物粒径分布

Fig. 2.6 The particle size distribution of solid phase in aged phosphoric acid

从表 2.6 中粒级与氟含量等关系，结合表 2.4 计算可知氟在固相与液相的质量分配比为 7.6 : 93.4，与萃取酸相比固相氟总量降低，说明萃取磷酸中含氟高的细颗粒经陈化养晶后形成粗颗粒，沉降后进入固体渣中，使液相中固相氟含量降低。

表 2.6 陈化磷酸固相物中氟含量与粒径分布

Table 2.6 Fluorine content and particle size distribution of
solid phase in aged phosphoric acid

粒级	<1 μm	1~10 μm	10~100 μm	>100 μm	合计
固相质量/g	0.65	11.90	76.85	10.60	100
F 含量/%	0.28	0.12	0.043	0.024	—
F 质量/g	0.18	1.43	3.31	0.25	5.17

取烘干固体样品开展扫描电子显微镜（SEM）与 X 射线能谱（EDS）表征，结果如图 2.7、图 2.8 所示，共选取了 6 个点，从 6 个点比较可知，固相物大小形貌和色泽不一致，粒径均小于 100 μm。大的颗粒如图 2.7A 点、B 点，从 EDS 分析结果可知主要以 S、Ca 元素组成，细小颗粒图 2.7C~F 点以 F、K、Si、Na 等元素组成。

对烘干的陈化磷酸固相物进行了 XRD 分析，结果如图 2.9 所示。从 2.9 图可知，陈化磷酸中固相氟主要以 K_2SiF_6、Na_2SiF_6 以及未反应的磷矿（$Ca_5(PO_4)_3F$）等物相组成，与萃取磷酸中固相物相基本相同。

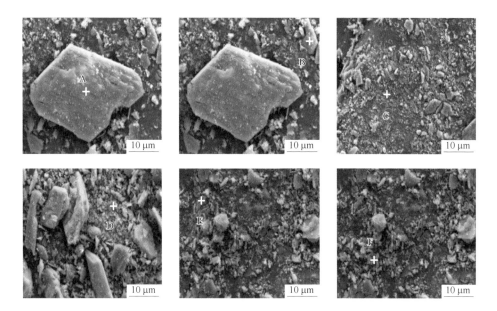

图 2.7 陈化磷酸固相 SEM 图

Fig. 2.7 SEM image of solid phase in aged phosphoric acid

A，B—S，Ca；C~F—F，K，Si，Na

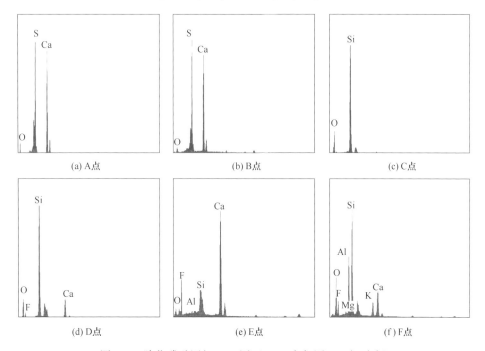

图 2.8 陈化磷酸固相 EDS 图（A~F 点与图 2.7 相对应）

Fig. 2.8 EDS diagram of solid phase in aged phosphoric acid（Points A- F correspond to Fig. 2.7）

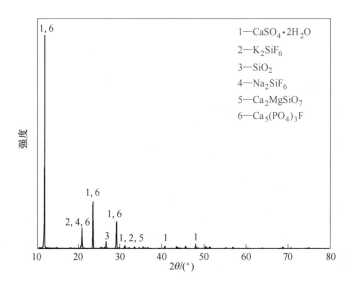

图 2.9 陈化磷酸固相 XRD 图

Fig. 2.9 XRD of solid phase in aged phosphoric acid

2.2 纯体系中液相氟的赋存形态

根据 2.1 节可知，液相氟质量分配比大，总量多，为本书的研究对象。本章主要通过氟核磁共振（^{19}F NMR）、磷核磁共振（^{31}P NMR）、硅核磁共振（^{28}Si NMR）与红外光谱（FT-IR）等仪器表征分析，结合理论模型与软件计算，以水→纯磷酸→湿法磷酸递进式研究方法，揭示湿法磷酸中液相氟赋存形态、含量、转化机制及主要金属离子与氟的络合竞争机制。根据相关研究可知，湿法磷酸中金属离子主要有 Al^{3+}、Fe^{3+}、Ca^{2+}、$Mg^{2+[3]}$。表 2.7 为纯体系溶液组分、混合时间、体积、元素浓度和 pH 值，其中金属离子 Al^{3+} 以 $Al(NO_3)_3 \cdot 9H_2O$ 加入、Fe^{3+} 以 $Fe(NO_3)_3$ 加入、Ca^{2+} 以 $Ca(NO_3)_2 \cdot 4H_2O$ 加入，Mg^{2+} 以 $Mg(NO_3)_2 \cdot 6H_2O$ 加入，Al^{3+}、Fe^{3+}、Ca^{2+}、Mg^{2+} 离子摩尔浓度均固定为 0.21 mol/L、0.11 mol/L、0.11 mol/L、0.32 mol/L（与表 3.3 中湿法磷酸液相金属离子浓度相匹配）；氟分别是以 HF、H_2SiF_6 形式加入；纯磷酸是以 85% H_3PO_4 加入，湿法磷酸来源于云南某磷化工公司的陈化磷酸液相，其配制示意图见图 2.10。

表 2.7 纯体系溶液组分、混合时间、体积、组分浓度和 pH 值

Table 2.7 The component、mixed time、volume、concentration and pH value of pure solution

序号	组分	混合时间/min	体积/mL	PO_4^{3-} /mol·L^{-1}	总氟/mol·L^{-1}	pH 值	M/mol·L^{-1}
1	HF-H_2O	10	100	—	0.57	2.44	Al^{3+}：0.21
							Fe^{3+}：0.11
							Ca^{2+}：0.11
							Mg^{2+}：0.32
2	H_2SiF_6-H_2O	10	100	—	0.26	1.51	Al^{3+}：0.21
							Fe^{3+}：0.11
							Ca^{2+}：0.11
							Mg^{2+}：0.32
3	HF-H_2SiF_6-H_2O	10	100	—	0.83	1.03	Al^{3+}：0.21
							Fe^{3+}：0.11
							Ca^{2+}：0.11
							Mg^{2+}：0.32
4	HF-H_3PO_4-H_2O	10	100	0.90	0.57	1.61	Al^{3+}：0.21
							Fe^{3+}：0.11
							Ca^{2+}：0.11
							Mg^{2+}：0.32
5	H_2SiF_6-H_3PO_4-H_2O	10	100	0.90	0.26	1.01	Al^{3+}：0.21
							Fe^{3+}：0.11
							Ca^{2+}：0.11
							Mg^{2+}：0.32
6	HF-H_2SiF_6-H_3PO_4-H_2O	10	100	0.90	0.83	0.49	Al^{3+}：0.21
							Fe^{3+}：0.11
							Ca^{2+}：0.11
							Mg^{2+}：0.32

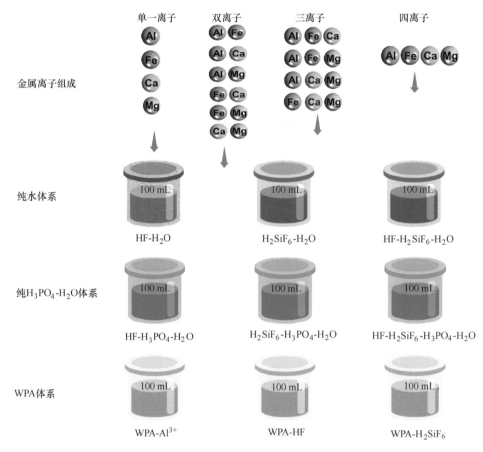

图 2.10 表 2.7 中溶液配置示意图

Fig. 2.10 The configuration uration diagram of solution in Table 2.7

2.2.1 HF 体系氟的赋存形态

2.2.1.1 HF-H₂O 体系

将质量浓度 40%的 HF 溶液缓慢加入蒸馏水中，搅拌混合均匀，使水溶液中氟的摩尔浓度为 0.57 mol/L；后添加 Al^{3+}、Fe^{3+}、Ca^{2+}、Mg^{2+} 金属离子，配置流程与金属离子摩尔浓度见表 2.7。金属离子加入 HF-H₂O 溶液后实验现象见表 2.8。配置好的溶液用 G4 坩埚抽滤（真空过滤泵真空度 $P=0.08$ MPa），固相用蒸馏水充分洗涤至 pH 值为 7 后 50 ℃烘干，并进行 XRD 表征。液相进行 ^{19}F NMR、FT-IR 等表征分析。

从表 2.8 可知，加入单一 Al^{3+}、Ca^{2+} 形成细小的悬浊沉淀。从图 2.11 XRD 测试可知，Al^{3+} 形成了氟化铝沉淀（PDF#43-0436），Ca^{2+} 形成氟化钙沉淀（PDF#

35-0816），说明在 25 ℃时，AlF_3（1.6×10^{-33}）与 CaF_2（3.95×10^{-11}）溶度积低，而 Mg^{2+} 与 Fe^{3+} 均未形成沉淀。

表 2.8　HF 水/磷酸溶液中加入不同金属离子的现象

Table 2.8　Phenomena of adding different metal ions to $HF-H_2O$ solution

序号	添加金属离子	$HF-H_2O$ 体系	$HF-H_3PO_4-H_2O$ 体系
1	Al^{3+}	少量白色沉淀	极少量白色沉淀
2	Ca^{2+}	少量白色沉淀	少量白色沉淀
3	Mg^{2+}	无沉淀	无沉淀
4	Fe^{3+}	无沉淀	无沉淀
5	Ca^{2+}-Mg^{2+}	少量沉淀	少量沉淀
6	Al^{3+}-Mg^{2+}	少量沉淀	极少量沉淀
7	Al^{3+}-Ca^{2+}	少量沉淀	少量沉淀
8	Al^{3+}-Fe^{3+}	无沉淀	无沉淀
9	Fe^{3+}-Mg^{2+}	无沉淀	无沉淀
10	Fe^{3+}-Ca^{2+}	少量沉淀	少量沉淀
11	Al^{3+}-Ca^{2+}-Mg^{2+}	少量沉淀	少量沉淀
12	Fe^{3+}-Ca^{2+}-Mg^{2+}	少量沉淀	少量沉淀
13	Al^{3+}-Fe^{3+}-Mg^{2+}	无沉淀	无沉淀
14	Al^{3+}-Fe^{3+}-Ca^{2+}	无沉淀	无沉淀
15	Al^{3+}-Fe^{3+}-Ca^{2+}-Mg^{2+}	无沉淀	无沉淀

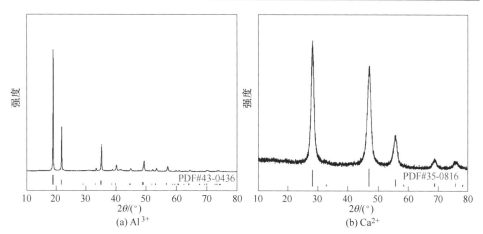

图 2.11　在 $HF-H_2O$ 溶液中添加 Al^{3+} 和 Ca^{2+} 时析出物的 XRD 谱图

Fig. 2.11　XRD patterns of precipitates as the single Al^{3+}

and Ca^{2+} added in $HF-H_2O$ solution

当 Mg^{2+} 和 Al^{3+} 共存时，形成了 AlF_3（PDF#43-0436）和 $MgAlF_5$（PDF#39-0665）沉淀（图2.12）。当 Fe^{3+} 和 Al^{3+} 共存时，未出现沉淀，说明 HF 以游离形式存在或与 Fe^{3+}、Al^{3+} 金属离子形成络合物。此外，Ca^{2+} 与单一的金属离子共存时均出现沉淀，如 Fe^{3+}-Ca^{2+} 共存形成 CaF_2 沉淀，但 Al^{3+}-Fe^{3+}-Ca^{2+} 共存时，未出现沉淀，可能有如下原因：Fe^{3+}、Al^{3+} 共同抑制了 Ca^{2+} 与 $HF(F^-)$ 的结合或 Fe^{3+}、Al^{3+} 与 $HF(F^-)$ 形成稳定的络合物，无游离 F^- 与 Ca^{2+} 结合。

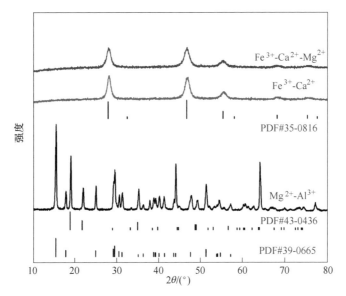

图2.12　在 HF-H_2O 溶液中加入金属离子后析出物的 XRD 谱图

Fig. 2.12　XRD patterns of precipitates after metal ions added into the HF-H_2O solution

配置的溶液过滤后的液相进行 ^{19}F NMR 表征，结果见图2.13。从图2.13（a）可知，含 0.57 mol/L F^- 的 HF 水溶液特征峰位置为 -148.08 ppm（F^-），-165.44 ppm（HF），HF 的峰较强，说明 HF 水溶液中氟主要以 HF 形式存在。

为了研究 Fe^{3+} 对氟赋存形态的影响，在 HF-H_2O 溶液中加入 Fe^{3+}，^{19}F NMR 表征结果（图2.13（b））表明加入 0.11 mol/L Fe^{3+} 后形成了四个特征峰，分别为 -129.16 ppm（FeF_3）、-143.85 ppm（FeF^{2+}）、-150.31 ppm（FeF_2^+）与 -163.97 ppm（HF），-163.97 ppm 特征峰的出现是由于 HF 摩尔浓度高于 Fe^{3+} 未能完全络合完全，同时未发现 F^- 特征峰，说明 Fe^{3+} 的加入促进 HF 水解并与游离 F^- 形成稳定的液相络合物。

为了进一步厘清 Al^{3+}、Fe^{3+}、Ca^{2+}、Mg^{2+} 在 HF-H_2O 溶液中与氟的络合关系，对添加 Al^{3+}、Ca^{2+}、Mg^{2+} 与 Fe^{3+} 后的溶液进行了红外表征，在相同制样与测试条件下，结果如图2.14所示。从图中可以看出，氢氟酸的红外特征峰为 483.09 cm^{-1}

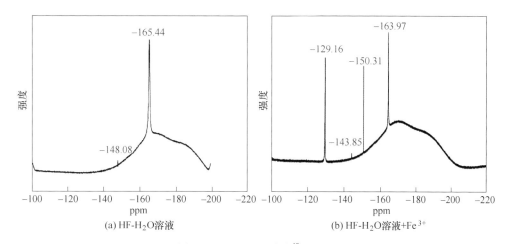

图 2.13 HF-H$_2$O 溶液 ^{19}F NMR

Fig. 2.13 ^{19}F NMR of HF-H$_2$O solution

与 741.99 cm^{-1}，加入 Al^{3+} 与 Fe^{3+} 后两个红外特征峰明显减弱；加入 Ca^{2+} 和 Mg^{2+} 后特征峰变化幅度较小；结合图 2.11、图 2.13 的研究结论，初步证明了 Al^{3+} 与 Fe^{3+} 能与 HF（F$^-$）形成稳定的络合物，使 HF（F$^-$）的特征峰显著减弱，而 Ca^{2+}、Mg^{2+} 络合物能力弱。

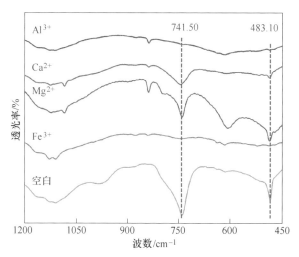

图 2.14 HF-H$_2$O 溶液 FT-IR

Fig. 2.14 FT-IR in HF-H$_2$O solution

2.2.1.2 HF-H$_3$PO$_4$-H$_2$O 体系

按表 2.7 分别添加 HF、Al^{3+}、Fe^{3+}、Ca^{2+}、Mg^{2+} 及其复合离子，用 G4 坩埚过

滤分离，实验结果与现象见表 2.8。由表 2.8 可知，与 HF-H_2O 体系相比，HF-H_3PO_4-H_2O-Al^{3+} 溶液与 HF-H_3PO_4-H_2O-Al^{3+}-Mg^{2+} 溶液形成的沉淀量减少，说明磷酸抑制了 AlF_3 沉淀的形成；加入 Ca^{2+} 后，除同时添加 Al^{3+} 和 Fe^{3+} 外均形成了沉淀，这与水体系是一致的，例如，HF-H_3PO_4-H_2O-Ca^{2+} 溶液与 HF-H_3PO_4-H_2O-Fe^{3+}-Ca^{2+} 溶液均形成了 CaF_2 沉淀（图 2.15），加入 Fe^{3+} 后 CaF_2 的 XRD 峰强度减弱，说明在磷酸中 Fe^{3+} 与 HF(F^-) 形成络合物，从而减少了游离 F^- 的量。此外，与 HF-H_2O 体系相比，HF-H_3PO_4-Al^{3+}-Mg^{2+} 溶液中未形成 $MgAlF_5$ 沉淀，说明 $MgAlF_5$ 在磷酸溶液中溶解而不能形成。

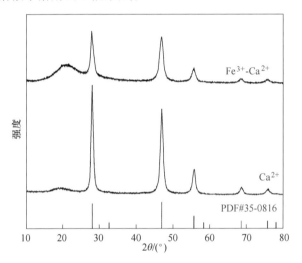

图 2.15　在 HF-H_3PO_4-H_2O 溶液中加入金属离子后析出物的 XRD 谱图

Fig. 2.15　XRD patterns of precipitates after metal ions added into the HF-H_3PO_4-H_2O solution

液相进行 ^{19}F NMR 测试，结果如图 2.16（a）所示。从图可知，HF-H_3PO_4-H_2O 溶液 ^{19}F NMR 特征峰的位置为 -148.07 ppm(F^-），-165.50 ppm(HF)，与 HF 水溶液的峰一致。说明纯磷酸对 HF 的 ^{19}F NMR 特征峰位移无影响。从图 2.16（b）中 ^{31}P NMR 的结果也可知，HF 及金属离子添加至纯磷酸中仅有磷酸峰，无其他峰，说明未形成氟的磷酸复盐。

为了研究金属离子对 HF-H_3PO_4-H_2O 体系中氟的赋存形态影响，在 HF-H_3PO_4-H_2O 溶液中添加单一 Al^{3+}、Ca^{2+}、Mg^{2+}、Fe^{3+}，液相进行 ^{19}F NMR 表征分析。其中 HF-H_3PO_4-H_2O-Al^{3+} 溶液的 ^{19}F NMR 结果见图 2.17。从图 2.17 中可以看出，Al^{3+} 的加入使 HF ^{19}F NMR 两个特征峰变为 7 个，主要原因是 Al^{3+} 与 HF 形成多种络合物，除 F^-（B 点）与 HF(H 点)峰外，根据 A. Saika 和 V. M. Norwood 相关文献报道了氟铝在水/酸性溶液的结果可知，其他特征峰峰位置为 AlF_6^{3-}（D 点）、AlF_5^{2-}（C 点）、AlF_4^-（A 点）、AlF_2^+（E 点）、AlF^{2+}（F 点）[4]。

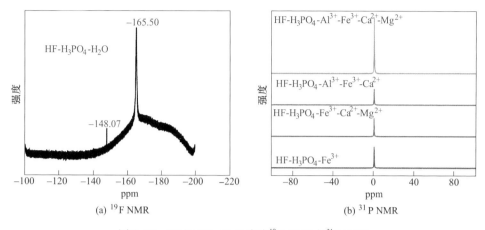

图 2.16　HF-H$_3$PO$_4$-H$_2$O 溶液^{19}F NMR 与^{31}P NMR

Fig. 2.16　^{19}F NMR and ^{31}P NMR in HF-H$_3$PO$_4$-H$_2$O solution

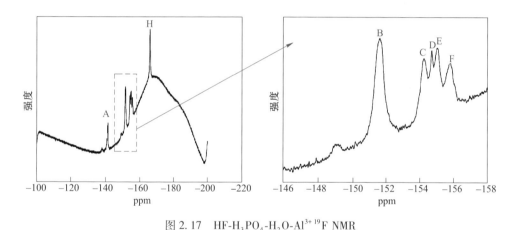

图 2.17　HF-H$_3$PO$_4$-H$_2$O-Al^{3+} ^{19}F NMR

Fig. 2.17　^{19}F NMR in HF-H$_3$PO$_4$-H$_2$O-Al^{3+} solution

　　添加单一的 Ca^{2+}、Mg^{2+}、Fe^{3+}的^{19}F NMR 表征结果如图 2.18。从图 2.18（a）（b）看出，Ca^{2+}、Mg^{2+}加入 HF-H$_3$PO$_4$-H$_2$O 溶液后形成的特征峰与纯 HF 体系相比基本，F$^-$（-148.07 ppm）略有减弱，说明两种金属离子与 F$^-$液相络合物极少，难以观察出；从图 2.18（c）看出，HF-H$_3$PO$_4$-H$_2$O-Fe^{3+}溶液与 HF-H$_2$O-Fe^{3+}溶液特征峰位移与强度基本一样，均形成了 4 个特征峰，说明磷酸介质对 Fe^{3+}与 HF 形成的络合物种类无影响。

　　为了进一步研究在磷酸介质中多种不同金属离子与 HF 络合的情况，在 HF-H$_3$PO$_4$-H$_2$O 溶液中添加 Al^{3+}、Fe^{3+}、Ca^{2+}、Mg^{2+}中的两种及多种进行^{19}F NMR 表征，结果如图 2.19 所示。

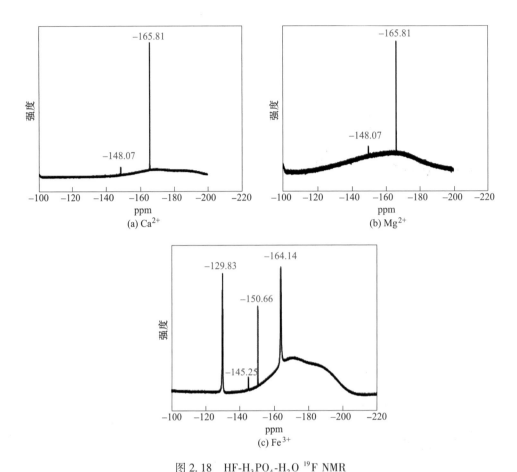

图 2.18　HF-H$_3$PO$_4$-H$_2$O ^{19}F NMR

Fig. 2.18　^{19}F NMR in HF-H$_3$PO$_4$-H$_2$O solution

　　从图 2.19 (a) 可知，Fe^{3+}-Al^{3+}形成的特征峰为两种金属离子各自的特征峰，其中 Fe^{3+}-F 形成 3 个特征峰（A 及 B-I 中间 2 个峰）；Al^{3+}-F 形成 3 个特征峰（B-I 中间 3 个峰，部分特征峰较小），HF 的两个特征峰消失（Fe^{3+}，Al^{3+}摩尔数大），Al^{3+}、Fe^{3+}结合 HF 并形成金属-氟络合物；Mg^{2+}、Ca^{2+}对 Fe^{3+}-F 和 HF（−164.07 ppm）的特征峰均无影响（图 2.19 (b)（c)）；Mg^{2+}与 Ca^{2+}同时加入也未对 Fe^{3+}-F、Al^{3+}-F 特征峰产生影响（图 2.19 (d) ~ (f)），说明液相中仅有 Fe^{3+}、Al^{3+}与氟形成了络合物。

2.2.2　H$_2$SiF$_6$ 体系氟的赋存形态

2.2.2.1　H$_2$SiF$_6$-H$_2$O 体系

将质量浓度 40%的 H$_2$SiF$_6$溶液缓慢加入纯水中，搅拌均匀，添加溶液中的

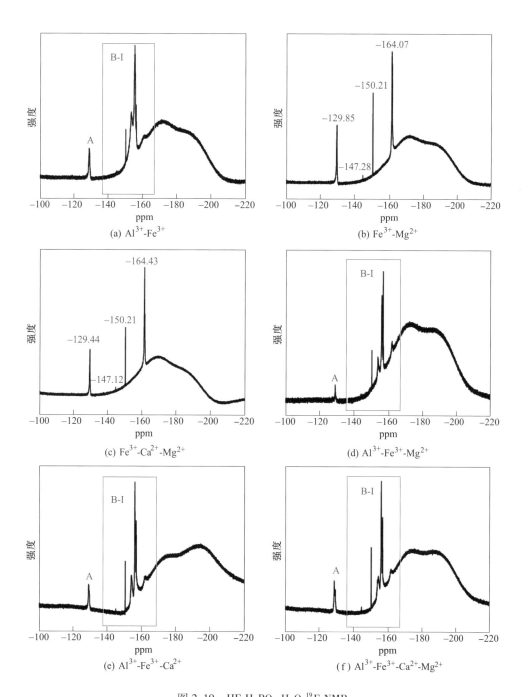

图 2.19 HF-H$_3$PO$_4$-H$_2$O ^{19}F NMR

Fig. 2.19 ^{19}F NMR in HF-H$_3$PO$_4$-H$_2$O solution

H_2SiF_6、Al^{3+}、Fe^{3+}、Ca^{2+}、Mg^{2+}摩尔浓度均按表 2.7 配置，实验结果与现象见表 2.9。从表中可知，与 $HF-H_2O$ 体系添加金属离子实验现象不同，单一加入金属离子均未形成沉淀；当加入 Al^{3+} 后，再加入 Ca^{2+} 或 Fe^{3+} 后均出现悬浊状沉淀，对沉淀物进行 XRD 表征，结果如图 2.20 所示，沉淀物为 SiO_2（PDF#27-0605，PDF#290085）。

表 2.9 H_2SiF_6 水/磷酸溶液中加入不同金属离子的现象

Table 2.9 Phenomena of adding different metal ions to H_2SiF_6 aqueous/H_3PO_4 solution

序号	添加金属离子	$H_2SiF_6-H_2O$ 体系	$H_2SiF_6-H_3PO_4-H_2O$ 体系
1	Al^{3+}	无沉淀	极少量沉淀
2	Ca^{2+}	无沉淀	无沉淀
3	Mg^{2+}	无沉淀	无沉淀
4	Fe^{3+}	无沉淀	无沉淀
5	$Ca^{2+}-Mg^{2+}$	无沉淀	无沉淀
6	$Al^{3+}-Mg^{2+}$	无沉淀	无沉淀
7	$Al^{3+}-Ca^{2+}$	极少量沉淀	极少量沉淀
8	$Al^{3+}-Fe^{3+}$	极少量沉淀	极少量沉淀
9	$Fe^{3+}-Mg^{2+}$	无沉淀	无沉淀
10	$Fe^{3+}-Ca^{2+}$	无沉淀	极少量沉淀
11	$Al^{3+}-Ca^{2+}-Mg^{2+}$	极少量沉淀	极少量沉淀
12	$Fe^{3+}-Ca^{2+}-Mg^{2+}$	极少量沉淀	极少量沉淀
13	$Al^{3+}-Fe^{3+}-Mg^{2+}$	极少量沉淀	极少量沉淀
14	$Al^{3+}-Fe^{3+}-Ca^{2+}$	极少量沉淀	极少量沉淀
15	$Al^{3+}-Fe^{3+}-Ca^{2+}-Mg^{2+}$	极少量沉淀	极少量沉淀

液相 ^{19}F NMR 表征结果如图 2.21 所示。从图中可以看出，$H_2SiF_6-H_2O$ 溶液主要特征峰位置为 -139.64 ppm，另外四个峰较小。据 E. T. Urbansky 与 M. R. Schock 等报道可知[5-6]，H_2SiF_6 在水或磷酸中可能的水化途径和产物如图 2.22 所示，其中主要产物 SiF_6^{2-} 可能的水解过程见图 2.23。因此，在 ^{19}F NMR 图谱中 -147.50 ppm、-140.70 ppm、-139.89 ppm、-139.64 ppm 与 -139.40 ppm 的特征峰分别属于 F^-、H_2SiF_6、$HSiF_6^-$、SiF_6^{2-} 与 SiF_5^- 组分。关于 -139.40 ppm 的峰值，它可能与 H_2SiF_6 物种水解过程中的中间产物有关。

本书结合图 2.20 的 XRD 分析结果提出了一种水解机理，即在水溶液中 SiF_6^{2-} 离子之间的 F 交换是通过 [$SiF_5{\cdots}H{\cdots}F$]$^-$ 等具有 H—F 键的中间体进行的。因此，上述特征峰可以归属于 SiF_5^- 组分或其水合物。其中 Kleboth 等提出，并由

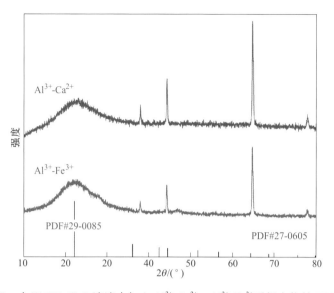

图 2.20 在 H_2SiF_6-H_2O 溶液中加入 Al^{3+}-Ca^{2+}、Al^{3+}-Fe^{3+} 后析出物的 XRD 谱图

Fig. 2.20 XRD patterns of precipitates after Al^{3+}-Ca^{2+}, Al^{3+}-Fe^{3+} added into the H_2SiF_6-H_2O solution

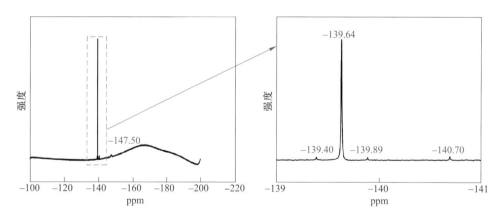

图 2.21 H_2SiF_6-H_2O 溶液 ^{19}F NMR

Fig. 2.21 ^{19}F NMR of H_2SiF_6-H_2O solution

Buslaev 和 Petrosyant 等人[7-9]在极低的温度（−70 ℃）下，观察到 SiF_5^-(H_2O) 按 1∶4 的比例分别出现了轴向（−134 ppm）和纵向（−125.5 ppm）两个 ^{19}F NMR 峰。在室温下，在 Buslaev 和 Petrosyants 使用的溶液中，通过快速交换分子内氟化物两个峰，在−127.2 ppm 处产生一个单峰。这个值与我们观察到的峰的化学位移值相似，也与报道的 SiF_6^{2-} 峰的相对位置相似。

此外，−139.64 ppm 处的峰强度明显强于其他峰，说明 H_2SiF_6 易于离子化形

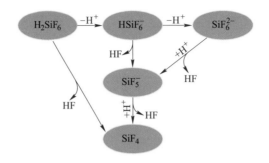

图 2.22　H_2SiF_6 在水溶液中的水化途径

Fig. 2.22　Possible pathways during the hydrolysis of H_2SiF_6 in aqueous solution

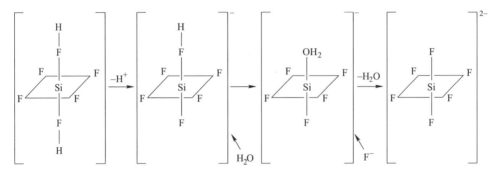

图 2.23　H_2SiF_6 水溶液体系中水解为 SiF_6^{2-} 可能过程

Fig. 2.23　Possible hydrolysis of H_2SiF_6 to SiF_6^{2-} in aqueous solution

成 SiF_6^{2-}，在纯水溶液体系中稳定，SiF_6^{2-} 是 H_2SiF_6-H_2O 溶液中主要液相氟赋存形态（-139.64 ppm），其主要水解路径为 $H_2SiF_6 \rightarrow HSiF_6^- \rightarrow SiF_6^{2-}$；少部分 H_2SiF_6 水解路径为 $H_2SiF_6 \rightarrow HSiF_6^- \rightarrow SiF_5^-$ 及 $H_2SiF_6 \rightarrow SiF_4$（需要一定温度），并释放出极少量 HF（进一步水解为 F^-，对应 ^{19}F NMR 核磁 -147.50 ppm 特征峰可测出），所以 H_2SiF_6 水解路径是较为复杂的。

　　为研究湿法磷酸中主要金属离子对 H_2SiF_6 水解路径与产物的影响，向 H_2SiF_6-H_2O 溶液中分别添加 Al^{3+}、Fe^{3+}、Ca^{2+}、Mg^{2+} 金属离子，并对添加后的溶液分别开展 ^{19}F NMR 表征（图 2.24）。

　　从图 2.24 可知，添加 Fe^{3+} 后形成了 3 个 Fe^{3+}-F^- 特征峰（-128.50 ppm、-143.90 ppm，-159.80 ppm），说明 Fe^{3+} 加入后使 $H_2SiF_6 \rightarrow HSiF_6^- \rightarrow SiF_5^-$ 水解量增大，释放出 HF，从而使 Fe^{3+} 与 F^-（HF 水解）络合形成 Fe^{3+}-F 的特征峰；添加 Al^{3+} 后形成了 4 个 Al^{3+}-F 的特征峰及 SiF_5^-（-140.76 ppm）和 HF（-164.88 ppm）的特征峰，说明 Al^{3+} 在水溶液中促进了氟硅酸的水解，且主要水解路径如图 2.22 中 $H_2SiF_6 \rightarrow HSiF_6^- \rightarrow SiF_5^-$。

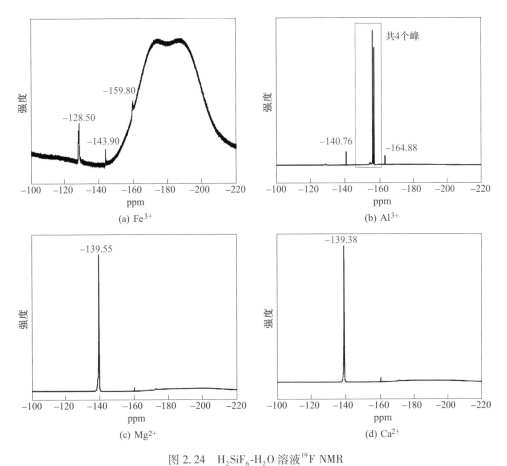

图 2.24　H_2SiF_6-H_2O 溶液 ^{19}F NMR

Fig. 2.24　^{19}F NMR in H_2SiF_6-H_2O solution

2.2.2.2　H_2SiF_6-H_3PO_4-H_2O 体系

按表 2.7 分别添加纯 H_3PO_4、H_2SiF_6、Al^{3+}、Fe^{3+}、Ca^{2+}、Mg^{2+} 及其复合离子，用 G4 坩埚过滤分离，实验现象见表 2.9。对部分固体进行 XRD 表征，结果见图 2.25。

从图 2.25 和表 2.9 中可以看出，单一加入 Al^{3+}，出现了少量沉淀，主要为 SiO_2（PDF#29-0085），而在 H_2SiF_6-H_2O 体系中未出现沉淀，说明磷酸环境有利于 Al^{3+} 促进 H_2SiF_6 水解形成 SiO_2 沉淀。结合图 2.22 中 H_2SiF_6 的水解路径，可知 Al^{3+} 促进 H_2SiF_6 水解路径为下面的一种：$H_2SiF_6 \rightarrow HSiF_6^- \rightarrow SiF_5^- \rightarrow SiF_4 \rightarrow SiO_2$ 或 $H_2SiF_6 \rightarrow HSiF_6^- \rightarrow SiF_6^{2-} \rightarrow SiF_5^- \rightarrow SiF_4 \rightarrow SiO_2$。加入 Fe^{3+}、Ca^{2+}、Mg^{2+} 与均未形成沉淀；当同时加入 Fe^{3+}、Ca^{2+} 出现极少量沉淀，因为 Fe^{3+} 促进 H_2SiF_6 水解后 HF 量少，部分被 Fe^{3+} 络合，少量与 Ca^{2+} 形成沉淀；而当同时加入 Fe^{3+}、Al^{3+} 离子，也

出现了 SiO_2，主要由于 Al^{3+} 促进 H_2SiF_6 水解。

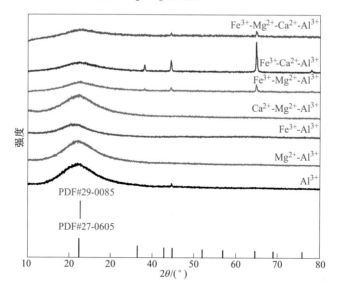

图 2.25　在 H_2SiF_6-H_3PO_4-H_2O 溶液中加入金属离子后析出物的 XRD 谱图

Fig. 2.25　XRD patterns of precipitates after metal ions added into the H_2SiF_6-H_3PO_4-H_2O solution

液相 ^{19}F NMR 测试表征结果如图 2.26 所示。由图可知，H_2SiF_6-H_3PO_4-H_2O 溶液主要特征峰位移为 -139.59 ppm，另外四个峰较小，与 H_2SiF_6-H_2O 溶液的特征峰位移基本一致，说明单一的磷酸不能使氟硅酸的水解路径发生改变，需 Fe^{3+}、Al^{3+} 协同作用。

此外，通过 ^{31}P NMR 分析研究是否形成氟-磷酸-金属的复盐，其结果如图 2.26（c）所示，证明了在磷酸介质中未形成氟-磷酸-金属复盐，说明氟与金属离子共同存在时，抑制了金属离子与磷酸盐的结合。

为了研究不同金属离子在磷酸溶液中对 H_2SiF_6 位移的影响，分别添加 Al^{3+}、Fe^{3+}、Ca^{2+}、Mg^{2+}。其中单一加入 Fe^{3+} 的 ^{19}F NMR 结果见图 2.27（a），与 H_2SiF_6-H_2O-Fe^{3+} 特征峰位移有所区别，有较小的 HF 特征峰（-164.13 ppm），说明在磷酸溶液中 Fe^{3+} 离子加入后促进氟硅酸按照 $H_2SiF_6 \rightarrow HSiF_6^- \rightarrow SiF_6^{2-} \rightarrow SiF_5^-$ 路径水解形成少量的 HF，并形成 Fe^{3+}-F^- 的特征峰，但 SiF_5^- 未继续水解成 SiF_4 而形成 SiO_2 沉淀。

单一加入 Al^{3+}，结果见图 2.27（b）。从图中可以看出，特征峰的位置与 H_2SiF_6-H_2O-Al^{3+} 体系相比，SiF_6^{2-} 特征峰（-139.58 ppm）强，H_2SiF_6 特征峰（-140.73 ppm）弱，确定了在磷酸中 H_2SiF_6 按照 $H_2SiF_6 \rightarrow HSiF_6^- \rightarrow SiF_6^{2-} \rightarrow SiF_5^- \rightarrow SiF_4 \rightarrow SiO_2$ 的水解路径；同时 HF 的特征峰强度弱，说明 Al^{3+} 与 HF 进一步形成 Al^{3+}-F^- 络合物。

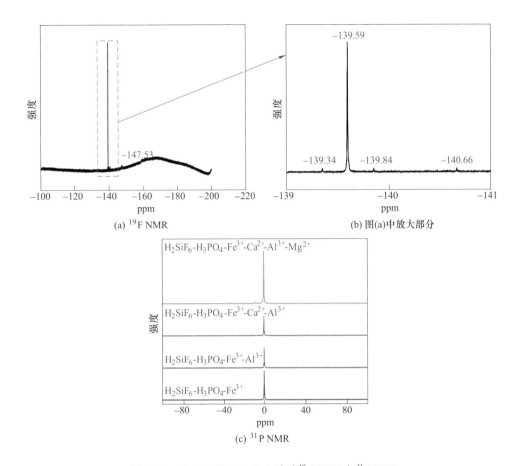

(a) ^{19}F NMR

(b) 图(a)中放大部分

(c) ^{31}P NMR

图 2.26　H_2SiF_6-H_3PO_4-H_2O 溶液 ^{19}F NMR 与 ^{31}P NMR

Fig. 2.26　^{19}F NMR and ^{31}P NMR in H_2SiF_6-H_3PO_4-H_2O solution

单一加入 Ca^{2+} 与 Mg^{2+}，结果分别见图 2.27（c）（d）。从图可知，^{19}F NMR 的特征峰位移与不添加 Ca^{2+}、Mg^{2+} 离子相比无变化，主要因为 Ca^{2+} 与 Mg^{2+} 难以与氟硅酸及其水解产物形成络合物。

为了进一步研究两种及多种不同金属离子对 H_2SiF_6-H_3PO_4-H_2O 溶液中氟赋存形态的影响，在 H_2SiF_6-H_3PO_4-H_2O 溶液中同时添加两种或多种不同金属离子，并分析表征液相氟的 ^{19}F NMR，结果见图 2.28。

当 Fe^{3+} 与 Ca^{2+} 或 Mg^{2+} 同时存在时，主要出现 Fe^{3+}-F^- 特征峰，见图 2.28（b）（c）；当 Fe^{3+} 与 Al^{3+} 同时存在时，以 Al^{3+}-F^- 络合物的特征峰为主，而 Fe^{3+}-F^- 络合物特征峰强度较弱，进一步证明了 Al^{3+}-F^- 的络合能力强于 Fe^{3+}-F^-，见图 2.28（a）（d）。

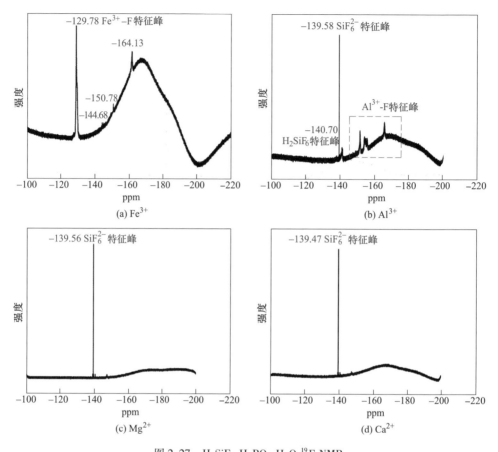

图 2.27　H₂SiF₆-H₃PO₄-H₂O ¹⁹F NMR

Fig. 2.27　¹⁹F NMR in H₂SiF₆-H₃PO₄-H₂O solution

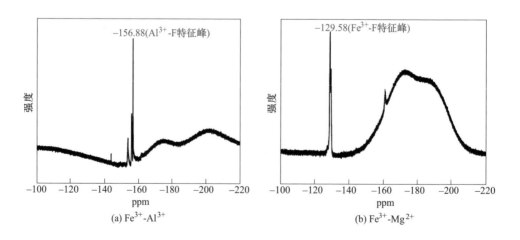

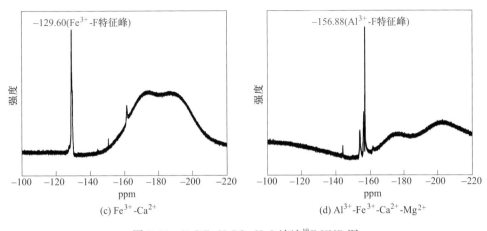

(c) Fe^{3+}-Ca^{2+} (d) Al^{3+}-Fe^{3+}-Ca^{2+}-Mg^{2+}

图 2.28   H$_2$SiF$_6$-H$_3$PO$_4$-H$_2$O 溶液^{19}F NMR 图

Fig. 2.28 ^{19}F NMR in H$_2$SiF$_6$-H$_3$PO$_4$-H$_2$O solution

2.2.3   HF-H$_2$SiF$_6$ 体系氟的赋存形态

2.2.3.1   HF-H$_2$SiF$_6$-H$_2$O 体系

将 H$_2$SiF$_6$（40%质量浓度）与 HF（40%质量浓度）缓慢加入水中，搅拌均匀；然后分别加入 Al^{3+}、Ca^{2+}、Mg^{2+}、Fe^{3+}，溶液配置见表 2.7，实验现象如表 2.10 所示。溶液用 G4 坩埚过滤分离，固相 XRD 表征结果如图 2.29 所示。

从表 2.10 和图 2.29 可以看出，当溶液中有 Al^{3+} 与 Ca^{2+} 时，均出现了沉淀，且与 HF-H$_2$O 体系相比总氟含量增加，有利于 AlF$_3$ 与 CaF$_2$ 等沉淀的生成。其中单一加入 Al^{3+} 后，有极少量 SiO$_2$ 出现。当 Al^{3+} 与 Mg^{2+} 同时存在时，除 AlF$_3$ 沉淀外，还有氟铝镁水合物沉淀（PDF#39-0665）。

表 2.10   HF-H$_2$SiF$_6$ 水/磷酸溶液中加入不同金属离子的现象

Table 2.10   Phenomena of adding different metal ions to HF-H$_2$SiF$_6$aqueous/H$_3$PO$_4$ solution

序号	添加金属离子	HF-H$_2$SiF$_6$-H$_2$O 体系	HF-H$_2$SiF$_6$-H$_3$PO$_4$ 体系
1	Al^{3+}	极少量沉淀	少量沉淀
2	Ca^{2+}	少量沉淀	极少量沉淀
3	Mg^{2+}	无沉淀	无沉淀
4	Fe^{3+}	无沉淀	无沉淀
5	Ca^{2+}-Mg^{2+}	极少量沉淀	极少量沉淀
6	Al^{3+}-Mg^{2+}	少量沉淀	极少量沉淀
7	Al^{3+}-Ca^{2+}	极少量沉淀	无沉淀

续表 2.10

序号	添加金属离子	HF-H$_2$SiF$_6$-H$_2$O 体系	HF-H$_2$SiF$_6$-H$_3$PO$_4$ 体系
8	Al^{3+}-Fe^{3+}	无沉淀	无沉淀
9	Fe^{3+}-Mg^{2+}	无沉淀	无沉淀
10	Fe^{3+}-Ca^{2+}	极少量沉淀	极少量沉淀
11	Al^{3+}-Ca^{2+}-Mg^{2+}	极少量沉淀	极少量沉淀
12	Fe^{3+}-Ca^{2+}-Mg^{2+}	极少量沉淀	无沉淀
13	Al^{3+}-Fe^{3+}-Mg^{2+}	无沉淀	极少量沉淀
14	Al^{3+}-Fe^{3+}-Ca^{2+}	无沉淀	极少量沉淀
15	Al^{3+}-Fe^{3+}-Ca^{2+}-Mg^{2+}	极少量沉淀	极少量沉淀

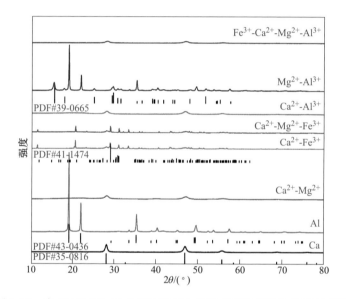

图 2.29　在 HF-H$_2$SiF$_6$-H$_2$O 溶液中加入金属离子后析出物的 XRD 谱图

Fig. 2.29　XRD patterns of precipitates after metal ions added into the HF-H$_2$SiF$_6$-H$_2$O solution

液相进行 ^{19}F NMR 测试，其结果如图 2.30 所示。从图 2.30（a）可知，加入 Fe^{3+} 后，主要出现了 Fe^{3+}-F$^-$ 络合物和 F$^-$ 特征峰。在 Fe^{3+} 的基础上，进一步分别添加单一 Ca^{2+}、Mg^{2+} 后，^{19}F NMR 特征峰与单独加入 Fe^{3+} 基本一致，如图 2.30（b）所示，说明 Ca^{2+}、Mg^{2+} 与氟未形成液相络合物；但在加入 Fe^{3+} 的基础上，进一步添加单一的 Al^{3+} 后，Fe^{3+}-F$^-$ 络合物特征峰强度明显降低，出现了三个 Al^{3+}-F$^-$ 特征峰（−153.49 ppm、−155.95 ppm 与−155.80 ppm），峰强度较大，且 F$^-$ 特征峰极弱，说明 Fe^{3+} 和 Al^{3+} 同时存在的情况下，Al^{3+}、Fe^{3+} 均能与 F$^-$ 形成 Fe^{3+}-F$^-$、Al^{3+}-F$^-$ 的络合物，且 Al^{3+} 络合物能力强于 Fe^{3+}。

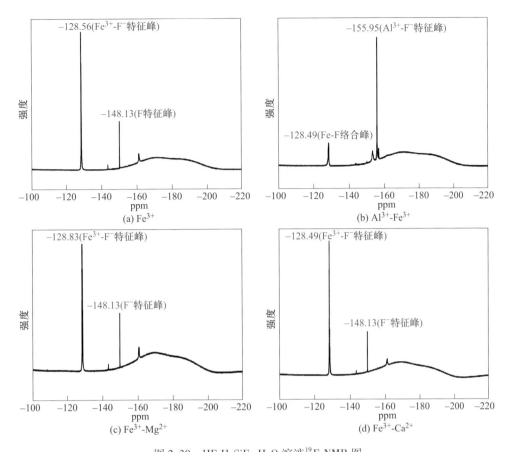

图 2.30　HF-H₂SiF₆-H₂O 溶液 ^{19}F NMR 图

Fig. 2.30　^{19}F NMR in HF-H₂SiF₆-H₂O solution

通过实验进一步研究了多种金属离子在 HF-H₂SiF₆-H₂O 溶液中对氟赋存形态的影响。^{19}F NMR 表征液相研究结果如图 2.31 所示。

从图 2.31 可知，同时加入 Fe^{3+}、Ca^{2+}、Mg^{2+}，仅出现了 Fe^{3+}-F^- 络合物及 HF 的特征峰，说明在 HF-H₂SiF₆-H₂O 体系中，Ca^{2+}、Mg^{2+} 与氟不能形成液相络合物（图 2.31（a））；在同时添加 Fe^{3+}、Al^{3+} 后，形成了 Al^{3+}-F^- 与 Fe^{3+}-F^- 络合物的各自特征峰，但 Al^{3+}-F^- 特征峰的强度高于 Fe^{3+}-F^-，进一步证明了 Al^{3+}-F^- 络合物的稳定性强于 Fe^{3+}-F^- 络合物（图 2.31（b）~（d））。

2.2.3.2　HF-H₂SiF₆-H₃PO₄-H₂O 体系

按表 2.7 分别添加 H₃PO₄、HF、H₂SiF₆、Al^{3+}、Fe^{3+}、Ca^{2+}、Mg^{2+} 及其复合离子，用 G4 坩埚过滤分离，洗涤（pH=7）烘干，实验现象见表 2.10。对形成的固体进行 XRD 表征，结果见图 2.32。

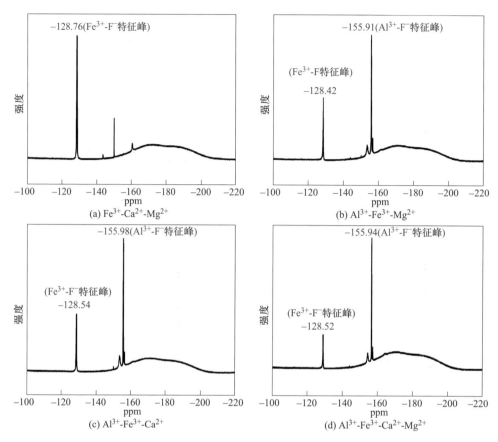

图 2.31　HF-H$_2$SiF$_6$-H$_2$O 溶液^{19}F NMR

Fig. 2.31　^{19}F NMR in HF-H$_2$SiF$_6$-H$_2$O solution

　　从表 2.10 与图 2.32 可知，单一加入 Al^{3+}，与 HF-H$_2$SiF$_6$-H$_2$O 体系相比沉淀量增加，进一步证明了磷酸有利于 H$_2$SiF$_6$ 的水解；在加入 Al^{3+} 的同时，伴随少量 SiO$_2$ 沉淀的产生。此外，HF-H$_2$SiF$_6$-H$_2$O-Al^{3+}-Fe^{3+}-Mg^{2+} 溶液与 HF-H$_2$SiF$_6$-H$_2$O-Al^{3+}-Fe^{3+}-Ca^{2+} 溶液中均未出现沉淀，但在上述两个溶液中加入磷酸后均出现沉淀，经 XRD 表征分析，HF-H$_2$SiF$_6$-H$_3$PO$_4$-H$_2$O-Al^{3+}-Fe^{3+}-Ca^{2+} 体系产生的沉淀物为 CaF$_2$ 与少量 SiO$_2$ 沉淀，主要是因为在磷酸中，H$_2$SiF$_6$ 按照图 2.22 中路径（H$_2$SiF$_6$→HSiF$_6^-$→SiF$_6^{2-}$→SiF$_5^-$→SiF$_4$→SiO$_2$）进行水解。

　　通过液相^{19}F NMR 与^{31}P NMR 表征，获得 HF-H$_2$SiF$_6$-H$_3$PO$_4$-H$_2$O 体系中氟的赋存形态，单一及两种金属离子与氟的络合物种类与竞争机制，结果见图 2.33。从图 2.33（a）可知，加入 Fe^{3+} 后，所形成的特征峰与 HF-H$_2$SiF$_6$-H$_2$O 溶液体系一致。从图 2.33（b）可知，在加入 Fe^{3+}-Al^{3+} 后，同时出现 Fe^{3+} 与 Al^{3+} 的特征峰，

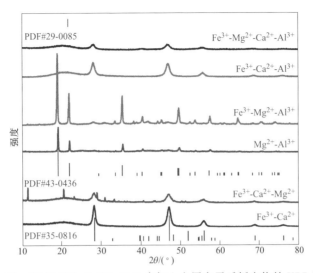

图 2.32　HF-H$_2$SiF$_6$-H$_3$PO$_4$-H$_2$O 中加入金属离子后析出物的 XRD 谱图

Fig. 2.32　XRD patterns of precipitates after metal ions added into the HF-H$_2$SiF$_6$-H$_3$PO$_4$-H$_2$O

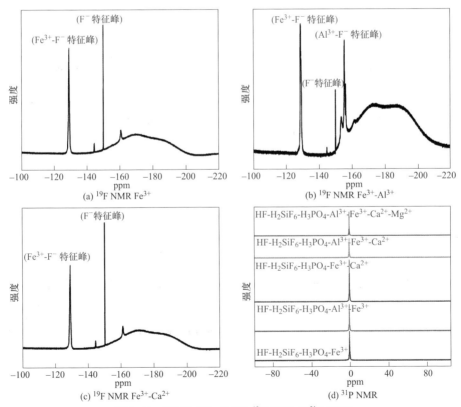

图 2.33　HF-H$_2$SiF$_6$-H$_3$PO$_4$ ^{19}F NMR 和 ^{31}P NMR

Fig. 2.33　^{19}F NMR and ^{31}P NMR in HF-H$_2$SiF$_6$-H$_3$PO$_4$

F⁻的特征峰明显减弱，说明 Fe^{3+} 和 Al^{3+} 同时存在的情况下比单一金属离子可络合更多游离 F⁻。与 H_2SiF_6-H_3PO_4-H_2O 溶液 ^{19}F NMR（Fe^{3+}-Al^{3+}）相比，Fe^{3+} 的特征峰强度明显增强，主要由于在添加 H_2SiF_6 同时添加了 HF，氟的总量有所增加，有足量的 F⁻ 满足 Fe^{3+} 络合配位。从图 2.33（c）可知，在加入 Fe^{3+} 的基础上，添加单一的 Ca^{2+} 后，^{19}F NMR 特征峰与单独加入 Fe^{3+} 基本一致，说明 Ca^{2+} 对 HF-H_2SiF_6-H_3PO_4-H_2O 溶液中氟的特征峰位移与强度基本无影响。此外，从图 2.33（d）的 ^{31}P NMR 结果可知，在 HF-H_2SiF_6-H_3PO_4-H_2O 溶液中，金属离子未形成金属-磷酸-氟复盐。

通过实验进一步研究了两种以上金属离子同时加入对 HF-H_2SiF_6-H_3PO_4-H_2O 溶液中氟的络合影响，在 HF-H_2SiF_6-H_3PO_4-H_2O 溶液中添加两种及多种金属离子，结果如图 2.34（a）所示。由图可知，在加入 Fe^{3+} 的基础上，同时添加 Ca^{2+}、Mg^{2+} 后，仅显示 Fe^{3+}-F⁻ 的特征峰；在添加 Al^{3+} 后，同时形成了多个 Al^{3+}-F⁻

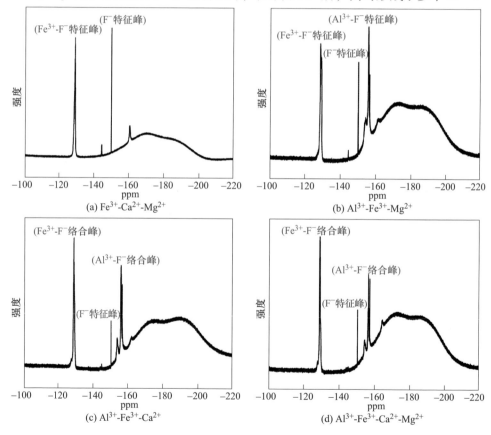

图 2.34　HF-H_2SiF_6-H_3PO_4-H_2O 溶液的 ^{19}F NMR

Fig. 2.34　^{19}F NMR in HF-H_2SiF_6-H_3PO_4-H_2O solution

与 Fe^{3+}-F^- 的特征峰，结果见图 2.34（b）~（d）。从图 2.33 与图 2.34 可知，磷酸对 HF-H_2SiF_6-H_3PO_4-H_2O 体系 ^{19}F NMR 特征峰位移影响较小。从图 2.33（d）的 ^{31}P NMR 结果可知，在 HF-H_2SiF_6-H_3PO_4-H_2O 溶液中，金属离子未形成金属磷酸盐。

基于上述研究，本书提出了一种 HF-H_2SiF_6-H_3PO_4-H_2O 溶液中氟与金属离子（Al^{3+}、Fe^{3+}、Ca^{2+}、Mg^{2+}）竞争络合机制（图 2.35）。首先，Al^{3+} 优先与游离 F^- 络合形成 AlF_6^{3-}、AlF_4^-、AlF_2^+ 等多种稳定的络合物，部分络合物来自 Al^{3+} 与 SiF_6^{2-} 相互作用，水解释放 F^- 并生成 SiO_2 沉淀。随后，当 Fe^{3+} 与剩余游离的 F^- 和从 SiF_6^{2-} 中水解转化 F^- 络合时，产生稳定的 FeF_3 络合物。最终，CaF_2 沉淀只能来自 SiF_6^{2-} 水解产物 F^- 的相互作用。Mg^{2+} 不能与 F^- 和 SiF_6^{2-} 配位，在酸性溶液中游离。在 SiF_6^{2-} 的整个水解过程中，还伴随着 SiO_2 沉淀的生成。

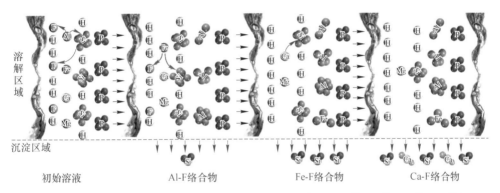

图 2.35 HF-H_2SiF_6-H_3PO_4-H_2O 溶液中氟离子与金属离子（Al^{3+}、Fe^{3+}、Ca^{2+}、Mg^{2+}）可能的竞争络合机制

Fig. 2.35 Possible competitive complexation mechanism of fluorine species and metal ions（Al^{3+}、Fe^{3+}、Ca^{2+} and Mg^{2+}）in the HF-H_2SiF_6-H_3PO_4-H_2O solution

2.3 湿法磷酸中液相氟的赋存形态

本章前面研究了纯体系中氟的赋存形态以及金属离子与氟的络合竞争机制，本节基于纯体系的研究基础，利用 ^{19}F NMR 谱图研究湿法磷酸中液相氟的赋存形态，见图 2.36。从图 2.36 中可以看出湿法磷酸包含多个氟的特征峰，分别为 H_2SiF_6、HF、Fe^{3+}-F^- 与 Al^{3+}-F^-，其峰的位置见表 2.11。

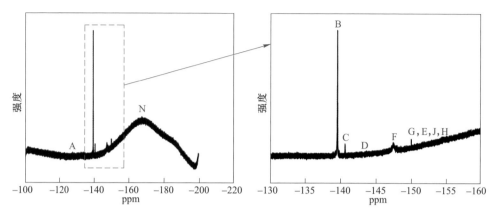

图 2.36　含 24% P_2O_5 湿法磷酸的^{19}F NMR

Fig. 2.36　^{19}F NMR in 24% P_2O_5 wet process phosphoric acid

表 2.11　湿法磷酸的^{19}F NMR 特征峰的种类与位置

Table 2.11　The species and location of ^{19}F NMR peaks of wet process phosphoric acid

序号	组分	峰的位置
1	H_2SiF_6	B(-139.68 ppm, SiF_6^{2-}), F(-147.50 ppm, F^-)
2	Fe^{3+}-F	A(-129.20 ppm, FeF_3), D(-144.15 ppm, FeF^{2+}), G(-150.12 ppm, FeF_2^+)
3	Al^{3+}-F	C(-141.24 ppm, AlF_4^-), E(-154.30 ppm, AlF_5^{2-}), G(-154.60 ppm, AlF_6^{3-}), H(-154.98 ppm, AlF_2^+) 及 J(-155.79 ppm, AlF^{2+})
4	HF	F(-147.50 ppm, F^-), N(-165.89 ppm, HF)

从图 2.11 与表 2.11 可知，Fe^{3+} 与 Al^{3+} 均形成了多种络合物；而 Mg^{2+}、Ca^{2+} 等未出现特征峰，也是由于两种金属离子与氟在磷酸中难以形成络合物，结论与前面几节纯磷酸体系是一致的。此外，H_2SiF_6 的特征峰以 SiF_6^{2-} 为主，说明磷酸环境有利于 Al^{3+} 促进 H_2SiF_6 的水解，水解路径为 $H_2SiF_6 \rightarrow HSiF_6^- \rightarrow SiF_6^{2-} \rightarrow SiF_5^- \rightarrow SiF_4 \rightarrow SiO_2$。

为了进一步验证湿法磷酸^{19}F NMR 表征结果，开展加标实验，分别在湿法磷酸中添加纯试剂氟源（HF 和 H_2SiF_6）、Al^{3+}、Fe^{3+}，研究^{19}F NMR 特征峰的变化情况。

（1）在 25 ℃条件下，在湿法磷酸中加入 Al^{3+}，使 Al^{3+} 的摩尔浓度在表 2.7 基础上增加一倍至 0.42 mol/L（质量浓度从 2% 增至 4%），^{19}F NMR 表征结果如图 2.37 所示。从图 2.37 可知，添加 Al^{3+} 后，Al^{3+}-F 络合物特征峰强度相比图 2.38（a）增加（图中红色框），表明 Al^{3+} 络合了更多的氟，使 HF 与 F^- 特征峰减弱，难以观察出。

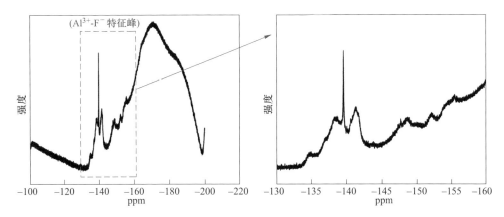

图 2.37 24% P_2O_5 的湿法磷酸中含 0.42 mol/L Al^{3+} 的^{19}F NMR

Fig. 2. 37 ^{19}F NMR of 24% P_2O_5 wet process phosphoric acid with 0. 42 mol/L Al^{3+}

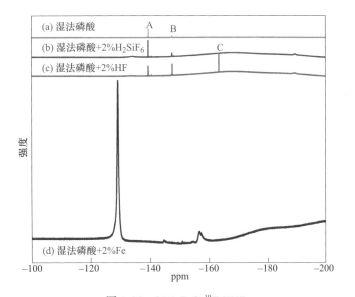

图 2.38 24% P_2O_5 ^{19}F NMR

Fig. 2. 38 ^{19}F NMR of 24% P_2O_5

（2）25 ℃条件下，在湿法磷酸中分别加入 H_2SiF_6、HF，使 H_2SiF_6、HF 的摩尔浓度由表 2.7 基础上增加一倍（换算质量浓度从 2% 增至 4%），并进行^{19}F NMR 表征，结果见图 2.38。从图 2.38（b）（c）看出，与原湿法磷酸（图 2.38（a））的特征峰相比，分别在 H_2SiF_6、HF 出峰位置（-139. 8 ppm，-165. 0 ppm）强度明显增加，证实了该峰属于氟硅酸，而 Al^{3+}-F^- 特征峰基本未变。但添加了 Fe^{3+} 后，Fe^{3+}-F^- 的特征峰增强，这与纯磷酸体系结果是一致的，进一步证明了 Fe^{3+} 可促进

H_2SiF_6 分解为 $HF(F^-)$，形成多种 $Fe^{3+}-F^-$ 络合物。

综上所述，湿法磷酸中氟赋存形态主要有 HF、H_2SiF_6、$Al^{3+}-F^-$ 和 $Fe^{3+}-F^-$。

◀2.4 湿法磷酸中不同赋存形态液相氟含量理论计算

本章前几节通过 ^{19}F NMR、^{31}P NMR 与 FT-IR 等仪器表征确定了湿法磷酸中液相氟的主要化学赋存形态，为了获得每种金属 $M(Al^{3+}$、Fe^{3+}、Ca^{2+} 与 $Mg^{2+})-F$ 络合物量随 $n(F^-):n(M)$ 的变化趋势，开展了物料平衡、电荷平衡及络合常数等理论计算与分析。本节首先构建了化学模型与计算步骤，并依次形成纯磷酸体系中 Al^{3+}、Fe^{3+}、Ca^{2+}、Mg^{2+} 等金属离子与氟的含量变化关系，并在此基础上，确定了湿法磷酸中氟的赋存形态与含量（浓度）变化规律（不考虑硫酸根等影响）。

2.4.1 液相氟的平衡化学模型

除氟硅酸、硫酸根外，湿法磷酸中主要有 Al^{3+}、Fe^{3+}、Ca^{2+}、Mg^{2+} 与 F^-（指所有含氟物质）。全部离子数量 N 可分为 N_c 个单一组分和 N_i 络合组分。通过分析 H^+ 作为一个已知其浓度的组分，不计算其平衡浓度，络合生成反应式和络合常数见表 2.12[9-10]。

表 2.12 络合反应式和络合常数

Table 2.12 Complexation formation equation and complexation constants

金属-氟络合物种类	反应式	Logβ（25 ℃）
$Al^{3+}-F^-$	$Al^{3+}+F^- \rightleftharpoons AlF^{2+}$	7.00
	$Al^{3+}+2F^- \rightleftharpoons AlF_2^+$	12.70
	$Al^{3+}+3F^- \rightleftharpoons AlF_3$	16.80
	$Al^{3+}+4F^- \rightleftharpoons AlF_4^-$	19.40
	$Al^{3+}+5F^- \rightleftharpoons AlF_5^{2-}$	20.60
	$Al^{3+}+6F^- \rightleftharpoons AlF_6^{3-}$	20.60
$Fe^{3+}-F^-$	$Fe^{3+}+F^- \rightleftharpoons FeF^{2+}$	5.28
	$Fe^{3+}+2F^- \rightleftharpoons FeF_2^+$	9.30
	$Fe^{3+}+3F^- \rightleftharpoons FeF_3$	12.06
	$Fe^{3+}+5F^- \rightleftharpoons FeF_5^{2-}$	15.77
$Ca^{2+}-F^-$	$Ca^{2+}+F^- \rightleftharpoons CaF^+$	4.89
	$Ca^{2+}+2F^- \rightleftharpoons CaF_2$	8.00
	$Ca^{2+}+3F^- \rightleftharpoons CaF_3^-$	10.50

金属-氟络合物种类	反应式	$\text{Log}\beta$ (25 ℃)
Mg^{2+}-F^-	$Mg^{2+}+F^- \rightleftharpoons MgF^+$	1.30
其他	$H^++F^- \rightleftharpoons HF$	3.17
	$H^++2F^- \rightleftharpoons HF_2^-$	3.67

注：β 为离子络合稳定常数。

2.4.2 纯磷酸中液相氟不同赋存形态含量

从本章 2.1 节可知，湿法磷酸中液相氟赋存形态主要为 HF、H_2SiF_6 及金属-氟络合物，从表 2.4 湿法磷酸液相组分分析可知，$W(F)=1.21\%$，$W(Si)=0.11\%$，且液相含硅组分均是 H_2SiF_6 及水解产物，理论计算 $W(H_2SiF_6)=0.49\%$，则以 H_2SiF_6 形式存在的氟质量分数为 $W(F)=0.37\%$。

为了验证液相湿法磷酸中氟硅酸含量理论推算的可靠性，将湿法磷酸中 H_2SiF_6 转变为氟硅酸钠或氟硅酸钾，同时结合磷酸浓度和温度对氟硅酸钠（A）与氟硅酸钾（B）溶解度的影响，反应方程式如式（2.3）、式（2.4），取 102.10 g 湿法磷酸，加入过量分析纯硝酸钾 2.80 g 且充分溶解，形成氟硅酸钾固体 0.74 g，则计算可知 H_2SiF_6 的质量分数为 0.48%，与理论推算 $W(H_2SiF_6)$ 含量是一致的。

$$Na_2SiF_6 \rightleftharpoons 2Na^+ + SiF_6^{2-} \quad (2.3)$$

$$K_2SiF_6 \rightleftharpoons 2K^+ + SiF_6^{2-} \quad (2.4)$$

根据物料平衡计算如下：

1000 g 湿法磷酸中氟摩尔数 $n[F^-]=[HF]+y[M_xF_y]+6[H_2SiF_6]+[F^-]+2[HF_2^-]=12.1/19 \text{ mol}=0.64 \text{ mol}$

已知以 H_2SiF_6 赋存形态的氟质量分数 $W(F)=0.37\%$，则以其他氟赋存形态的氟摩尔数：$n[F^-]_{剩余}=[HF]+y[M_xF_y]+[F^-]+2[HF_2^-]=(1.21\%-0.37\%)\times 100/19=0.44 \text{ mol}$，其中：[M] 为 Al、Fe、Ca、Mg；

此外，在湿法磷酸强酸体系中 $[HF_2^-]$ 组分基本不存在。

2.4.2.1 F^--Al^{3+}-H_3PO_4-H_2O 体系中氟赋存形态与含量变化

磷酸中仅有 Al^{3+} 和 F^- 存在情况下，形成稳定的络合离子 AlF_x^{3-x}。假定 $T=25$ ℃，离子强度（I）为 0，在 F^--Al^{3+}-H_3PO_4-H_2O 体系中，溶解性物质之间的物料平衡，电荷平衡等关系如方程式见式（2.5）~式（2.11）。

$$M + L = ML \qquad [ML] = \beta_1 [M][L] \qquad (2.5)$$

$$M + 2L = ML_2 \qquad [ML] = \beta_2 [M][L]^2 \qquad (2.6)$$

$$\vdots \qquad\qquad\qquad \vdots$$

$$M + nL = ML_n \qquad [ML] = \beta_n [M][L]^n \qquad (2.7)$$

$$c_M = [M] + [ML] + [ML] + \cdots + [ML_n] \qquad (2.8)$$

$$= [M](1 + \beta_1 [L] + \beta_2 [L]^2 + \beta_3 [L]^3 + \cdots + \beta_n [L]^n)$$

$$K_{MY} = \frac{[MY]}{[M][Y]} \qquad (2.9)$$

$$[Al]_{总} = [Al^{3+}] + [AlF^{2+}] + [AlF_2^+] + [AlF_3] + \qquad (2.10)$$
$$[AlF_4^-] + [AlF_5^{2-}] + [AlF_6^{3-}]$$

$$[F^-]_{总} = [F^-] + [HF] + [HF^{2-}] + [AlF^{2+}] + 2[AlF_2^+] + \qquad (2.11)$$
$$3[AlF_3] + 4[AlF_4^-] + 5[AlF_5^{2-}] + 6[AlF_6^{3-}]$$

根据 pH 测试，本实验配置磷酸摩尔浓度 $c(H^+) = 4.58$ mol/L（与表 2.1 中湿法磷酸一致），通过磷酸中物质之间的电离平衡及元素守恒关系，忽略其他金属与非金属元素的影响，计算出不同 $n(F^-):n(Al^{3+})$ 的情况下，氟的赋存形态与分布变化如图 2.39 所示。

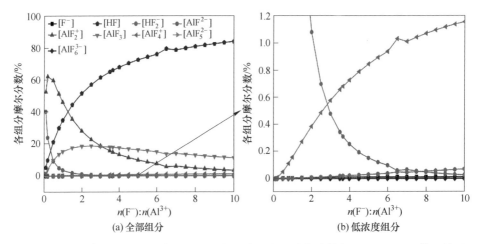

图 2.39 F^--Al^{3+}-H_3PO_4-H_2O 体系中不同氟赋存形态的摩尔分数与 $n(F^-):n(Al^{3+})$ 关系

Fig. 2.39 The relation of molar fraction of different fluorine forms with $n(F^-):n(Al^{3+})$ in F^--Al^{3+}-H_3PO_4-H_2O system

由图 2.39 可知，除 HF、F^-、HF_2^-（在酸性条件下含量极低，可忽略不计）外，Al^{3+} 与氟形成的络合物主要有 6 种。从图 2.39（a）可知，各组分摩尔分数随 $n(F^-):n(Al^{3+})$ 变化而变化：AlF^{2+} 与 AlF_2^+ 随着摩尔比的增大继续下降；AlF_3 摩

尔分数随 $n(F^-):n(Al^{3+})$ 从 0.1 增大至 2 时快速上升后平稳缓慢下降；HF 摩尔分数随 $n(F^-):n(Al^{3+})$ 的增大逐渐提高。当 $n(F^-):n(Al^{3+})$ 摩尔比为 0.1 时，AlF^{2+} 摩尔分数为 40.34%，AlF_2^+ 摩尔分数占 52.76%，其余含量低；当 $n(F^-):n(Al^{3+})$ 摩尔比增大至 1.0 时，AlF^{2+} 摩尔分数急剧下降至 4.34%，AlF_2^+ 摩尔分数下降至 46.22%，AlF_3 摩尔分数上升至 15.19%，HF 摩尔分数上升至 34.88%。综上，在 F^--Al^{3+}-H_3PO_4-H_2O 体系中，HF、AlF^{2+}、AlF_2^+、AlF_3、AlF_4^- 为主要组分，其中液相组分 HF、AlF^{2+}、AlF_2^+、AlF_4^- 分别对应图 2.17 中 H、A、C、D 的出峰位置；F^-、HF_2^-、AlF_5^{2-}、AlF_6^{3-} 组分含量较低，且随 $n(F^-):n(Al^{3+})$ 变化幅度不大。

从表 2.4 可知，除 H_2SiF_6 外，湿法磷酸中 $n(F^-):n(Al^{3+})$ 为 3.85，忽略其他元素的影响。从图 2.39 可知，在 F^--Al^{3+}-H_3PO_4-H_2O 体系中，氟主要赋存形态与摩尔分数分别为 AlF^{2+}(13.98%)、AlF_3(17.67%) 及 HF(67.29%)，其他络合物较少。

2.4.2.2　F^--Fe^{3+}-H_3PO_4-H_2O 体系中氟赋存形态与含量变化

在 F^--Fe^{3+}-H_3PO_4-H_2O 体系中，FeF_x^{3-x} 溶解性物质之间的平衡关系见下述方程式 (2.12)、式 (2.13)。

$$[Fe]_{总} = [Fe^{3+}] + [FeF^{2+}] + [FeF_2^+] + [FeF_3] + [FeF_5^{2-}] \tag{2.12}$$

$$[F^-]_{总} = [F^-] + [HF] + [HF^{2-}] + [FeF^{2+}] + 2[FeF_2^+] + 3[FeF_3] + 5[FeF_5^{2-}] \tag{2.13}$$

根据上述平衡方程，当磷酸 $c(H^+) = 4.58$ mol/L，通过上述物质之间的电离平衡关系以及元素守恒关系，计算出不同 $n(F^-):n(Fe^{3+})$ 情况下，Fe^{3+} 与 F^- 络合物的赋存形态及分布如图 2.40 所示。

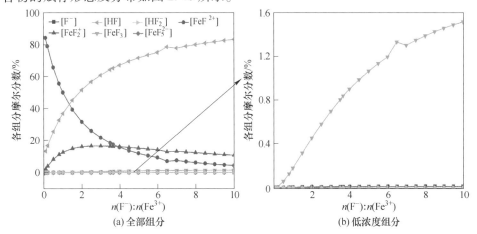

(a) 全部组分　　　　　　　　　(b) 低浓度组分

图 2.40　F^--Fe^{3+}-H_3PO_4-H_2O 体系中不同氟赋存形态的摩尔分数与 $n(F^-):n(Al^{3+})$ 关系

Fig. 2.40　The relation of molar fraction of different fluorine forms with $n(F^-):n(Al^{3+})$ in F^--Fe^{3+}-H_3PO_4-H_2O system

由图 2.40 可知，在 $F^--Fe^{3+}-H_3PO_4-H_2O$ 体系中，HF、FeF^{2+}、FeF_2^+ 为氟主要的赋存形态；F^-、HF^{2-}、FeF_3、FeF_5^{2-} 量较低。HF 随 $n(F^-):n(Fe^{3+})$ 快速上升，为 $F^--Fe^{3+}-H_3PO_4-H_2O$ 体系中氟的主要赋存形态；FeF^{2+} 摩尔分数随 $n(F^-):n(Fe^{3+})$ 上升逐渐下降；FeF_2^+ 先快速上升后缓慢下降；FeF_3 缓慢上升。

本书的湿法磷酸中 $n(F^-):n(Fe^{3+})$ 为 7.23，忽略其他元素的影响，从图 2.40（a）可知，在 $F^--Fe^{3+}-H_3PO_4-H_2O$ 体系中，氟主要赋存形态与摩尔分数分别为 FeF^{2+}(7.08%)、FeF_2^+(13.07%)、HF(78.51%) 及 FeF_3(1.24%)，其他络合物含量较低，对应图 2.11 中 -129.16 ppm、-143.85 ppm、-163.97 ppm、-150.31 ppm 的出峰位置。

2.4.2.3 $F^--Ca^{2+}-H_3PO_4-H_2O$ 体系中氟赋存形态与含量变化

Ca^{2+} 与 F^- 理论上可形成三种物质。根据 2.2.4 节仪器表征研究结果可知，除形成固相氟化钙外，未观察到湿法磷酸液相中形成 $Ca^{2+}-F^-$ 络合物。在 $F^--Ca^{2+}-H_3PO_4-H_2O$ 体系中，溶解性物质之间的平衡关系见式（2.14）、式（2.15）。

$$[Ca^{2+}]_{\text{总}} = [Ca^{2+}] + [CaF^+] + [CaF_2] + [CaF_3^-] \tag{2.14}$$

$$[F^-]_{\text{总}} = [F^-] + [HF] + [HF^{2-}] + [CaF^+] + 2[CaF_2] + 3[CaF_3^-] \tag{2.15}$$

根据上述公式，当磷酸中 $c(H^+) = 4.58$ mol/L，通过上述物质之间的电离平衡关系以及元素守恒关系，计算出不同 $n(F^-):n(Ca^{2+})$ 的情况下，氟钙络合物的赋存形态与分布如图 2.41 所示。

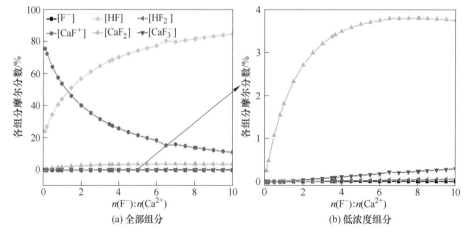

图 2.41 $F^--Ca^{2+}-H_3PO_4-H_2O$ 体系中不同氟赋存形态的摩尔分数与 $n(F^-):n(Ca^{2+})$ 关系

Fig. 2.41 The relation of molar fraction of different fluorine forms

with $n(F^-):n(Ca^{2+})$ in $F^--Ca^{2+}-H_3PO_4-H_2O$ system

由图 2.41 可知，Ca^{2+} 与 F^- 形成的络合物主要有 3 种。CaF^+ 摩尔分数随

$n(F^-):n(Ca^{2+})$ 逐渐下降；CaF_2 含量低且基本不变，因为 CaF_2 在磷酸中的溶度积是一定的；在 $n(F^-):n(Ca^{2+})$ 为 2.0 以后，HF 快速上升，为氟的主要的赋存形态。CaF_3^- 摩尔分数随 $n(F^-):n(Ca^{2+})$ 快速上升后缓慢下降。

本书研究的湿法磷酸中 $n(F^-):n(Ca^{2+})$ 为 12.53，从图 2.41 可知，在 F^--Ca^{2+}-H_3PO_4-H_2O 体系中，氟主要赋存形态为 $HF(87.24\%)$，而 $CaF^+(8.64\%)$、CaF_2^+（3.63%）等络合物较少，且当磷酸中 Al^{3+}、Fe^{3+} 存在时，氟含量一定时，Ca^{2+}-F^- 的络合物难以形成，所以在 ^{19}F NMR 核磁检测中未发现 Ca^{2+}-F^- 相关峰。

2.4.2.4 F^--Mg^{2+}-H_3PO_4-H_2O 体系中氟赋存形态与含量变化

Mg^{2+} 与 F^- 在水的体系中仅形成 MgF^+ 单一物质，根据 2.2.4 节可知，同 Ca^{2+} 一样，在纯磷酸中形成的特征峰难以检测出，说明 Mg^{2+} 与 F^- 的络合能力弱。在 F^--Mg^{2+}-H_3PO_4-H_2O 体系中，溶解性物质之间的平衡关系见式（2.16）、式（2.17）。

$$[Mg^{2+}]_{总} = [Mg^{2+}] + [MgF^+] \qquad (2.16)$$

$$[F^-]_{总} = [F^-] + [HF] + [HF^{2-}] + [MgF^+] \qquad (2.17)$$

根据上述公式，当磷酸 $c(H^+) = 4.58$ mol/L，通过上述物质之间的电离平衡方程以及元素守恒方程，忽略其他金属与非金属元素的影响，计算出不同 $n(F^-):n(Mg^{2+})$ 情况下，Mg^{2+}-F^- 络合物的赋存形态与摩尔分数如图 2.42 所示。

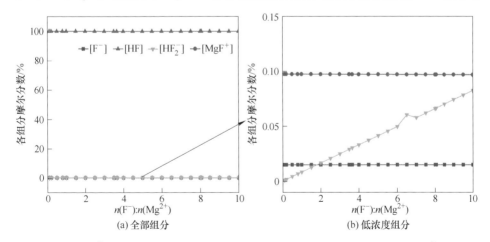

图 2.42　F^--Mg^{2+}-H_3PO_4-H_2O 体系中不同氟赋存形态的摩尔分数与 $n(F^-):n(Mg^{2+})$ 关系

Fig. 2.42　The relation of molar fraction of different fluorine forms

with $n(F^-):n(Mg^{2+})$ in F^--Mg^{2+}-H_3PO_4-H_2O system

由图 2.42 可知，在 F^--Mg^{2+}-H_3PO_4-H_2O 体系中，Mg^{2+} 与 F^- 形成的络合物仅有 1 种，为 MgF^+，但含量低于 0.10%，这也证明了 2.2 节利用 ^{19}F NMR 与 FT-IR

仪器表征 Mg^{2+}-F^- 体系氟的赋存形态的结论：Mg-F 络合物在磷酸中难以形成。此外，HF 为氟的主要赋存形态，含量接近 100%，其余组分随 $n(F^-):n(Mg^{2+})$ 变化而波动较小。

本书研究的湿法磷酸中 $n(F^-):n(Mg^{2+})$ 为 2.89，从图 2.42 可知，在 F^--Mg^{2+}-H_3PO_4-H_2O 体系中，氟主要赋存形态为 HF(99.86%)，其他络合物极少。

2.4.3 湿法磷酸中液相氟不同赋存形态含量

本节研究的对象为湿法磷酸液相（具体组分见表 2.4），但不考虑 SO_4^{2-} 与痕量金属等影响。在此体系中，依据上述单一纯体系相关研究数据，结合溶解平衡、电荷平衡等，计算出在多金属湿法磷酸体系中，除氟硅酸外，各种氟组分的摩尔分数（浓度）随 $n(F^-)$ 的变化而变化。

从图 2.43 中可以看出，各组分的摩尔分数随着 $n(F^-)$ 的变化而变化，其中 HF 的摩尔浓度随 $n(F^-)$ 变化而直线上升，这与单组分体系的变化情况是一致的。此外，某些金属-氟络合物的变化趋势与单一金属体系不一致，如 CaF^+。CaF^+ 在单一体系中随 $n(F^-)$ 的增大而降低，但在湿法磷酸体系中先增大后降低，主要由于其他金属离子（如 Al^{3+}、Fe^{3+}）与其竞争。根据相关研究，当湿法磷酸体系中总氟浓度达到 1.98 mol/L 时，F^- 的主要形态为赋存形态 HF，其次为 AlF_3、FeF^{2+}、FeF_2^+、CaF^+。然而，当工业湿法磷酸中 F^- 浓度超过 5 mol/L 时，酸溶性 AlF_4^- 和 FeF_3 成为液相 F 难以回收的主要障碍。虽然酸溶性 M-F^- 种类增加，但 HF 和 AlF_3 析出物的增加趋势更为明显。

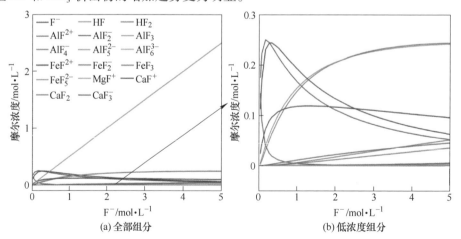

图 2.43 湿法磷酸中不同金属-氟赋存形态与氟摩尔浓度关系

Fig. 2.43 Relationship between the occurrence forms of different metal-fluorine and the molar concentration of fluorine in the wet process phosphoric acid

2.4.4　密度泛函理论计算（DFT）

本书中所有的密度泛函理论（DFT）计算都是通过 Accelerys 有限公司 Materials Studio 5.5 软件包中的 Dmol3 程序进行运算的。考虑到 2.2.5 节的理论计算不确定性因素，在本节中，我们将通过 DFT 计算更详细地研究并证实在湿法磷酸中氟可能存在的赋存形态。

图 2.44 列出了 Al^{3+}、Fe^{3+}、Ca^{2+}、Mg^{2+} 与 F^- 形成络合物的赋存形态，并优化出的几何结构以及相应的结合能和键长。众所周知，Al^{3+} 和 Fe^{3+} 都属于六配位化合物，根据 ^{19}F NMR 结果，可以认为 F^- 和 H_2O 是配体。在此基础上，计算了六种 Al^{3+}-F^- 和 Fe^{3+}-F^- 的结合能和键长。Al^{3+}-F^- 组分的结合能为：AlF_4^-（27.48 eV）< AlF^{2+}（38.64 eV）< AlF_5^{2-}（42.99 eV）< AlF_2^+（51.43 eV）< AlF_3（51.70 eV）< AlF_6^{3-}（60.68 eV），根据第一性原理可知，结合能越低，化合物越稳定[10]。因此可得出，湿法磷酸中的 AlF_4^- 非常稳定，由于 O 原子和 F 原子之间的键长较长（2.17 Å（1 Å = 10^{-10} m）），因此基本不受 H_2O 配体的影响，而 AlF_4^- 稳定性这也可从图 2.43 的理论计算结果中得到证明。该结果与湿法磷酸中 ^{19}F NMR 的结果和多金属湿法磷酸中的 Al^{3+}-F^- 的数学模型很好地吻合（参见 2.4.3 节）。

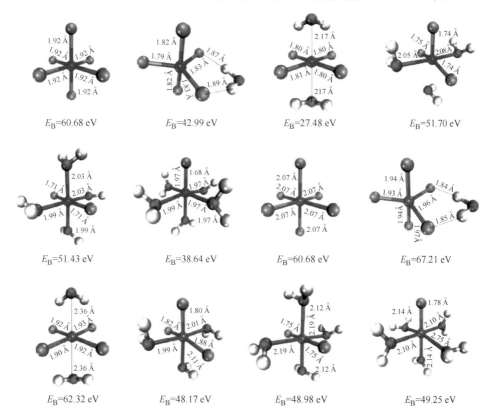

E_B=60.68 eV	E_B=42.99 eV	E_B=27.48 eV	E_B=51.70 eV
E_B=51.43 eV	E_B=38.64 eV	E_B=60.68 eV	E_B=67.21 eV
E_B=62.32 eV	E_B=48.17 eV	E_B=48.98 eV	E_B=49.25 eV

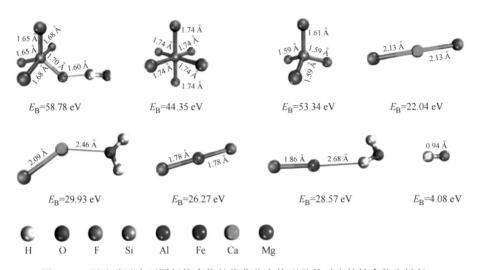

图 2.44　湿法磷酸中不同氟络合物的优化稳定构型及其对应的结合能和键长

Fig. 2.44　The optimized stable configuration urations of different fluorine species and the corresponding binding energies and bond lengths in wet process phosphoric acid

对于 Fe^{3+}-F^- 组分，可以看出 Fe^{3+}-F^- 组分的结合能为：FeF_3（48.17 eV）< FeF_2^+（48.98 eV）< FeF^{2+}（49.25 eV）< FeF_6^{3-}（60.68 eV）< FeF_5^{2-}（62.32 eV）< FeF_4^-（67.21 eV）。这意味着 FeF_3 应该被认为是溶液中较为稳定的物质，这也与 2.4.3 节的结果是一致的。

除 CaF_2 沉淀外，由于结合能较高（E_B = 29.93 eV 和 28.57 eV），溶液中可以形成 MgF^+ 和 CaF^+ 两种物质。然而，由于多种金属配合物之间存在竞争趋势，两种金属离子（Mg^{2+} 与 Ca^{2+}）与氟在湿法磷酸中难以稳定存在。

除氟硅酸外，HF（E_B = 4.08 eV）组分可以认为是主要的液相氟赋存形态，这与 2.2.1 节~2.2.5 节的研究结论一致。

⟨2.5⟩ 本 章 小 结

本章系统研究了湿法磷酸中液相氟的赋存形态以及金属离子与氟的络合竞争机制，得出如下主要结论：

（1）通过陈化湿法磷酸固液分离，获得固相氟与液相氟，固相与液相氟质量比为 6.3∶93.7，氟主要进入了液相。

（2）湿法磷酸中液相氟赋存形态为 HF、H_2SiF_6、FeF^{2+}、FeF_2^+、FeF_3、FeF_5^{2-}、AlF_6^{3-}、AlF_5^{2-}、AlF_4^-、AlF_2^+、AlF^{2+}，未形成磷酸-氟-金属复盐氟化物。

（3）磷酸环境比水环境有利于 Al^{3+} 促进 H_2SiF_6 水解，水解路径为 $H_2SiF_6 \rightarrow$

$HSiF_6^- \rightarrow SiF_6^{2-} \rightarrow SiF_5^- \rightarrow SiF_4^{2-} \rightarrow SiO_2$；水/磷酸环境中 Fe^{3+} 促进 H_2SiF_6 水解路径为 $H_2SiF_6 \rightarrow HSiF_6^- \rightarrow SiF_6^{2-} \rightarrow SiF_5^-$。

（4）液相中的 Al^{3+}、Fe^{3+} 与 F^- 形成的络合物及其 HF 阻碍了湿法磷酸中液相氟的回收，其中 Al^{3+} 优先与游离 F^- 络合形成多种稳定的络合物，Fe^{3+} 再与剩余游离的 F^- 生成稳定的 FeF_3 络合物，Ca^{2+}、Mg^{2+} 不能在液相中与 F^- 和 SiF_6^{2-} 单独配位形成络合物，Ca^{2+} 与氟形成 CaF_2 沉淀。

（5）四种金属离子与氟的络合能力依次为 $Al^{3+} > Fe^{3+} > Ca^{2+} > Mg^{2+}$，且仪器表征可知 Ca^{2+}、Mg^{2+} 与 HF、H_2SiF_6 未形成液相络合物。

参 考 文 献

[1] Fang K, Xu L, Yang M, et al. One-step wet-process phosphoric acid by-product $CaSO_4$ and its purification [J]. Separation and Purification Technology, 2023, 309：123048.

[2] 张文. 湿法磷酸生产中泡沫行为调控及消泡机理研究 [D]. 武汉：武汉工程大学, 2022.

[3] 苏殊, 许德华, 杨秀山, 等. 硝磷酸脱氟过程中氟离子及金属离子的反应机理研究 [J]. 应用化工, 2022, 51（2）：302-306.

[4] Saika A, Slichter C P. A note on the fluorine resonance shifts [J]. The Journal of Chemical Physics, 1954, 22（1）：26-28.

[5] Urbansky E T, Schock M R. Can fluoridation affect lead（Ⅱ）in potable water hexafluorosilicate and fluoride equilibria in aqueous solution [J]. International Journal of Environmental Studies, 2000, 57（5）：597-637.

[6] Urbansky E T. Fate of fluorosilicate drinking water additives [J]. Chemical Reviews, 2002, 102（8）：2837-2854.

[7] 李梅, 张晓伟, 刘佳, 等. HNO_3-$Al(NO_3)_3$ 络合浸出包头稀土精矿中的氟元素及其络合机理 [J]. 中国有色金属学报, 2015, 25（2）：508-514.

[8] Kleboth K. Fluoro complexes of silicon in aqueous solution. Ⅱ. formation and properties of tetrafluorosilicic acid [J]. Monatsh. Chem, 1969, 100：1057-1068.

[9] Buslaev Y V, Petrosyants S P. Composition of fluoro complexes of aluminum and fluosilicic acid in aqueous solutions [J]. Sov. J. Coord. Chem, 1980, 5：123-129.

[10] Li X, Wen J K, Mo X L, et al. Mechanism of aluminum complexation in oxidative activity of leaching bacteria in a fluoride-containing bioleaching system [J]. Rare Metals, 2019, 38（1）：87-94.

3 两步沉淀法回收液相氟

本章基于湿法磷酸中液相氟的赋存形态，研究两步沉淀法对氟的回收的影响，建立反应结晶动力学、热力学方程，通过反应扩散模型研究，获得结晶粗大、纯度高的工业氟硅酸钠产品形成机制，实现了氟的精准高效回收，为两步沉淀法产业化应用奠定理论基础。

3.1 实验设计

第 3 章研究表明，湿法磷酸中氟主要赋存形态为 HF、H_2SiF_6 及金属-氟络合物，基于此，利用钠离子先沉淀湿法磷酸中 H_2SiF_6 形成氟硅酸钠沉淀，再加入二氧化硅将湿法磷酸中 HF 及金属-氟络合物转化为 H_2SiF_6 而形成氟硅酸钠沉淀。两步沉淀法脱除与回收氟的流程如图 3.1 所示。

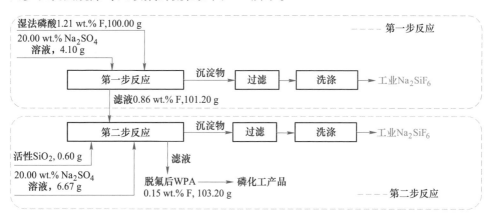

图 3.1　两步沉淀法回收湿法磷酸液相氟的工艺流程图

Fig. 3.1　Process flow chart of liquid phase fluorine recovery from wet process phosphoric acid by two-step precipitation method

第一步：针对 H_2SiF_6 组分，添加硫酸钠溶液，反应方程见式（3.1）。HSC Chemical 6.0 软件的热力学计算结果见表 3.1，从表可知，在 0~100 ℃范围内，$\Delta G^{\ominus} < 0$，式（3.1）为自发反应。

$$SiF_6^{2-} + 2Na^+ \Longrightarrow Na_2SiF_6 \downarrow \tag{3.1}$$

第二步：针对 HF 与金属-氟络合物组分，添加活性二氧化硅，反应方程见式（3.2）。HSC Chemical 6.0 软件的热力学计算结果见表 3.2，从表可知，在 0~100 ℃范围内，$\Delta G^{\ominus} < 0$，式（3.2）也为自发反应。

$$4H^+ + 6F^- + SiO_2 + 2Na^+ \Longrightarrow Na_2SiF_6\downarrow + 2H_2O \tag{3.2}$$

表 3.1　反应（3.1）化学反应的热力学性质表

Table 3.1　Table of thermodynamic properties of chemical reactions（3.1）

T/℃	ΔH	ΔS	ΔG	Log$K$
0	−12.674	−15.853	−8.344	6.677
10	−11.576	−11.901	−8.206	6.334
20	−10.711	−8.899	−8.103	6.041
30	−9.980	−6.445	−8.026	5.787
40	−9.316	−4.288	−7.973	5.565
50	−8.682	−2.295	−7.940	5.370
60	−8.066	−0.418	−7.927	5.200
70	−7.457	1.384	−7.931	5.052
80	−6.839	3.159	−7.954	4.923
90	−6.205	4.929	−7.995	4.812
100	−5.548	6.713	−8.053	4.717

注：ΔH—焓变；ΔS—熵变；ΔG—吉布斯自由能；Log$K$—平衡常数。

表 3.2　反应（3.2）化学反应的热力学性质表

Table 3.2　Table of thermodynamic properties of chemical reactions（3.2）

T/℃	ΔH	ΔS	ΔG	Log$K$
0	−26.144	40.159	−37.114	29.698
10	−22.978	51.555	−37.575	29.005
20	−20.467	60.275	−38.136	28.434
30	−18.327	67.456	−38.776	27.957
40	−16.371	73.805	−39.483	27.558
50	−14.495	79.702	−40.250	27.224
60	−12.665	85.279	−41.076	26.948
70	−10.847	90.655	−41.955	26.723
80	−8.997	95.970	−42.889	26.544
90	−7.092	101.287	−43.875	26.407
100	−5.111	106.668	−44.914	26.308

湿法磷酸中氟回收率见式（3.3）：

$$回收率(\%) = \frac{c_i - c_f}{c_i} \times 100\% \qquad (3.3)$$

其中，c_i 为回收前湿法磷酸中氟浓度；c_f 为氟回收后湿法磷酸中氟浓度。

◈ 3.2 两步沉淀法氟回收的工艺研究

实验步骤如下：首先将 100 g 湿法磷酸（其组分见表 3.3 中液相湿法磷酸）放入烧杯中，缓慢加入质量分数 20%的 Na_2SO_4 溶液 3.6 g，充分混合 10 min，在 10~100 ℃的恒温水浴中以 50~300 r/min 的速度机械搅拌 10~90 min，所有反应均在常压下进行的。在形成白色沉淀后，采用真空过滤分离固液混合物。固相沉淀用去离子水洗涤至 pH 值约为 7.0，随后干燥与表征。第二步继续加入 0.60 g 活性二氧化硅，其余反应流程同第一步。

表 3.3 湿法磷酸中液相氟回收前后组分分析

Table 3.3 Components analysis of liquid-phase fluorine in wet process phosphoric acid before and after recovery

组分	浓度/%		
	原酸	第一步	第二步
P_2O_5	24.06	23.54	23.52
Fe_2O_3	0.86	0.84	0.46
Al_2O_3	1.11	1.09	0.56
MgO	1.28	1.26	0.81
总 F	1.21	0.86	0.15
$F(H_2SiF_6)$	0.37	0.02	—
Na^+	0.11	0.68	0.24
SO_4^{2-}	1.29	2.54	2.47

3.2.1 反应时间

在质量分数 24.06% P_2O_5 的湿法磷酸中分别加入质量分数 20%的 Na_2SO_4 溶液（第一步）和活性二氧化硅（第二步），考察反应时间对氟回收率的影响。从图 3.2（a）看出，随着反应时间的延长，氟的回收率稳步提高并保持稳定。第一步反应 10 min 后氟回收率为 12.80%，第二步反应 10 min 后氟回收率提高至 56.90%；当两步反应时间均为 30 min 时，回收率分别提高至 28.90%和 87.60%，说明第一步和第二步反应速率均较快。当反应时间从 30 min 继续延长到 90 min 时，回收率变化幅度较小。

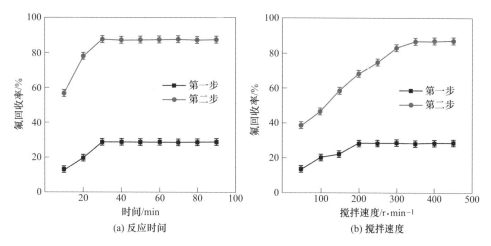

图 3.2 反应时间与搅拌速度对氟回收率效率的影响

Fig. 3.2 Effect of reaction time and stirring speed on fluorine recovery efficiency

3.2.2 搅拌速度

增大搅拌速度有利于改善物料的传质并促进混合均匀，实验结果如图 3.2（b）所示，搅拌速度在 200 r/min 之前，第一步反应氟的回收率随搅拌速率的增加而增加，最佳的反应搅拌速率为 200 r/min。而第二步反应过程中，增加搅拌速率对氟回收效率增加明显，这是因为第二步反应是固-液反应，增加搅拌速率有利于活性二氧化硅与磷酸充分接触，增加传质效率，加速了反应速率，第二步反应搅拌速率 350 r/min 最佳。

3.2.3 反应温度

如图 3.3（a）所示，当温度从 25 ℃ 提高到 50 ℃ 时，第一步反应氟回收率从 15.60% 提高到 28.90%。但继续提高温度时，加快了磷酸中 H^+ 的解离，H^+ 浓度增加，H^+ 和 Na^+ 发生竞争反应，导致氟回收率缓慢下降，所以第一步反应温度为 50 ℃。

第二步反应对氟收率表现出与第一步不同的结果，在其他相同实验条件下，氟回收率几乎随温度线性增加，主要因为此步反应为固-液反应，在温度为 80 ℃ 时，氟回收率达到最佳值，继续增加温度氟回收率略有降低，主要因为温度升高使氟硅酸钠的溶解度增大。为保证氟的回收效率，同时尽可能使氟进入 Na_2SiF_6 产品中，第二步的最佳反应温度为 80 ℃。

3.2.4 磷酸 P_2O_5 浓度

在质量浓度 24.06% P_2O_5 的湿法磷酸中添加 85% H_3PO_4 分析纯磷酸，使磷

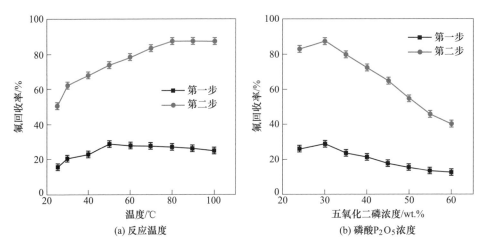

图 3.3 反应温度与磷酸 P_2O_5 浓度对氟回收率的影响

Fig. 3.3 Effect of reaction temperature and P_2O_5 concentration on fluorine recovery

酸 P_2O_5 浓度分别为 24.06%、30%、35%、40%、45%、50%、55% 和 60%，研究不同磷酸浓度对两步沉淀法回收氟的影响。如图 3.3（b）所示，随着 P_2O_5 浓度的增加，氟的回收率变化幅度较大。当 P_2O_5 浓度为 30% 时，第一、二步反应的回收率均最佳，随着浓度的进一步上升，两步反应的回收率均下降，是由于湿法磷酸黏度上升，收率不断下降。

3.2.5 优化条件下的磷酸组成分析

在本章 3.2.1~3.2.4 节最优工艺条件下净化湿法磷酸，净化前后磷酸化学组分采用 ICP 和 IC 分析。由表 3.3 可以看出，采用两步沉淀法可将湿法磷酸中的总氟含量从 1.21% 降低至 0.15%，总氟的回收率按照式（3.3）计算可知：第一步为 28.90%（H_2SiF_6 回收率 94.6%），第二步为 58.7%（HF 及金属-氟络合物回收率 84.5%），共计 87.60%，单位 P_2O_5 损失量小于 0.05%。

同时，SO_4^{2-} 有所增加（硫酸根为湿法磷酸已有离子，一般湿法磷酸生产装置有脱硫单元，所以对湿法磷酸生产与产品无影响）；Na^+ 质量浓度由 0.11% 增加至 0.24%，相对于其他组分含量较小，对产品基本无影响；其他组分基本无变化。

另外，利用 ^{19}F NMR 对湿法磷酸净化前后液相氟进行表征，结果见图 3.4。从图 3.4（a）（b）对比可以看出，回收氟后湿法磷酸中 H_2SiF_6 和 HF 特征峰强度基本消失，证明该工艺可以以氟硅酸钠的形式高效回收 H_2SiF_6 和 HF；同时 Al^{3+}-F^- 络合物量显著减少，可有效解离 Al^{3+}-F^- 络合物释放出 F^-，并回收。

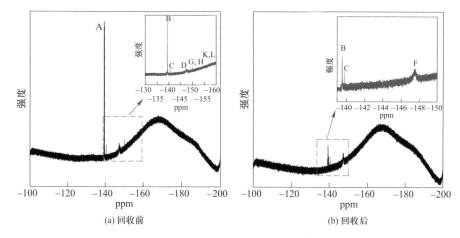

图 3.4　回收前和后湿法磷酸中氟的^{19}F NMR

Fig. 3.4　^{19}F NMR spectra of liquid-phase wet process phosphoric acid before and after recycling fluorine

3.2.6　产品分析与表征

两步沉淀法生成的氟硅酸钠产品指标如表 3.4 所示。可以看出，该产品纯度高于 98%，优于 GB/T 23936—2018 中工业氟硅酸钠产品指标要求，其他指标除游离酸外，满足一等品标准要求[1]。

表 3.4　两步沉淀法回收的工业氟硅酸钠指标

Table 3.4　Indicators of sodium fluosilicate by two-step precipitation method

指标	Na_2SiF_6/%	游离酸/%	水不溶物/%	P_2O_5/%
GB/T 23936—2018 一等品	≥98.5	≤0.15	≤0.50	≤0.02
第一步反应产品	98.80	0.022	0.41	0.01
第二步反应产品	98.90	0.030	0.45	0.01
第一步与第二步综合产品	98.87	0.025	0.44	0.01

图 3.5（a）显示了氟硅酸钠沉淀的 X 射线衍射（XRD）谱图。从 XRD 谱图中可以看出，样品的主相为六方结构的 Na_2SiF_6 相，其空间基团为 P321（150），生成的沉淀物为单相，不含任何杂质和二次相对应的额外峰。

从图 3.5（b）扫描电子显微镜（SEM）可以看出，沉淀物的晶体类型为六方圆柱轴的双恒星枝晶，属于 M.J.Krasinski 等报道的氟硅酸钠晶体结构中的一种[2]。

为获得沉淀晶体相关参数，选择 Na_2SiF_6XRD 图谱（PDF#33-1280）为初始模型，使用 TOPAS 程序进行 Rietveld 精修，精修结果如图 3.6 所示。对比发现

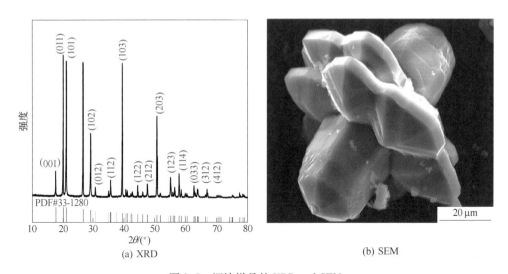

(a) XRD

(b) SEM

图 3.5 沉淀样品的 XRD and SEM

Fig. 3.5 XRD patterns and SEM of precipitate sample

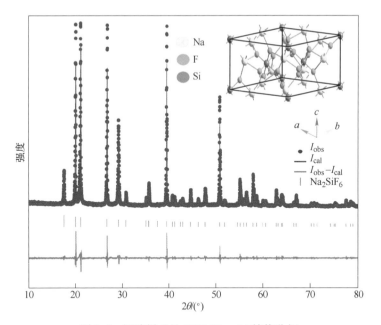

图 3.6 沉淀样品的 XRD-Rietveld 精修分析

Fig. 3.6 XRD-Rietveld finishing analysis of precipitation sample

XRD 数据拟合良好, 通过精修获得较好的峰位匹配, 包括精修峰廓线。Rietveld 精修的晶格参数如表 3.5 所示。同时, 表 3.6 显示了对称性、空间群、原子坐标及样品占有率。经精算, 残差 (R 值) R_{wp} 为 10.9 (加权轮廓因子), R_{exp} 为

7.41（期望加权轮廓因子），总体 chi-square（$\chi^2 = (R_{wp}/R_{exp})^2$）为 2.18，表明观测数据与计算数据差异最小，剖面拟合质量较好。

表 3.5 沉淀的 Rietveld 精修的晶格参数

Table 3.5 The lattice parameters of the precipitation Rietveld are refined

样品名称	相	晶格参数						
		$a/\text{Å}$	$b/\text{Å}$	$c/\text{Å}$	$\alpha/(°)$	$\beta/(°)$	$\gamma/(°)$	体积/Å^3
两步法沉淀	Na_2SiF_6	8.8618	8.8618	5.0421	90	90	120	342.9240

表 3.6 沉淀的对称性、空间群、原子坐标与占据位置参数

Table 3.6 Symmetry、space groups、atomic coordinates, and site occupancy parameters of precipitate

样品名称	物相	对称性	空间群	原子种类	原子位置			占有率
					x	y	z	
两步法沉淀	Na_2SiF_6	六角形	P321	Na1	0.3654	0.3654	0.0000	3
				Na2	0.7065	0.7065	0.5000	3
				Si1	0.0000	0.0000	0.0000	1
				Si2	0.3333	0.6667	0.5293	2
				F1	0.0889	0.0889	0.7937	6
				F2	0.4323	0.5831	0.7028	6
				F3	0.2337	0.7450	0.2976	6

3.3 沉淀晶体生长影响机制

从第 3 章研究结果可知，Al^{3+}-F^-络合物是影响湿法磷酸液相氟回收率的关键因素。此外，从图 3.4 和图 3.5 可知，反应温度与磷酸浓度对氟的回收率影响较大。因此，本节以纯磷酸体系为研究对象，以 Al^{3+}、反应温度与磷酸浓度为不同影响参数，以反应扩散模型为评价依据，利用 SEM、XRD 表征手段研究两步沉淀法第一步反应过程中晶体生长的影响机制，为实现粗大易过滤分离的氟硅酸钠产品奠定基础。

反应扩散模型平衡方程见式（3.5）[3]。

$$N = \frac{c_0 - c_t}{c_0 - c_e} \tag{3.4}$$

$$1 - 3(1 - N)^{\frac{2}{3}} + 2(1 - N) = -kt \tag{3.5}$$

式中，N 为反应进度；k 为扩散速率常数；t 为反应时间；c_t 为任意时刻 F 的浓

度；c_0 为开始时刻 F 的浓度；c_e 为反应体系平衡时 F 的浓度。

3.3.1 温度对晶体生长的影响

表 3.7（序号 1~4）描述了温度对反应（3.1）扩散模型速率常数（k）与线性回归相关系数（R^2）的影响。从表中可以看出，温度对扩散速率常数均有倒"V"形（先降低后上升）影响。当温度为 50 ℃ 时，k 与 R^2 均最大。随着温度的升高，磷酸黏度降低，扩散效果增强。主要是温度的升高促进了湿法磷酸的电离，使 H$^+$ 浓度增加，H$^+$ 与 Na$^+$ 竞争反应加剧，尤其是在 90 ℃ 的环境下，竞争更加激烈，导致 SiF$_6^{2-}$ 与 Na$^+$ 结合难度增大，浓度梯度不明显。但随着温度上升对移动扩散的影响反而增加。综上，在这两个因素的影响下，50 ℃ 是该反应的最佳温度，这与图 3.3 结果一致。

表 3.7　不同操作参数对扩散过程的影响

Table 3.7　Effect of different operating parameters on diffusion models

序号	操作参数			移动扩散模型	
	$T/℃$	湿法磷酸/%	Al/%	k	R^2
1	25			1.1	0.9108
2	50			1.21	0.9567
3	70			1.14	0.9312
4	90			1.07	0.9187
5		24.00		1.09	0.9145
6		30.00		1.15	0.9547
7		40.00		1.11	0.9342
8		45.00		1.08	0.9145
9		50.00		1.05	0.9056
10			0.50	1.06	0.9532
11			1.00	1.03	0.9209
12			2.00	0.99	0.9179

另外，XRD（图 3.7（a））结果显示，未生成新的物相，但主晶面指数强度变化明显，温度从 25 ℃ 升至 50 ℃ 时，晶面强度显著提高，后随着温度继续上升而下降，说明温度对晶体发育影响较大。从 SEM（图 3.7（b））可以看出，50 ℃ 时晶体表面光滑完整。但随着温度升高，氟硅酸钠晶面缺失严重，发育不完全，x 轴和 y 轴变短，可能是由于磷酸中 H$^+$ 运动加剧，致使氟硅酸钠溶解度增加所致。

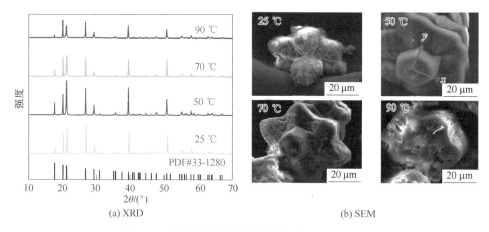

图 3.7　不同温度条件下沉淀样品的 XRD 与 SEM

Fig. 3.7　XRD patterns and SEM of precipitation sample with different temperature

3.3.2　磷酸浓度对晶体生长的影响

由表 3.7（序号 5~9）可以看出，当磷酸 P_2O_5 为 24% 时，扩散速率常数（k）与线性回归相关系数（R^2）均最大，因为湿法磷酸黏度较小，有利于 H^+ 易解离扩散，但同时也与 Na^+ 竞争 SiF_6^{2-}，导致氟回收率偏低；当磷酸 P_2O_5 浓度为 30% 时，磷酸黏度的上升减弱了 H^+ 扩散作用，有利于 Na^+ 与 SiF_6^{2-} 沉淀反应，氟回收率最佳（从图 3.3 可知）。

此外，从图 3.8 中 XRD 结果表明，磷酸浓度变化对沉淀物物相无影响，但主晶面指数强度逐渐降低，说明磷酸浓度对晶体发育（晶型）有较大影响；从其 SEM 可以看出，随着磷酸浓度的增加，晶体尺寸逐渐减小。x 轴和 y 轴同时减小，晶体结构从 24% P_2O_5 浓度时的双扇形板变为 40% P_2O_5 浓度时的圆柱形晶体，晶体的平均尺寸从 80 μm 减小到 25 μm。随着磷酸浓度的进一步增加，晶体逐渐变小，当磷酸浓度达到 50% P_2O_5 时黏度较大，导致 Na^+、SiF_6^{2-} 离子扩散速率降低，晶核难以长大，晶体形状小，并相互铰接。

3.3.3　Al^{3+} 浓度对晶体生长的影响

表 3.7（序号 10~12）描述了 Al^{3+} 浓度对反应（3.1）扩散模型扩散速率常数（k）与线性回归相关系数（R^2）的影响。从表 3.7 中可以看出，随着 Al^{3+} 浓度，k、R^2 均降低。

此外，XRD 结果如图 3.9 所示，主晶体表面的指数强度随 Al^{3+} 含量上升逐渐降低。从 SEM 还可以看出，当 Al^{3+} 的加入为 0.50% 时，氟硅酸钠的晶体由双星形枝晶逐渐转变为球形，六角形棒状物逐渐缩短。当磷酸中 Al^{3+} 质量分数增加到

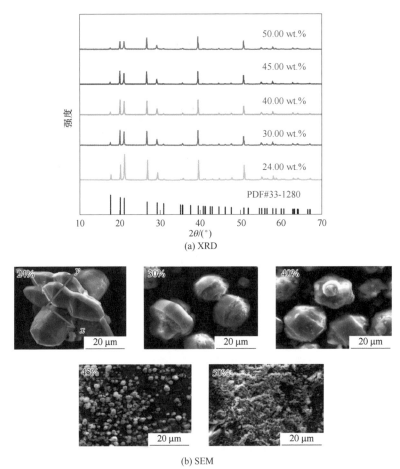

(a) XRD

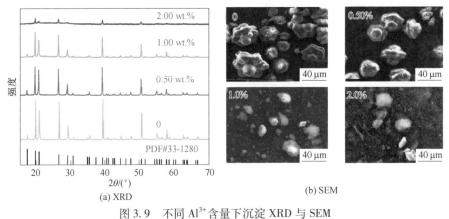

(b) SEM

图 3.8　不同磷酸 P_2O_5 浓度下沉淀 XRD 和 SEM

Fig. 3.8　XRD patterns and SEM of precipitation with different phosphoric acid P_2O_5 concentration

(a) XRD

(b) SEM

图 3.9　不同 Al^{3+} 含量下沉淀 XRD 与 SEM

Fig. 3.9　XRD and SEM of adding different Al^{3+} contents

1.00%时，晶体变小，呈碟形。当 Al^{3+} 质量分数增加到 2.00%时，晶体变为毛刺状，几乎没有晶相。从第 3 章 ^{19}F NMR 等表征结果可知，磷酸溶液中 Al^{3+} 促进 H_2SiF_6 是按照 $H_2SiF_6 \rightarrow HSiF_6^- \rightarrow SiF_5^- \rightarrow SiF_4^- \rightarrow SiO_2$ 路径水解，并与游离 HF 形成多种稳定的络合物，从而减少了 SiF_6^{2-} 量，抑制了沉淀晶核的长大，导致两步沉淀晶体形状逐渐变小。从以上结果可以看出，Al^{3+} 对沉淀结晶有较大影响。

3.4 反应与结晶动力学研究

3.4.1 反应动力学

一般化学反应的速率方程通式可表示为式（3.6）：

$$v_A = -\frac{dc_A}{dt} = kc_A^{\alpha}c_B^{\beta}\cdots c_N^{n} \tag{3.6}$$

从两步法沉淀法第一步方程式可知该反应的速率方程如式（3.7）：

$$v_A = -\frac{dc_A}{dt} = kc_A^{\alpha}c_B^{\beta} \tag{3.7}$$

反应（1）：$SiF_6^{2-} + 2Na^+ \Longrightarrow Na_2SiF_6 \downarrow$

式中，A 为 SiF_6^{2-} 的浓度；B 为 Na^+ 的浓度；α、β 为反应组分 A、B 的级数，而 $n = \alpha + \beta + \cdots$ 是反应的总级数，k 为反应的速率常数。因此，要建立反应动力学模型，确定反应速率方程只需确定速率常数 k 和反应级数即可。反应的动力学可用氟硅酸根浓度 c_A 来表示：

$$\frac{dc_A}{dt} = -kc_A^{\alpha+\beta} \tag{3.8}$$

假设氟硅酸与硫酸钠的反应符合二级反应，则其动力学方程表达为：

$$\frac{dc_A}{dt} = -kc_A^2 \tag{3.9}$$

微积分可得：

$$\frac{1}{c_A} - \frac{1}{c_{A_0}} = kt \tag{3.10}$$

当反应温度一定时，k 为常数，以 $1/c_A$ 对 t 作图可验证反应级数。根据本章 3.2.2 节可知，反应时间和反应温度对两步沉淀法回收湿法磷酸中氟影响大，故在 25 ℃、50 ℃、70 ℃ 条件下，以图 3.2（a）与 3.3（a）的数据为基础，作时间与 $1/c_{SiF_6^{2-}}$ 的关系拟合图，结果见图 3.10（a）。从图中可以看出，相关回归系数（R^2）在 50 ℃ 达到 0.9832，符合二级反应模型。

为计算表观活化能，本书用 Arrhenius 方程（式（3.11））计算。

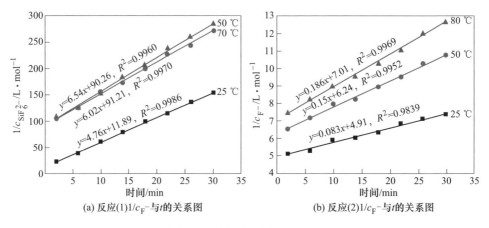

(a) 反应(1)$1/c_{F^-}$与t的关系图　　(b) 反应(2)$1/c_{F^-}$与t的关系图

图 3.10　反应（1）和反应（2）$1/c_{F^-}$与 t 的关系图

Fig. 3.10　Plot of/c_{F^-} versus time about reaction（1）and reaction（2）

$$\ln k = \ln A - \frac{E_a}{RT} \qquad (3.11)$$

式中，A 为阿伦尼乌斯因子；E_a 为活化能；R 为理想气体常数，k 为二级反应速率常数。

为了计算出不同温度下的反应常数 $\ln k$，依据表 3.8 的数据，作出 $\ln k$ 与 $1/T$ 的关系，结果如图 3.11（a）所示。此外如图 3.10（a）所示，曲线的斜率为 -189.70，等于 $-E/R$。将上述数据通过式（3.11）计算得到反应活化能为 4.94 kJ/mol，结果如表 3.8 所示，表明温度对反应（1）影响较大。

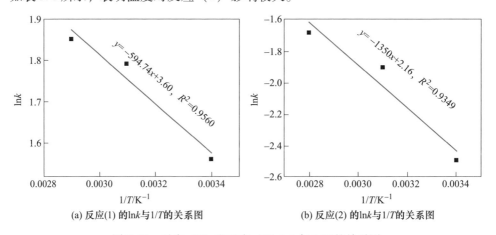

(a) 反应(1) 的$\ln k$与$1/T$的关系图　　(b) 反应(2) 的$\ln k$与$1/T$的关系图

图 3.11　反应（1）和反应（2）$\ln k$ 与 $1/T$ 的关系图

Fig. 3.11　Plot of $\ln k$ versus $1/T$ about reaction（1）and reaction（2）

反应（2）：$4H^+ + 6F^- + SiO_2 + 2Na^+ \Longrightarrow Na_2SiF_6 \downarrow + 2H_2O$

同反应（1），依据图 3.2（a）与图 3.3（a）数据，在图 3.10（b）中绘制不同温度下的 $1/c_{F^-}$ 与时间来验证反应的级数。从图 3.10（b）中可以看出，温度影响较大。通过表 3.8 相关数据得出 $\ln k$ 与 $1/T$ 的关系见图 3.11（b），从图中可以看出，相关回归系数（R^2）在 80 ℃ 达到 0.9969，符合二级反应。反应的活化能为 11.22 kJ/mol，高于反应（1），温度对反应（2）影响更大，因为第二步反应是固-液反应，这与图 3.3（a）研究结论是一致的。

表 3.8　反应（1）和反应（2）的 Arrhenius 方程相关参数

Table 3.8　Arrhenius equation related parameters of reaction（1）and reaction（2）

项目	$T/℃$	$k/\text{L} \cdot \text{mol}^{-1} \cdot \text{min}^{-1}$	$\ln k$	$1/T/\text{K}^{-1}$	$E_a/\text{kJ} \cdot \text{mol}^{-1}$	$A/\text{L} \cdot \text{mol}^{-1} \cdot \text{min}^{-1}$
反应（1）	25.00	4.76	1.56	0.0034	4.94	36.5
	50.00	6.02	1.80	0.0031		
	70.00	6.54	1.88	0.0029		
反应（2）	25.00	0.083	-2.49	0.0034	11.22	8.67
	50.00	0.15	-1.90	0.0031		
	80.00	0.186	-1.68	0.0028		

3.4.2　结晶动力学

3.4.2.1　$\text{Na}_2\text{O}/\text{SiF}_6^{2-}$ 溶解度曲线

根据 3.3 节可知反应（1）为扩散模型，分两步进行，首先即硫酸钠的离子化，在其分散至磷酸过程中快速发生，形成 Na^+ 和 SO_4^{2-}：

$$\text{Na}_2\text{SO}_4 \longrightarrow 2\text{Na}^+ + \text{SO}_4^{2-} \tag{3.12}$$

其次，待 Na^+ 从固相扩散进入液相，它将被 SiF_6^{2-} 和结晶溶液本身所包围。SiF_6^{2-} 和结晶表面都会向 Na^+ 提供某种附着作用。但是，尽管 Na^+ 迁移度高，但该反应仍然是慢反应。为了促使 SiF_6^{2-} 与 Na^+ 聚集在液相中，使晶体处于过饱和状态，加快结晶成长传质过程，从而实现晶核超过一定限度后将自发生成晶核。

根据图 1.8 可知，$(\text{Na}^+)^2 \times (\text{SiF}_6^{2-}) = K_{sp}$，在 30% P_2O_5 的湿法磷酸中，根据图 1.8 中氟硅酸钠溶解度数据选定温度为 30 ℃、50 ℃ 与 73 ℃。当温度为 30 ℃ 时，氟硅酸钠的 $K_{sp} = 0.39\%$。

$$(\%\text{Na}_2\text{O}) \times (\%\text{SiF}_6^{2-}) = 0.03817 \tag{3.13}$$

根据式（3.13）得出在 30 ℃ 条件下，30% P_2O_5 湿法磷酸中 $\text{Na}_2\text{O}/\text{SiF}_6^{2-}$ 饱和与过饱和图（图 3.12（a）），图中 y 轴表示 Na_2O 浓度，x 轴表示 SiF_6^{2-} 浓度。当反应完成时，且无反应物加入，结晶和溶液处于平衡状态，此溶度积以图 3.12 中的 S 线表示。

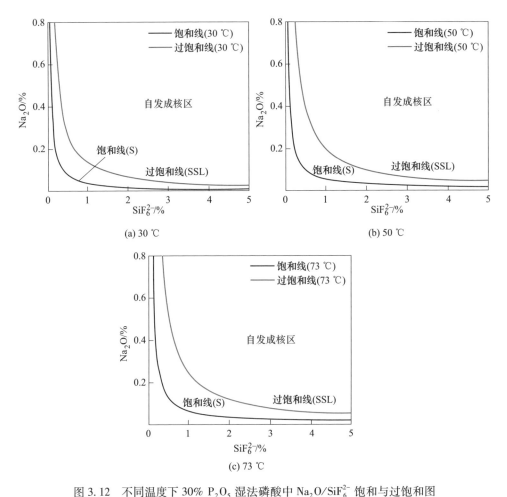

图 3.12　不同温度下 30% P_2O_5 湿法磷酸中 Na_2O/SiF_6^{2-} 饱和与过饱和图

Fig. 3.12　Na_2O/SiF_6^{2-} saturation and supersaturation of 30% P_2O_5

wet process phosphoric acid at different temperature

在上述条件下，当 Na^+ 和 SiF_6^{2-} 加入这个处于平衡状态的系统时，它们的浓度将增加。同时，Na^+ 和 SiF_6^{2-} 将沉降并构成结晶。此时，溶液处于过饱和状态，直至发生自发成核，这个极限以 SSL 线表示。只要越出 SSL 线的界限就会自发生成晶核。标绘在 SSL 线上的实验数据可用数学式表示如下：

$$K_{SSL} = (\%Na_2O) \times (\%SiF_6^{2-}) = 0.132 \qquad (3.14)$$

同理，按照图 3.12 数据，在 30% P_2O_5 的湿法磷酸中，温度为 50 ℃ 条件下，氟硅酸钠的 $K_{sp} = 0.64\%$，则 $(\%Na_2O) \times (\%SiF_6^{2-}) = 0.048$。

标绘在 SSL 线上的实验数据可用数学式表示如下：

$$K_{SSL} = (\%Na_2O) \times (\%SiF_6^{2-}) = 0.0196 \qquad (3.15)$$

同理，按照图 3.12 数据分析，在 30% P_2O_5 的湿法磷酸中，温度为 73 ℃ 条件下，氟硅酸钠的 $K_{sp} = 0.835\%$。

$$(\%Na_2O) \times (\%SiF_6^{2-}) = 0.057$$

标绘在 SSL 线上的实验数据可用数学式表示如下：

$$K_{SSL} = (\%Na_2O) \times (\%SiF_6^{2-}) = 0.237 \tag{3.16}$$

综上所述，从上述溶解度曲线（饱和与过饱和图）进一步证明了温度对两步法沉淀物结晶速率影响较大，同时为两步沉淀法产业化后快速形成粗大的氟硅酸钠晶体提供了理论依据。

3.4.2.2 结晶动力学

在 Na_2O/SiF_6^{2-} 溶解度曲线的基础上，为了在过饱和情况下形成粗大的氟硅酸钠晶体，需添加氟硅酸钠颗粒作为晶种而二次成核，所以反应（1）以二次成核为主要方式。

根据相关文献[4]，二次成核是搅拌强度、晶浆悬浮密度和过饱和度的函数，在最佳搅拌强度设定的情况下（本章 3.2.2 节研究结果可知），晶体成核动力学模型如下：

$$B_0 = K_N G^i M_T^{j[5]}$$

式中，B_0 为二次成核速率，$m^{-3} \cdot s^{-1}$；K_N 为成核动力学常数；G 为晶体的生长速率，m/s；M_T 为晶浆的悬浮密度，g/m^3；i，j 为经验动力学参数，$i = 0.5 \sim 3$，$j = 0.4 \sim 2$。

晶体粒度分布跟生长速率 G、晶核粒度密度 n 和停留时间 τ 有关。晶体的成核速率 B_0、生长速率 G 和粒数为零时的粒度密度 n_0 有如下关系：

$$\ln n = \ln n_0 - \frac{L}{\tau G} \tag{3.17}$$

$$B_0 = G n_0 \tag{3.18}$$

式中，L 为氟硅酸钠晶体的粒径，μm；n 为晶核粒度密度，$\mu m^{-1} \cdot m^{-3}$；τ 为停留时间，min；n_0 为粒数为 0 时的粒度密度，$\mu m^{-1} \cdot m^{-3}$。

设一粒度长 L 的晶体，其质量设定为 $K_v \rho L^3$，其中 K_v 为晶体形状因子（本书设为 1），则粒度密度 n_N 可由下式进行计算得到：

$$n_N = \frac{V_N \Delta M_T}{K_v \rho V \Delta L_N} \tag{3.19}$$

式中，V 为直径为 L_N 的晶体粒子的体积，μm^3；ΔL_N 为粒径差；V_N 为第 N 个粒度间隔中所有晶体粒子所占的体积分数；ΔM_T 为第 N 个粒度间隔的晶浆悬浮密度，g/m^3。根据上述公式，可作如下数据处理得出结晶动力学方程。

（1）做 L-$\ln n$ 线性回归图，斜率：$-1/\tau G$；截距：$\ln n_0$；

（2）由 $B_0 = Gn_0$，求得 B_0；

（3）由 $\ln B_0 = \ln K_N + i \ln G + j \ln M_T$，三元线性回归得到参数 i、j。

由图 3.3 和图 3.4 可知，在一定搅拌速率与磷酸浓度条件下，反应温度与时间对氟回收率影响较大。因此，将时间与温度作为反应（1）的影响因素。

首先通过改变结晶停留时间（15 min、18 min、22 min、26 min、30 min、35 min、40 min），研究其对结晶动力学的影响，结果见表 3.9 至表 3.16。

表 3.9   不同停留时间粒径分布

Table 3.9   Particle size distribution at different residence times

粒径/μm	15 min	18 min	22 min	26 min	30 min	35 min	40 min
	区间/%	区间/%	区间/%	区间/%	区间/%	区间/%	区间/%
1.12~2.13	0.00	0.00	0.00	0.00	0.00	0.00	0.00
2.13~3.12	0.00	0.00	0.00	0.00	0.00	0.00	0.00
3~9.86	12.77	11.89	12.21	6.23	7.51	6.82	8.96
9.86~18.66	30.92	29.71	26.37	18.9	20.88	14.92	26.07
21.21~27.37	18.49	19.72	18.46	20.28	17.49	18.69	21.88
31.3~40.15	11.32	14.31	15.25	23.14	16.35	25.48	19.80
45.61~51.82	3.32	5.33	6.87	13.05	7.98	16.09	9.32
58.88~66.90	1.24	2.64	4.30	8.97	5.03	11.45	5.75
76.01	0.26	0.70	1.42	2.83	1.55	3.50	1.74
86.35~98.11	0.43	0.93	2.06	2.96	1.81	2.98	1.96
111.47	0.36	0.47	0.88	0.54	0.58	0.02	0.52
126.65	0.51	0.59	0.91	0.21	0.57	0.00	0.39

表 3.10   反应 15 min 的相关结晶动力学数据

Table 3.10   Crystallization kinetics data of 15 min

L /μm	ΔL /μm	平均粒径 /μm	区间 /%	V /μm³	ΔM_T /g·m⁻³	$K_v \rho V \Delta L$ /g·μm	n /μm⁻¹·m⁻³
3~10	7	7	12.77	3.43×10^2	5.45×10^3	6.43×10^{-9}	1.08×10^{11}
10~20	10	15	30.92	3.38×10^3	1.32×10^4	9.04×10^{-8}	4.52×10^{10}
20~30	10	25	18.49	1.56×10^4	7.90×10^3	4.19×10^{-7}	3.49×10^9
30~40	10	35	11.32	4.29×10^4	4.83×10^3	1.15×10^{-6}	4.76×10^8
40~50	10	45	3.32	9.11×10^4	1.42×10^3	2.44×10^{-6}	1.93×10^7
50~65	15	57.5	1.24	1.90×10^5	5.29×10^2	7.64×10^{-6}	8.59×10^5
65~80	15	72.5	0.26	3.81×10^5	1.11×10^2	1.53×10^{-5}	1.88×10^4

表 3.11 反应 18 min 的相关结晶动力学数据

Table 3.11 Crystallization kinetics data of 18 min

L /μm	ΔL /μm	平均粒径 /μm	区间 /%	V /μm^3	ΔM_T /g·m^3	$K_v\rho V\Delta L$ /g·μm	n /μm^{-1}·m^{-3}
3~10	7	7	11.89	3.43×10^2	3.77×10^3	6.43×10^{-9}	6.97×10^{10}
10~20	10	15	29.71	3.38×10^3	9.42×10^3	9.04×10^{-8}	3.09×10^{10}
20~30	10	25	19.72	1.56×10^4	6.25×10^3	4.19×10^{-7}	2.94×10^9
30~40	10	35	14.31	4.29×10^4	4.54×10^3	1.15×10^{-6}	5.65×10^8
40~50	10	45	5.33	9.11×10^4	1.69×10^3	2.44×10^{-6}	3.69×10^7
50~65	15	57.5	2.64	1.90×10^5	8.37×10^2	7.64×10^{-6}	2.89×10^6
65~80	15	72.5	0.70	3.81×10^5	2.22×10^2	1.53×10^{-5}	1.01×10^5
80~95	15	87.5	0.93	6.70×10^5	2.93×10^2	2.69×10^{-5}	1.01×10^5
95~110	15	102.5	0.47	1.08×10^6	1.49×10^2	4.33×10^{-5}	1.62×10^4
110~125	15	117.5	0.59	1.62×10^6	1.87×10^2	6.52×10^{-5}	1.69×10^4

表 3.12 反应 22 min 的相关结晶动力学数据

Table 3.12 Crystallization kinetics data of 22 min

L /μm	ΔL /μm	平均粒径 /μm	区间 /%	V /μm^3	ΔM_T /g·m^{-3}	$K_v\rho V\Delta L$ /g·μm	n /μm^{-1}·m^{-3}
3~10	7	7	12.21	3.43×10^2	3.61×10^3	6.43×10^{-9}	6.86×10^{10}
10~20	10	15	26.37	3.38×10^3	7.81×10^3	9.04×10^{-8}	2.28×10^{10}
20~30	10	25	18.46	1.56×10^4	5.46×10^3	4.19×10^{-7}	2.41×10^9
30~40	10	35	15.25	4.29×10^4	4.51×10^3	1.15×10^{-6}	5.99×10^8
40~50	10	45	6.87	9.11×10^4	2.03×10^3	2.44×10^{-6}	5.72×10^7
50~65	15	57.5	4.30	1.90×10^5	1.27×10^3	7.64×10^{-6}	7.16×10^6
65~80	15	72.5	1.42	3.81×10^5	4.22×10^2	1.53×10^{-5}	3.92×10^5
80~95	15	87.5	2.06	6.70×10^5	6.10×10^2	2.69×10^{-5}	4.67×10^5
95~110	15	102.5	0.88	1.08×10^6	2.61×10^2	4.33×10^{-5}	5.34×10^4
110~125	15	117.5	0.91	1.62×10^6	2.70×10^2	6.52×10^{-5}	3.77×10^4

表 3.13 反应 26 min 的相关结晶动力学数据

Table 3.13 Crystallization kinetics data of 26 min

L /μm	ΔL /μm	平均粒径 /μm	区间 /%	V /μm^3	ΔM_T /g·m^{-3}	$K_v\rho V\Delta L$ /g·μm	n /μm^{-1}·m^{-3}
3~10	7	7	6.23	3.43×10^2	2.72×10^3	6.43×10^{-9}	2.63×10^{10}
10~20	10	15	18.90	3.38×10^3	8.24×10^3	9.04×10^{-8}	1.72×10^{10}
20~30	10	25	20.28	1.56×10^4	8.84×10^3	4.19×10^{-7}	4.28×10^9

续表 3.13

L/μm	ΔL/μm	平均粒径/μm	区间/%	V/μm³	ΔM_T/g·m⁻³	$K_v\rho V\Delta L$/g·μm	n/μm⁻¹·m⁻³
$30\sim40$	10	35	23.14	4.29×10^4	1.01×10^4	1.15×10^{-6}	2.03×10^9
$40\sim50$	10	45	13.05	9.11×10^4	5.69×10^3	2.44×10^{-6}	3.04×10^8
$50\sim65$	15	57.5	8.97	1.90×10^5	3.91×10^3	7.64×10^{-6}	4.59×10^7
$65\sim80$	15	72.5	2.83	3.81×10^5	1.24×10^3	1.53×10^{-5}	2.29×10^6
$80\sim95$	15	87.5	2.96	6.70×10^5	1.29×10^3	2.69×10^{-5}	1.42×10^6
$95\sim110$	15	102.5	0.54	1.08×10^6	2.36×10^2	4.33×10^{-5}	2.96×10^4
$110\sim125$	15	117.5	0.21	1.62×10^6	8.96×10	6.52×10^{-5}	2.82×10^3

表 3.14 反应 30 min 的相关结晶动力学数据

Table 3.14 Crystallization kinetics data of 30 min

L/μm	ΔL/μm	平均粒径/μm	区间/%	V/μm³	ΔM_T/g·m⁻³	$K_v\rho V\Delta L$/g·μm	n/μm⁻¹·m⁻³
$3\sim10$	7	7	7.51	3.43×10^2	1.55×10^3	6.43×10^{-9}	1.81×10^{10}
$10\sim20$	10	15	20.88	3.38×10^3	4.30×10^3	9.04×10^{-8}	9.93×10^9
$20\sim30$	10	25	17.49	1.56×10^4	3.60×10^3	4.19×10^{-7}	1.51×10^9
$30\sim40$	10	35	16.35	4.29×10^4	3.37×10^3	1.15×10^{-6}	4.79×10^8
$40\sim50$	10	45	7.98	9.11×10^4	1.64×10^3	2.44×10^{-6}	5.37×10^7
$50\sim65$	15	57.5	5.03	1.90×10^5	1.04×10^3	7.64×10^{-6}	6.82×10^6
$65\sim80$	15	72.5	1.55	3.81×10^5	3.19×10^2	1.53×10^{-5}	3.22×10^5
$80\sim95$	15	87.5	1.81	6.70×10^5	3.73×10^2	2.69×10^{-5}	2.51×10^5
$95\sim110$	15	102.5	0.58	1.08×10^6	1.20×10^2	4.33×10^{-5}	1.62×10^4
$110\sim125$	15	117.5	0.57	1.62×10^6	1.17×10^2	6.52×10^{-5}	1.02×10^4

表 3.15 反应 35 min 的相关结晶动力学数据

Table 3.15 Crystallization kinetics data of 35 min

L/μm	ΔL/μm	平均粒径/μm	区间/%	V/μm³	ΔM_T/g·m⁻³	$K_v\rho V\Delta L$/g·μm	n/μm⁻¹·m⁻³
$3\sim10$	7	7	6.82	3.43×10^2	9.41×10^2	6.43×10^{-9}	9.98×10^9
$10\sim20$	10	15	14.92	3.38×10^3	2.06×10^3	9.04×10^{-8}	3.40×10^9
$20\sim30$	10	25	18.69	1.56×10^4	2.58×10^3	4.19×10^{-7}	1.15×10^9
$30\sim40$	10	35	25.48	4.29×10^4	3.52×10^3	1.15×10^{-6}	7.80×10^8
$40\sim50$	10	45	16.09	9.11×10^4	2.22×10^3	2.44×10^{-6}	1.46×10^8
$50\sim65$	15	57.5	11.45	1.90×10^5	1.58×10^3	7.64×10^{-6}	2.37×10^7

续表 3. 15

L /μm	ΔL /μm	平均粒径 /μm	区间 /%	V /μm³	ΔM_T /g·m⁻³	$K_v\rho V\Delta L$ /g·μm	n /μm⁻¹·m⁻³
65~80	15	72. 5	3. 50	3.81×10^5	4.83×10^3	1.53×10^{-5}	1.10×10^7
80~95	15	87. 5	2. 98	6.70×10^5	4.12×10^3	2.69×10^{-5}	4.56×10^6
95~110	15	102. 5	0. 02	1.08×10^6	2. 77	4.33×10^{-5}	1.28×10
110~125	15	117. 5	0. 00	1.62×10^6	5.09×10^{-4}	6.52×10^{-5}	2.88×10^{-7}

表 3. 16 反应 40 min 的相关结晶动力学数据

Table 3. 16 Crystallization kinetics data of 40 min

L /μm	ΔL /μm	平均粒径/μm	区间 /%	V /μm³	ΔM_T /g·m⁻³	$K_v\rho V\Delta L$ /g·μm	n /μm⁻¹·m⁻³
3~10	7	7	8. 96	3.43×10^2	4.60×10^3	6.43×10^{-9}	6.40×10^{10}
10~20	10	15	26. 07	3.38×10^3	1.34×10^4	9.04×10^{-8}	3.86×10^{10}
20~30	10	25	21. 88	1.56×10^4	1.12×10^4	4.19×10^{-7}	5.87×10^9
30~40	10	35	19. 8	4.29×10^4	1.02×10^4	1.15×10^{-6}	1.75×10^9
40~50	10	45	9. 32	9.11×10^4	4.78×10^3	2.44×10^{-6}	1.83×10^8
50~65	15	57. 5	5. 75	1.90×10^5	2.95×10^3	7.64×10^{-6}	2.22×10^7
65~80	15	72. 5	1. 74	3.81×10^5	8.95×10^2	1.53×10^{-5}	1.02×10^6
80~95	15	87. 5	1. 96	6.70×10^5	1.01×10^3	2.69×10^{-5}	7.33×10^5
95~110	15	102. 5	0. 52	1.08×10^6	2.68×10^2	4.33×10^{-5}	3.23×10^4
110~125	15	117. 5	0. 39	1.62×10^6	2.00×10^2	6.52×10^{-5}	1.20×10^4

由表 3. 10~表 3. 16 计算了不同停留时间下的结晶动力学相关参数,结果见表 3. 17。

表 3. 17 不同停留时间下的结晶动力学相关参数

Table 3. 17 Parameters related to crystallization kinetics at different residence times

停留时间/min	G/m·s⁻¹	n_0/m⁻¹·m⁻³	B_0/m⁻³·s⁻¹	M_T/g·m⁻³
15	6.9×10^{-9}	9.29×10^4	6.41×10^{-4}	4.27×10^4
15	6.9×10^{-9}	9.29×10^4	6.41×10^{-4}	4.27×10^4
18	6.07×10^{-9}	8.75×10^4	5.31×10^{-4}	3.17×10^4
22	5.5×10^{-9}	6.81×10^4	3.75×10^{-4}	2.96×10^4
26	4.34×10^{-9}	1.72×10^5	7.46×10^{-4}	4.36×10^4
30	4.23×10^{-9}	4.27×10^4	1.81×10^{-4}	2.06×10^4
35	2.64×10^{-9}	1.63×10^5	4.30×10^{-4}	1.38×10^4
40	2.79×10^{-9}	2.02×10^5	5.64×10^{-4}	5.13×10^4

根据二次成核动力学模型，对表 3.17 数据进行多元线性拟合：

$$\ln B_0 = \ln K_N + i\ln G + j\ln M_T \tag{3.20}$$

$$\ln B_0 = -16.96389 - 0.12423\ln G + 0.66621\ln M_T \tag{3.21}$$

当结晶停留时间改变时，反应（1）的成核速率 B_0 与晶浆密度 M_T、生长速率 G 的关系式为：

$$B_0 = 4.29 \times 10^{-8} G^{0.8832} M_T^{1.947} \tag{3.22}$$

其次，通过改变反应温度（25 ℃、40 ℃、50 ℃、60 ℃、70 ℃、80 ℃），研究其对结晶动力学的影响（表 3.18~表 3.24）。

表 3.18 不同温度下的粒径分布

Table 3.18 Particle size distribution at different temperatures

粒径/μm	25 ℃	40 ℃	50 ℃	60 ℃	70 ℃	80 ℃
	区间/%	区间/%	区间/%	区间/%	区间/%	区间/%
0~1.00	0.53	0.61	0.53	0.59	0.60	0.64
1.12~10.02	8.99	11.42	13.02	10.79	29.99	12.64
11.25~20	4.02	12.45	16.64	11.29	28.67	14.55
22.44~28.25	9.16	18.83	15.54	20.12	22.07	21.06
31.70~39.91	10.38	24.82	12.56	26.18	9.90	25.05
44.77	12.37	7.92	13.33	8.13	2.64	7.35
50.23~56.37	17.53	13.10	11.96	13.05	2.80	11.30
63.25~70.96	15.61	8.12	9.81	7.70	4.87	6.16
79.62	9.14	2.23	6.44	1.92	0.46	1.14
89.34~100.24	10.06	0.49	0.00	0.24	0.00	0.11
112.47	1.89	0.00	0.00	0.00	0.00	0.00
126.19~141.59	0.33	0.00	0.00	0.00	0.00	0.00

表 3.19 25 ℃反应 30 min 的相关结晶动力学数据

Table 3.19 Crystallization kinetics data were obtained at 25 ℃

L /μm	ΔL /μm	平均粒径 /μm	区间 /%	V /μm³	ΔM_T /g·m⁻³	$K_v\rho V\Delta L$ /g·μm	n /μm⁻¹·m⁻³
0~10	10	5	9.52	1.25×10^2	5.11×10^3	3.35×10^{-9}	1.45×10^{11}
10~20	10	15	4.02	3.38×10^3	2.16×10^3	9.04×10^{-8}	9.60×10^8
20~30	10	25	9.16	1.56×10^4	4.92×10^3	4.19×10^{-7}	1.08×10^9
30~40	10	35	10.38	4.29×10^4	5.57×10^3	1.15×10^{-6}	5.04×10^8
40~50	10	45	12.37	9.11×10^4	6.64×10^3	2.44×10^{-6}	3.37×10^8
50~60	10	55	17.53	1.66×10^5	9.41×10^3	4.46×10^{-6}	3.70×10^8

续表 3.19

L /μm	ΔL /μm	平均粒径 /μm	区间 /%	V /μm³	ΔM_T /g·m⁻³	$K_v\rho V\Delta L$ /g·μm	n /μm⁻¹·m⁻³
60~70	10	65	15.61	2.75×10^5	8.38×10^3	7.36×10^{-6}	1.78×10^8
70~80	10	75	9.14	4.22×10^5	4.91×10^3	1.13×10^{-5}	3.97×10^7
80~100	20	90	10.06	7.29×10^5	5.40×10^3	3.91×10^{-5}	1.39×10^7

表 3.20　40 ℃反应 30 min 的相关结晶动力学数据

Table 3.20　Crystallization kinetics data were obtained at 40 ℃

L /μm	ΔL /μm	平均粒径 /μm	区间 /%	V /μm³	ΔM_T /g·m⁻³	$K_v\rho V\Delta L$ /g·μm	n /μm⁻¹·m⁻³
0~10	10	5	12.03	1.25×10^2	2.31×10^3	3.35×10^{-9}	8.30×10^{10}
10~20	10	15	12.45	3.38×10^3	2.39×10^3	9.04×10^{-8}	3.29×10^9
20~30	10	25	18.83	1.56×10^4	3.62×10^3	4.19×10^{-7}	1.63×10^9
30~40	10	35	24.82	4.29×10^4	4.77×10^3	1.15×10^{-6}	1.03×10^9
40~50	10	45	7.92	9.11×10^4	1.52×10^3	2.44×10^{-6}	4.93×10^7
50~60	10	55	13.10	1.66×10^5	2.52×10^3	4.46×10^{-6}	7.39×10^7
60~70	10	65	8.12	2.75×10^5	1.56×10^3	7.36×10^{-6}	1.72×10^7
70~80	10	75	2.23	4.22×10^5	4.28×10^2	1.13×10^{-5}	8.46×10^5
80~100	20	90	0.49	7.29×10^5	9.35×10^1	3.91×10^{-5}	1.17×10^4

表 3.21　50 ℃反应 30 min 的相关结晶动力学数据

Table 3.21　Crystallization kinetics data were obtained at 50 ℃

L /μm	ΔL /μm	平均粒径 /μm	区间 /%	V /μm³	ΔM_T /g·m⁻³	$K_v\rho V\Delta L$ /g·μm	n /μm⁻¹·m⁻³
0~10	10	5	13.55	1.25×10^2	2.68×10^3	3.35×10^{-9}	1.09×10^{11}
10~20	10	15	16.64	3.38×10^3	3.29×10^3	9.04×10^{-8}	6.06×10^9
20~30	10	25	15.54	1.56×10^4	3.08×10^3	4.19×10^{-7}	1.14×10^9
30~40	10	35	12.56	4.29×10^4	2.49×10^3	1.15×10^{-6}	2.72×10^8
40~50	10	45	13.33	9.11×10^4	2.64×10^3	2.44×10^{-6}	1.44×10^8
50~60	10	55	11.96	1.66×10^5	2.37×10^3	4.46×10^{-6}	6.35×10^7
60~70	10	65	9.81	2.75×10^5	1.94×10^3	7.36×10^{-6}	2.59×10^7
70~80	10	75	6.44	4.22×10^5	1.28×10^3	1.13×10^{-5}	7.27×10^6
80~100	20	90	0.00	7.29×10^5	0.00	3.91×10^{-5}	0.00

表 3.22 60 ℃反应 30 min 的相关结晶动力学数据

Table 3.22 Crystallization kinetics data were obtained at 60 ℃

L /μm	ΔL /μm	平均 粒径/μm	区间 /%	V /μm³	ΔM_T /g·m⁻³	$K_v\rho V\Delta L$ /g·μm	n /μm⁻¹·m⁻³
0~10	10	5	11.38	1.25×10^2	2.22×10^3	3.35×10^{-9}	7.54×10^{10}
10~20	10	15	11.29	3.38×10^3	2.20×10^3	9.04×10^{-8}	2.75×10^9
20~30	10	25	20.12	1.56×10^4	3.92×10^3	4.19×10^{-7}	1.89×10^9
30~40	10	35	26.18	4.29×10^4	5.11×10^3	1.15×10^{-6}	1.16×10^9
40~50	10	45	8.13	9.11×10^4	1.59×10^3	2.44×10^{-6}	5.28×10^7
50~60	10	55	13.05	1.66×10^5	2.54×10^3	4.46×10^{-6}	7.45×10^7
60~70	10	65	7.70	2.75×10^5	1.50×10^3	7.36×10^{-6}	1.57×10^7
70~80	10	75	1.92	4.22×10^5	3.74×10^2	1.13×10^{-6}	6.36×10^5
80~100	20	90	0.24	7.29×10^5	4.68×10^1	3.91×10^{-6}	2.88×10^3

表 3.23 70 ℃反应 30 min 的相关结晶动力学数据

Table 3.23 Crystallization kinetics data were obtained at 70 ℃

L /μm	ΔL /μm	平均粒径 /μm	区间 /%	V /μm³	ΔM_T /g·m⁻³	$K_v\rho V\Delta L$ /g·μm	n /μm⁻¹·m⁻³
0~10	10	5	30.59	1.25×10^2	5.78×10^3	3.35×10^{-9}	5.28×10^{11}
10~20	10	15	28.67	3.38×10^3	5.42×10^3	9.04×10^{-8}	1.72×10^{10}
20~30	10	25	22.07	1.56×10^4	4.17×10^3	4.19×10^{-7}	2.20×10^9
30~40	10	35	9.90	4.29×10^4	1.87×10^3	1.15×10^{-6}	1.61×10^8
40~50	10	45	2.64	9.11×10^4	4.99×10^2	2.44×10^{-6}	5.40×10^6
50~60	10	55	2.80	1.66×10^5	5.29×10^2	4.46×10^{-6}	3.32×10^6
60~70	10	65	4.87	2.75×10^5	9.21×10^2	7.36×10^{-6}	6.10×10^6
70~80	10	75	0.46	4.22×10^5	8.71×10^1	1.13×10^{-5}	3.55×10^6
80~100	20	90	0.00	7.29×10^5	0.00	3.91×10^{-5}	0.00

表 3.24 80 ℃反应 30 min 的相关结晶动力学数据

Table 3.24 Crystallization kinetics data were obtained at 80 ℃

L /μm	ΔL /μm	平均粒径 /μm	区间 /%	V /μm³	ΔM_T /g·m⁻³	$K_v\rho V\Delta L$ /g·μm	n /μm⁻¹·m⁻³
0~10	10	5	13.28	1.25×10^2	2.03×10^3	3.35×10^{-9}	8.06×10^{10}
10~20	10	15	14.55	3.38×10^3	2.23×10^3	9.04×10^{-8}	3.58×10^9
20~30	10	25	21.06	1.56×10^4	3.22×10^3	4.19×10^{-7}	1.62×10^9

续表 3.24

L /μm	ΔL /μm	平均粒径 /μm	区间 /%	V /μm³	ΔM_T /g·m⁻³	$K_v \rho V \Delta L$ /g·μm	n /μm⁻¹·m⁻³
30~40	10	35	25.05	4.29×10^4	3.83×10^3	1.15×10^{-6}	8.36×10^8
40~50	10	45	7.35	9.11×10^4	1.12×10^3	2.44×10^{-6}	3.39×10^7
50~60	10	55	11.30	1.66×10^5	1.73×10^3	4.46×10^{-6}	4.38×10^7
60~70	10	65	6.16	2.75×10^5	9.42×10^3	7.36×10^{-6}	7.88×10^6
70~80	10	75	1.14	4.22×10^5	1.74×10^2	1.13×10^{-5}	1.75×10^5
80~100	20	90	0.11	7.29×10^5	1.73×10^1	3.91×10^{-5}	5.02×10^2

由表 3.18~表 3.24 计算出了不同温度下的沉淀结晶动力学相关参数，见表 3.25。

表 3.25　不同温度下的结晶动力学相关参数
Table 3.25　Parameters related to crystallization kinetics at different temperature

反应温度/℃	G/m·s⁻¹	n_0/m⁻¹·m⁻³	B_0/m⁻³·s⁻¹	M_T/g·m⁻³
25	7.54×10^{-9}	1.17×10^4	8.82×10^{-5}	5.37×10^4
40	3.43×10^{-9}	1.40×10^5	4.80×10^{-4}	1.92×10^4
50	3.82×10^{-9}	1.67×10^5	6.38×10^{-4}	1.98×10^4
60	3.22×10^{-9}	1.87×10^5	6.02×10^{-4}	1.95×10^4
70	2.78×10^{-9}	2.59×10^5	7.20×10^{-4}	1.89×10^4
80	2.88×10^{-9}	2.71×10^5	7.80×10^{-4}	1.53×10^4

对表 3.25 数据进行多元线性拟合：$\ln B_0 = \ln K_N + i \ln G + j \ln M_T$（式（3.20））。

$$\ln B_0 = 12.1024 + 0.2726 \ln G - 0.4151 \ln M_T \tag{3.23}$$

当结晶温度改变时，两步沉淀法反应（1）的成核速率 B_0 与晶浆密度 M_T、生长速率 G 的关系式为：

$$B_0 = 1.80 \times 10^5 G^{1.3134} M_T^{0.6603} \tag{3.24}$$

3.5　本章小结

本章基于湿法磷酸中液相氟的赋存形态，采用两步沉淀法高效回收湿法磷酸中液相氟，获得氟硅酸钠产品，得出如下主要结论：

（1）第一步利用硫酸钠与湿法磷酸中 H_2SiF_6 反应得到氟硅酸钠；第二步利用活性二氧化硅将湿法磷酸液相中 HF 与金属-氟络合物转化为 H_2SiF_6，与钠离子反应获得氟硅酸钠。

（2）两步沉淀法实现湿法磷酸液相氟回收率达 87.60%，P_2O_5 损失量低于

0.050%，沉淀物为氟硅酸钠，其产品指标均达到 GB/T 23936—2018 一等品要求。

（3）通过 XRD Rietveld 精修可知，沉淀中仅有 Na_2SiF_6 相，为六方圆柱轴的双恒星枝晶，晶体结构分布均匀，为 Na、Si、F 原子占据。

（4）遵循反应扩散模型，结合 SEM 与 XRD 分析可知，沉淀氟硅酸钠晶体大小，形状等受温度、磷酸浓度和 Al^{3+} 浓度的影响大。

（5）反应动力学研究表明，两步沉淀反应符合二级反应，第一步活化能为 4.94 kJ/mol，第二步活化能为 11.22 kJ/mol。

（6）结晶动力学研究表明，当结晶时间改变时，其成核速率 B_0 与晶浆密度 M_T、生长速率的关系式为 $B_0 = 4.29 \times 10^{-8} G^{0.8832} M_T^{1.947}$；当结晶温度改变时，其成核速率 B_0 与晶浆密度 M_T、生长速率的关系式为：$B_0 = 1.80 \times 10^5 G^{1.3134} M_T^{0.6603}$，结晶动力学的研究为获得晶体大小可控的氟硅酸钠产品提高了理论依据。

参 考 文 献

［1］ Alguacil F J, Delgado A L, Alonso M, et al. The phosphine oxides Cyanex 921 and Cyanex 923 as carriers for facilitated transport of chromium（Ⅵ）-chloride aqueous solutions［J］. Chemosphere, 2004, 57（8）：813-819.

［2］ 张自学. 连续生产氟硅酸钠的工艺改进实验研究［D］. 昆明：云南大学，2016.

［3］ Krasin′ski M J, Prywer J. Growth morphology of sodium fluorosilicate crystals and its analysis in base of relative growth rates［J］. Journal of Crystal Growth, 2007, 303：105-109.

［4］ Leng X K, Zhong Y J, Xu D H, et al. Mechanism and kinetics study on removal of iron from phosphoric acid by cation exchange resin［J］. Chinese Journal of Chemical Engineering, 2019, 27（5）：1050-1057.

［5］ 王智娟，向兰. 温度对湿法磷酸选择性除杂的影响［J］. 非金属矿，2020，43（1）：22-24.

4 $Na_xMg_yAl_zF_w$ 沉淀法回收液相氟

第 4 章两步沉淀法实现了湿法磷酸中液相氟的高效回收，但湿法磷酸中 Al^{3+} 较高时，该回收方法存在一定技术局限性。同时，Al^{3+}、Mg^{2+} 对湿法磷酸的加工及磷化工产品质量影响大[1]。因此，在高效回收液相氟的同时，能够实现 Al^{3+}、Mg^{2+} 脱除意义重大。

本章基于湿法磷酸液相氟赋存形态，通过调控 Al^{3+}、Mg^{2+} 与氟的比例，实现 Al^{3+}、Mg^{2+} 与氟共沉淀。基于该研究思路，本章利用 Na^+、Mg^{2+}、Al^{3+}、F^- 在纯磷酸中形成 $AlF_3 \cdot 3H_2O$、Na_3AlF_6、$NaMgAlF_6$ 三种沉淀，经结构稳定性分析可知 $NaMgAlF_6$ 是最稳定的一种结构，并通过添加钠源与氟源实现湿法磷酸液相 Mg^{2+}、Al^{3+}、F^- 共沉淀形成 $NaMgAlF_6$，该沉淀用硫酸分解成 HF 回收与循环利用。

◤4.1 纯体系 $Na_xMg_yAl_zF_w$ 沉淀法研究

4.1.1 水/纯磷酸溶液 $Na_xMg_yF_w$ 沉淀法研究

在常温条件下，在蒸馏水与 24% P_2O_5 的纯磷酸中分别加入镁源（硫酸镁，下同）、氟源（氢氟酸，下同）、钠源（硫酸钠，下同），充分搅拌均匀（搅拌速率 100 r/min，搅拌时间 30 min），实验现象见表 4.1。

从表 4.1 中可以看出，在水与纯磷酸溶液中，在摩尔比 $n(Mg^{2+}):n(F^-)=$ 1:(4~18)，$n(Na^+):n(Mg^{2+}):n(F^-)=10:1:(4~18)$ 时，均未形成沉淀，说明在一定摩尔比条件下，Na^+、Mg^{2+}、F^- 在水和纯磷酸中均不能形成沉淀，与文献 James R. Lehr 报道的结果相吻合[2]。

表 4.1 水/纯磷酸中 F^- 的脱除率[$(Na_x)Mg_yF_w$]

Table 4.1 F removal efficiency in aqueous solution/pure phosphoric acid with $(Na_x)Mg_yF_w$

摩尔比	F^- 脱除率/%	现象
$Mg^{2+}:F^-=1:(4,6,8,10,12)$	0	无沉淀
$Na^+:Mg^{2+}:F^-=10:1:(4,6,8,10,12,14,16,18)$	0	无沉淀

4.1.2 水溶液 $Na_xAl_yF_w$ 沉淀法研究

在常温（25 ℃）条件下，在水溶液中加入硫酸铝、氢氟酸，充分搅拌均匀（搅拌速率 100 rpm，搅拌时间 30 min），实验结果与现象见表 4.2。

表 4.2 水溶液中 F$^-$ 与 Al^{3+} 脱除率 ［Al$_y$F$_w$ 型沉淀］

Table 4.2 F$^-$ and Al^{3+} removal efficiencies in aqueous solution with Al$_y$F$_w$

摩尔比	F$^-$脱除率/%	Al^{3+}脱除率/%	现象
Al^{3+} : F$^-$ = 1 : (1,2,3,4,6,8,10,12)	0	0	无沉淀
Al^{3+} : F$^-$ = 1 : 14	2.15	10.50	白色沉淀
Al^{3+} : F$^-$ = 1 : 16	2.19	11.70	白色沉淀
Al^{3+} : F$^-$ = 1 : 18	2.25	13.50	白色沉淀

从表 4.2 中可以看出，在水体系中，摩尔比 $n(\text{Al}^{3+}) : n(\text{F}^-) = 1 : (1, 2, 3, 4, 6, 8, 10, 12)$ 时未形成沉淀，当 $n(\text{F}^-) : n(\text{Al}^{3+})$ 超过 14 以后，有少量沉淀产生，Al^{3+}、F$^-$ 脱除率低于 30%，沉淀物的 XRD、SEM 见图 4.1。从图 4.1（a）可以看出，当 $n(\text{Al}^{3+}) : n(\text{F}^-) = 1 : 18$ 时，沉淀为 AlF$_3$·3H$_2$O。根据 HSC Chemical 6.0 热力学软件计算，$T = 25$ ℃，反应式（4.1）$\Delta G^{\ominus} < 0$，AlF$_3$·3H$_2$O 沉淀可以形成。

$$\text{Al}^{3+} + 3\text{F}^- + 3\text{H}_2\text{O} =\!=\!= \text{AlF}_3 \cdot 3\text{H}_2\text{O} \downarrow \tag{4.1}$$

根据第 3 章 HF-H$_2$O 体系相关研究结论可知，当水溶液中 HF 过量时，可形成 AlF$_3$·3H$_2$O 沉淀，也证明表 4.1 中当 F$^-$ 摩尔数远超 Al^{3+} 时才可形成沉淀的结论。从图 4.1（b）可知，少部分沉淀为椭圆形球状，其余为絮状沉淀，说明在水溶液中 AlF$_3$·3H$_2$O 沉淀结晶较差。

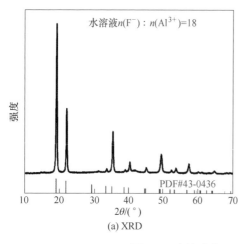
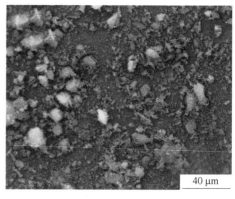

(a) XRD   (b) SEM

图 4.1 水溶液中 Al$_y$F$_w$ 沉淀的 XRD 和 SEM

Fig. 4.1 XRD and SEM of Al$_y$F$_w$ precipitation in aqueous solution

沉淀进行 Mapping/EDS 表征分析（图 4.2），仅观察到 Al、F 两种元素。同时，可以从映射图像中清楚地观察到反应后沉淀物中 Al 和 F 元素组成均匀分布。从 EDS 可以看出，Al 和 F 质量分数共计 100%，说明沉淀中不存在其他元素。

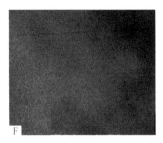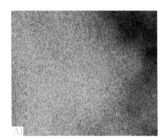

(a) Mapping

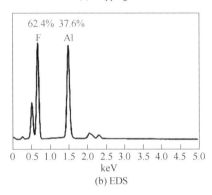

(b) EDS

图 4.2   水溶液中 Al$_y$F$_w$ 沉淀的 Mapping 和 EDS

Fig. 4.2   Mapping and EDS diagram of Al$_y$F$_w$ precipitation in aqueous solution

　　加入钠源后，当 $n(Na^+):n(Al^{3+}):n(F^-)=3:1:(6,7,8,9,10)$ 时，均能形成沉淀，实验结果与现象见表 4.3。从表可知，$n(Na^+):n(Al^{3+}):n(F^-)=3:1:6$ 时，Al^{3+} 回收率为 88.35%，F 回收率为 87.72%，说明 Na$_x$Al$_y$F$_w$ 型沉淀能够有效回收氟的同时，实现 Al^{3+} 的脱除。沉淀 Mapping 表征分析（图 4.3）仅观察到铝、氟两种元素。

表 4.3   水溶液中 F$^-$ 与 Al^{3+} 脱除率 ［Na$_x$Al$_y$F$_w$ 型沉淀］

Table 4.3   F$^-$ and Al^{3+} removal efficiencies in aqueous solution with Na$_x$Al$_y$F$_w$

摩尔比	F$^-$ 回收率/%	Al^{3+} 回收率/%	现象
Na$^+$: Al^{3+} : F$^-$ = 3 : 1 : 6	87.72	88.35	白色沉淀
Na$^+$: Al^{3+} : F$^-$ = 3 : 1 : 7	75.43	89.27	白色沉淀
Na$^+$: Al^{3+} : F$^-$ = 3 : 1 : 8	68.81	90.88	白色沉淀
Na$^+$: Al^{3+} : F$^-$ = 3 : 1 : 9	60.34	90.87	白色沉淀
Na$^+$: Al^{3+} : F$^-$ = 3 : 1 : 10	55.12	90.91	白色沉淀

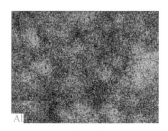

图 4.3 水溶液中 Na$_x$Al$_y$F$_w$ 沉淀的 Mapping

Fig. 4.3 Mapping diagram of Na$_x$Al$_y$F$_w$ precipitation in aqueous solution

$n(\mathrm{Na^+}) : n(\mathrm{Al^{3+}}) : n(\mathrm{F^-}) = 3 : 1 : (6, 7, 8, 9, 10)$ 时获得沉淀并开展 XRD 表征，结果如图 4.4 所示。从图 4.4 中可以看出，样品的主相均为单斜结构的 Na$_3$AlF$_6$(PDF#25-0772)，其空间基团为 P21/n，密度为 2.97 g/cm^3。合成的沉淀物为单相，无杂峰。从图 4.4（a）可以看出，在 $n(\mathrm{Na^+}) : n(\mathrm{Al^{3+}}) = 3 : 1$ 时，当 $n(\mathrm{F^-})$ 从 6 变化至 10 时，XRD 峰的位置与强度基本不变，说明形成的沉淀主相单一，且 Al^{3+} 含量是一定的，继续增加氟含量未形成新的晶相。从图 4.4（b）SEM 图可知，沉淀为细颗粒状，并黏结在一起，形成絮状，导致过滤分离困难。根据 HSC Chemical 6.0 热力学软件计算，反应式（4.2）$\Delta G^{\ominus} < 0$，Na$_3$AlF$_6$ 沉淀可以形成。

$$3\mathrm{Na^+} + \mathrm{Al^{3+}} + 6\mathrm{F^-} \longrightarrow \mathrm{Na_3AlF_6} \downarrow \qquad (4.2)$$

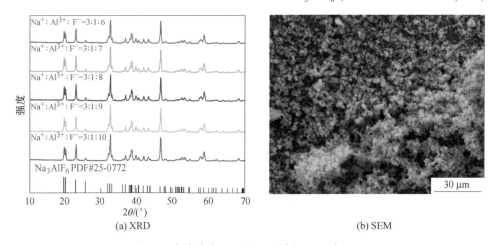

(a) XRD (b) SEM

图 4.4 水溶液中 Na$_x$Al$_y$F$_w$ 沉淀的 XRD 与 SEM

Fig. 4.4 XRD and SEM pattern of Na$_x$Al$_y$F$_w$ precipitation in aqueous solution

4.1.3 纯磷酸 Na$_x$Al$_y$F$_w$ 沉淀法研究

根据 Na$_x$Al$_y$F$_w$ 型沉淀在水溶液中形成条件，常温条件下，在 24% P$_2$O$_5$ 的纯磷酸中加入铝源、氟源、钠源，Al^{3+}、F$^-$ 的回收率与实验现象列于表4.4。其中，Al$_y$F$_w$ 型沉淀在磷酸中氟回收效果差，当 $n($Al^{3+}) : $n($F$^-$) = 1 : 18 时，氟的回收率仅为 1.44%，低于水溶液，主要由于磷酸抑制了 HF 解离成 F$^-$。

表 4.4 纯磷酸中 F$^-$ 与 Al^{3+} 的脱除率（Na$_x$Al$_y$F$_w$ 型沉淀）

Table 4.4 F$^-$ and Al^{3+} removal efficiencies in pure phosphoric acid with Na$_x$Al$_y$F$_w$

摩尔比	F$^-$ 脱除率/%	Al^{3+} 脱除率/%	现象
Al^{3+} : F$^-$ = 1 : 6 (10, 12)	0	0	无沉淀
Al^{3+} : F$^-$ = 1 : 14	0.22	2.7	少量沉淀
Al^{3+} : F$^-$ = 1 : 16	0.78	8.9	少量沉淀
Al^{3+} : F$^-$ = 1 : 18	1.44	15.7	少量沉淀
Na$^+$: Al^{3+} : F$^-$ = 3 : 1 : 6	84.6	85.9	白色沉淀

从图 4.5 的 Mapping 图可知，沉淀中夹杂了少量磷，由于沉淀颗粒细小，磷

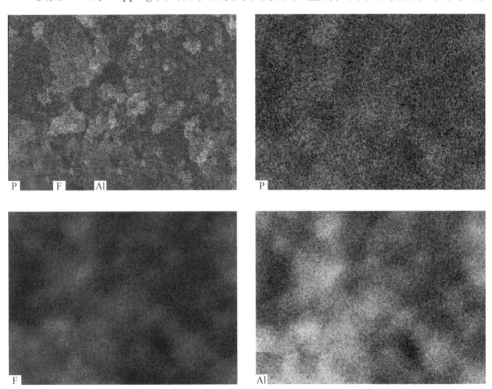

图 4.5 纯磷酸中 Al$_y$F$_w$ 沉淀的 Mapping 图

Fig. 4.5 Mapping diagram of Al$_y$F$_w$ precipitation in pure phosphoric acid

酸难以完全洗出。Al$_y$F$_w$ 型沉淀的 XRD 与 SEM 见图 4.6，从图 4.6（a）可知，在磷酸中形成了 AlF$_3$·3H$_2$O 沉淀，无其他物相；从图 4.6（b）可知，颗粒为椭圆形，粒径分布不均匀。

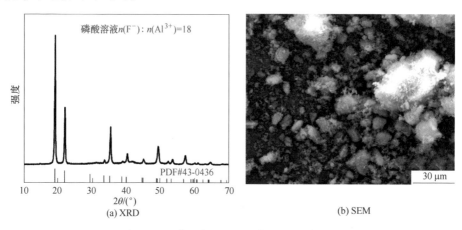

(a) XRD (b) SEM

图 4.6　纯磷酸中 Al$_y$F$_w$ 沉淀的 XRD 与 SEM

Fig. 4.6　XRD and SEM of Al$_y$F$_w$ precipitation in phosphoric acid solution

从表 4.3 可知，Na$_x$Al$_y$F$_w$ 型沉淀在 $n(Na^+):n(Al^{3+}):n(F^-)=3:1:10$ 纯磷酸中，F$^-$ 的脱除率为 84.6%，Al^{3+} 的脱除率达 85.9%，沉淀的 XRD 与 SEM 见图 4.7。从图 4.7（a）可知，沉淀物相为 Na$_3$AlF$_6$，与水体系是一致的。从图 4.7（b）可知，沉淀粒径分布不均匀，细粒级粘连在一起。从图 4.8 Mapping 图可以看出，沉淀中主要有 F 和 Al 两种元素（Na 元素不能通过 Mapping 表征），夹杂了少量 P 元素，是由于 Na$_3$AlF$_6$ 沉淀太细，且黏结在一起，磷难以洗净。

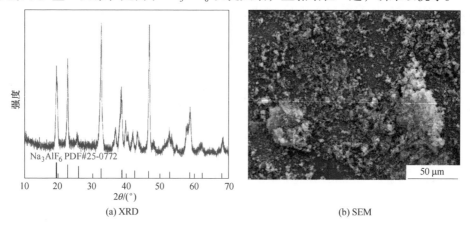

(a) XRD (b) SEM

图 4.7　纯磷酸中 Na$_x$Al$_y$F$_w$ 沉淀的 XRD 与 SEM

Fig. 4.7　XRD and SEM of Na$_x$Al$_y$F$_w$ precipitation in pure phosphoric acid

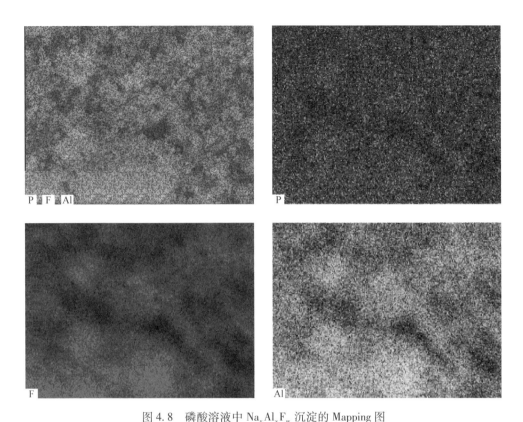

图 4.8 磷酸溶液中 $Na_xAl_yF_w$ 沉淀的 Mapping 图

Fig. 4.8 Mapping diagram of $Na_xAl_yF_w$ precipitation in phosphoric acid solution

4.1.4 水溶液 $Na_xAl_yMg_zF_w$ 沉淀法研究

磷矿中除磷、氟、铝元素外，还有镁元素，在磷矿酸解而进入湿法磷酸中，影响磷石膏结晶与过滤强度，增加磷酸的密度、黏度、继沉淀量，不利于化工装置生产；进入磷肥后不仅降低肥料中水溶性磷含量，而且使肥料产品物理性能变差，易结块。能否实现高效回收液相氟的同时，脱除 Al^{3+}、Mg^{2+} 意义重大。

本节首先以水溶液为研究对象，分别加入不同比例的氢氟酸、硫酸镁、硫酸钠、硫酸铝，于常温充分混合 30 min，离心过滤，实验结果与现象见表 4.5。从表 4.5 可知，当各元素的摩尔比 $n(Na^+):n(Al^{3+}):n(Mg^{2+}):n(F^-)=$ 5:1.5:1:6 时，Al^{3+}、Mg^{2+} 与 F^- 的回收率均高于 90%。从图 4.9 的 Mapping 图可知，其沉淀物主要由 Al、Mg、F 元素组成（Na 元素不能通过 Mapping 表征）。形成的沉淀 XRD 与 SEM 如图 4.10 所示。从图 4.10（a）可知，沉淀物相为 $NaAlMgF_6$ 和 Na_3AlF_6，从而实现 F^-、Al^{3+}、Mg^{2+} 同时脱除并回收。根据 HSC Chemical 6.0 热力学软件计算，反应如式（4.3），$\Delta G^{\ominus} < 0$，$NaAlMgF_6$ 沉淀可以形成。从

图 4.10 (b) 可知，沉淀形貌为球形颗粒状，并相互黏结在一起。

$$Na^+ + Al^{3+} + Mg^{2+} + 6F^- \rightleftharpoons NaAlMgF_6 \downarrow \qquad (4.3)$$

表 4.5   水溶液中 F$^-$、Al^{3+}、Mg^{2+} 的脱除率 [Na$_x$Al$_y$Mg$_z$F$_w$ 型沉淀]

Table 4.5   F$^-$, Al^{3+} and Mg^{2+} removal efficiencies in aqueous solution with Na$_x$Al$_y$Mg$_z$F$_w$

Na$^+$: Al^{3+} : Mg^{2+} : F$^-$ 摩尔比	Al^{3+} 脱除率/%	Mg^{2+} 脱除率/%	F$^-$ 脱除率/%	现象
6 : 1 : 1 : 6	99.40	83.80	88.70	白色沉淀
7 : 1 : 1 : 6	98.10	83.40	88.20	白色沉淀
5 : 1 : 1 : 7	99.50	96.70	84.50	白色沉淀
5 : 1.5 : 1 : 6	96.98	93.68	95.17	白色沉淀
6 : 1.5 : 1 : 7	96.94	93.55	85.23	白色沉淀

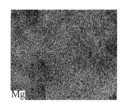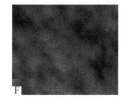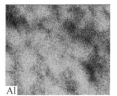

图 4.9   水溶液中 Na$_x$Al$_y$Mg$_z$F$_w$ 沉淀的 Mapping 图

Fig. 4.9   Mapping diagram of Na$_x$Al$_y$Mg$_z$F$_w$ precipitation in aqueous solution

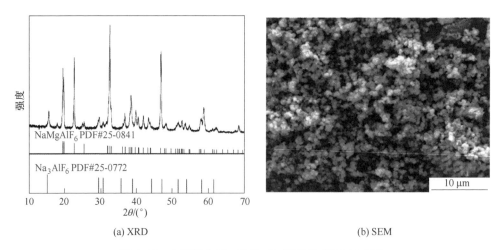

(a) XRD   (b) SEM

图 4.10   水溶液中 Na$_x$Al$_y$Mg$_z$F$_w$ 沉淀的 XRD 与 SEM

Fig. 4.10   XRD and SEM of Na$_x$Al$_y$Mg$_z$F$_w$ precipitation in aqueous solution

4.1.5 纯磷酸 $Na_xAl_yMg_zF_w$ 沉淀法研究

在质量分数 24% P_2O_5 纯磷酸中添加氢氟酸、硫酸镁、硫酸钠、硫酸铝，使各元素的摩尔比 $n(Na^+):n(Al^{3+}):n(Mg^{2+}):n(F^-)=5:1.5:1:6$，于常温反应 30 min，离心过滤，实验结果与现象见表 4.6。从表 4.6 中可以看出，磷酸溶液中 F^-、Al^{3+} 与 Mg^{2+} 的回收率与水溶液中基本一致。沉淀物的 XRD 与 SEM 如图 4.11 所示。

表 4.6 纯磷酸中 Al^{3+}、Mg^{2+}、F^- 的脱除率（$Na_xAl_yMg_zF_w$ 型沉淀）

Table 4.6 F^-、Al^{3+} and Mg^{2+} removal efficiencies in phosphoric acid with $Na_xAl_yMg_zF_w$

$Na^+:Al^{3+}:Mg^{2+}:F^-$ 摩尔比	Al^{3+} 回收率/%	Mg^{2+} 回收率/%	F^- 回收率/%	现象
$5:1.5:1:6$	96.57	93.42	95.01	白色沉淀

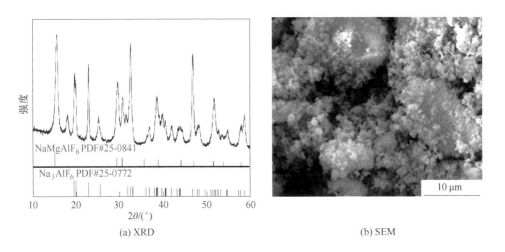

(a) XRD   (b) SEM

图 4.11 磷酸溶液中 $Na_xAl_yMg_zF_w$ 沉淀的 XR 与 SEM

Fig. 4.11 XRD and SEM of $Na_xAl_yMg_zF_w$ in phosphoric acid solution

从图 4.11 可知，其沉淀为 $NaAlMgF_6$ 和 Na_3AlF_6。同时，SEM 显示沉淀晶型发育不完全，小颗粒黏附在大颗粒表面。同时，从图 4.12 的 Mapping 图可以看出，沉淀中夹杂了极少部分磷。

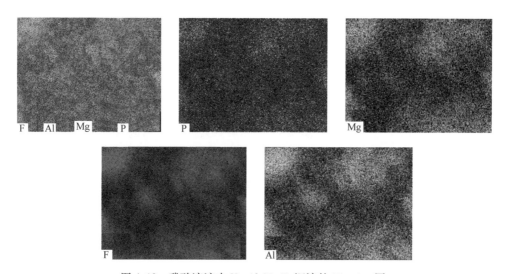

图 4.12　磷酸溶液中 Na$_x$Al$_y$Mg$_z$F$_w$ 沉淀的 Mapping 图

Fig. 4.12　Mapping diagram of Na$_x$Al$_y$Mg$_z$F$_w$ precipitation in phosphoric acid solution

◀4.2▶　沉淀稳定性研究

4.2.1　沉淀物结构分析

4.2.1.1　AlF$_3$·3H$_2$O 沉淀的 Rietveld 精修

水溶液中 $n(Al^{3+})$∶$n(F^-)$ = 1∶18 时形成 AlF$_3$·3H$_2$O 沉淀，对其 XRD（图 4.1）数据进行 Rietveld 精修，其精修图见图 4.13。选 AlF$_3$·3H$_2$O（PDF#43-

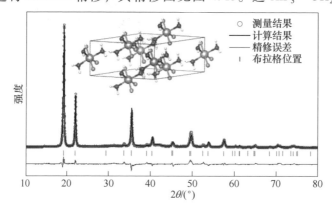

图 4.13　水溶液中形成 AlF$_3$·3H$_2$O 沉淀 XRD 精修图

Fig. 4.13　XRD refinement of AlF$_3$·3H$_2$O precipitation in aqueous solution

0436）作为初始模型。表 4.7 为水溶液 $AlF_3 \cdot 3H_2O$ 沉淀的 Rietveld 精修晶格参数，通过精修得到了较好的峰位匹配；表 4.8 表示了 $AlF_3 \cdot 3H_2O$ 沉淀的对称性，空间群，原子坐标与占据位置参数。

表 4.7　水溶液 $AlF_3 \cdot 3H_2O$ 沉淀的 Rietveld 精修晶格参数
Table 4.7　Lattice parameters, quantitative phase abundances of $AlF_3 \cdot 3H_2O$
precipitation in aqueous solution calculated through Rietveld refinements

样品	物相	晶格参数						
		$a/\text{Å}$	$b/\text{Å}$	$c/\text{Å}$	$\alpha/(°)$	$\beta/(°)$	$\gamma/(°)$	体积/Å^3
$n(Al^{3+}):$ $n(F^-) = 1:18$	$AlF_3 \cdot 3H_2O$	9.2234	9.2234	4.652	90	90	120	342.7360

表 4.8　水溶液 $AlF_3 \cdot 3H_2O$ 沉淀的对称性，空间群，原子坐标与占据位置参数
Table 4.8　Symmetry, space group, atomic coordinates and occupied position
parameters of $AlF_3 \cdot 3H_2O$ precipitation in water solution

样品	物相	对称性	空间群	原子	原子位置			占有率
					x	y	z	
$n(Al^{3+}):n(F^-)$ $= 1:18$	$AlF_3 \cdot 3H_2O$	六角形	R-3 m	Al	0.0000	0.0000	0.5000	0.500
				O	0.1079	0.1653	0.2653	0.500
				F	0.1079	0.1653	0.2653	0.500
				H1	0.1323	0.2656	0.3041	0.500
				H2	0.1548	0.1777	0.0990	0.500

4.2.1.2　Na_3AlF_6 沉淀的 Rietveld 精修

利用图 4.7 中 XRD 数据进行 Rietveld 精修，其中摩尔比 $n(Na^+):n(Al^{3+}):$ $n(F^-) = 3:1:10$ 的精修图如图 4.14 所示。

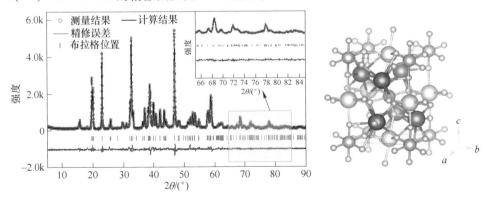

图 4.14　水溶液中 Na_3AlF_6 沉淀 XRD 精修图
Fig. 4.14　XRD refinement of Na_3AlF_6 precipitation in aqueous solution

选择 Na$_3$AlF$_6$（PDF#25-0772）作为初始模型，通过精修得到了较好的峰位匹配，水溶液中 Na$_3$AlF$_6$ 沉淀 Rietveld 精修的晶格参数见表 4.9。表 4.10 表示了对称性、空间群、原子坐标以及制备样品的占有率。分析上述两个表格可知，在 Al^{3+}、F$^-$ 摩尔数不变的条件下，增加 Na$^+$ 摩尔量，沉淀晶体的原子占位未发生明显变化，并获得准确的晶体结构。

表 4.9 水溶液中 Na$_3$AlF$_6$ 沉淀 Rietveld 精修的晶格参数

Table 4.9 Lattice parameters, quantitative phase abundances of Na$_3$AlF$_6$ precipitation in $n($Na$^+$) : $n($Al^{3+}) : $n($F$^-$) calculated through Rietveld refinements

$n($Na$^+$) : $n($Al^{3+}) : $n($F$^-$)	物相	晶格参数						
		a/Å	b/Å	c/Å	α/(°)	β/(°)	γ/(°)	体积/Å^3
3 : 1 : 6	Na$_3$AlF$_6$	5.4158	5.5730	7.7591	90	90.2130	90	234.185
3 : 1 : 7	Na$_3$AlF$_6$	5.4143	5.5691	7.7556	90	90.2120	90	233.852
3 : 1 : 8	Na$_3$AlF$_6$	5.4162	5.5750	7.7604	90	90.2048	90	234.326
3 : 1 : 9	Na$_3$AlF$_6$	5.4164	5.5735	7.7586	90	90.2048	90	234.216
3 : 1 : 10	Na$_3$AlF$_6$	5.4204	5.5797	7.7685	90	90.1855	90	234.949

表 4.10 水溶液中 Na$_3$AlF$_6$ 沉淀的对称性，空间群，原子坐标与占据位置参数

Table 4.10 Symmetry, space group, atomic coordinates and occupied position parameters of Na$_3$AlF$_6$ precipitation in aqueous solution

样品	物相	对称性	空间群	原子	原子位置			占有率
					x	y	z	
$n($Na$^+$) : $n($Al^{3+}) : $n($F$^-$) = 3 : 1 : 6	Na$_3$AlF$_6$	单斜晶体	P21	Al1	0.0000	0.0000	0.0000	0.500
				Na1	0.0000	0.0000	0.5000	0.500
				Na2	0.9915	0.4536	0.2494	1.000
				F1	0.1026	0.0427	0.2177	1.000
				F2	0.2349	0.3340	0.5432	1.000
				F3	0.1593	0.2640	0.9431	1.000
$n($Na$^+$) : $n($Al^{3+}) : $n($F$^-$) = 3 : 1 : 7	Na$_3$AlF$_6$	单斜晶体	P21	Al1	0.0000	0.0000	0.0000	0.500
				Na1	0.0000	0.0000	0.5000	0.500
				Na2	0.9914	0.4526	0.2478	1.000
				F1	0.1035	0.0430	0.2190	1.000
				F2	0.2355	0.3340	0.5427	1.000
				F3	0.1600	0.2620	0.9432	1.000

续表 4.10

样品	物相	对称性	空间群	原子	原子位置			占有率
					x	y	z	
$n(\mathrm{Na}^+) : n(\mathrm{Al}^{3+}) :$ $n(\mathrm{F}^-) = 3:1:8$	$\mathrm{Na_3AlF_6}$	单斜晶体	P21	Al1	0.0000	0.0000	0.0000	0.500
				Na1	0.0000	0.0000	0.5000	0.500
				Na2	0.9927	0.4528	0.2483	1.000
				F1	0.1033	0.0427	0.2183	1.000
				F2	0.2346	0.3369	0.5420	1.000
				F3	0.1592	0.2641	0.9436	1.000
$n(\mathrm{Na}^+) : n(\mathrm{Al}^{3+}) :$ $n(\mathrm{F}^-) = 3:1:9$	$\mathrm{Na_3AlF_6}$	单斜晶体	P21	Al1	0.0000	0.0000	0.0000	0.500
				Na1	0.0000	0.0000	0.5000	0.500
				Na2	0.9934	0.4516	0.2491	1.000
				F1	0.1038	0.0403	0.2162	1.000
				F2	0.2332	0.3393	0.5397	1.000
				F3	0.1604	0.2629	0.9448	1.000
$n(\mathrm{Na}^+) : n(\mathrm{Al}^{3+}) :$ $n(\mathrm{F}^-) = 3:1:10$	$\mathrm{Na_3AlF_6}$	单斜晶体	P21	Al1	0.0000	0.0000	0.0000	0.500
				Na1	0.0000	0.0000	0.5000	0.500
				Na2	0.9920	0.4536	0.2509	1.000
				F1	0.1036	0.0444	0.2168	1.000
				F2	0.2380	0.3305	0.5463	1.000
				F3	0.1582	0.2660	0.9420	1.000

4.2.1.3 $\mathrm{NaMgAlF_6}$ 沉淀的 Rietveld 精修

利用图 4.10 中 XRD 数据进行 Rietveld 精修，其结果如图 4.15 所示，从图

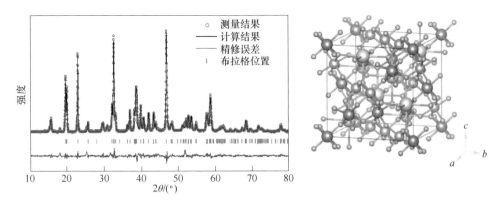

图 4.15 水溶液中 $\mathrm{NaMgAlF_6}$ 沉淀 XRD 精修图

Fig. 4.15 XRD refinement of $\mathrm{NaMgAlF_6}$ precipitation in aqueous solution

4.15 中可以看出，除 NaMgAlF$_6$ 外，有少量 Na$_3$AlF$_6$（溶液中 Al^{3+} 摩尔数超过 Mg^{2+} 情况下形成）。

选择主要沉淀物 NaMgAlF$_6$（PDF#25-0841）作为初始模型。通过精修得到了较好的峰位匹配，重要因子见表 4.10。同时，表 4.11 表示了对称性、空间群、原子坐标以及制备样品的占有率。分析表 4.11 与表 4.12，在 Na$^+$、Al^{3+}、F$^-$ 摩尔数不变的条件下，增加 Mg^{2+} 摩尔量，沉淀晶体的原子占位未发生明显变化，并获得准确的晶体结构。

表 4.11 水溶液中 NaMgAlF$_6$ 沉淀的对称性，空间群，原子坐标与占据位置参数

Table 4.11 Symmetry, space group, atomic coordinates and occupied position parameters of NaMgAlF$_6$ precipitation in aqueous solution

物相	对称性	空间群	原子	原子位置			占有率
				x	y	z	
NaMgAlF$_6$	立方体	Fd3m	Na1	0.0000	0.0000	0.5000	1.000
			Na2	0.5156	0.9487	0.2431	1.000
			Mg1	0.0000	0.0000	0.5000	0.500
			Mg2	0.5156	0.9487	0.2431	0.500
			Al	0.0000	0.0000	0.0000	1.000
			F1	0.0996	0.0367	0.2207	1.000
			F2	0.2734	0.1759	0.0422	1.000
			F3	0.1652	0.2683	0.0599	1.000

表 4.12 水溶液体系 Na$_x$Mg$_y$Al$_z$F$_w$ 沉淀 Rietveld 精修的晶格参数

Table 4.12 Lattice parameters of Na$_x$Mg$_y$Al$_z$F$_w$ precipitation in aqueous solution calculated through Rietveld refinements

物相	晶格参数						
	a/Å	b/Å	c/Å	α/(°)	β/(°)	γ/(°)	体积/Å^3
NaMgAlF$_6$	5.4166	5.5699	7.7651	90	90	90	234.27

4.2.2 密度泛函理论计算（DFT）

第一原理 DFT 计算采用 Vienna Ab initio Simulation Package（VASP）和投影增强波（PAW）方法。交换泛函用 Perdew-Burke-Emzerhof（PBE）泛函的广义梯度近似（GGA）处理。采用 DFT 计算三种沉淀的结合能，其公式如下：

$$E_f = E_{vacancy} + E_{F2*(1/2)} - E_{total} \tag{4.4}$$

式中，$E_{vacancy}$ 和 E_{total} 分别为有/无 F 原子空位的能量，$E_{F2*(1/2)}$ 为单个 1/2F$_{2(g)}$ 的能

量，ICOHP 是积分晶体轨道哈密顿布居。通过计算，AlF$_3$ · 3H$_2$O、Na$_3$AlF$_6$、NaMgAlF$_6$ 沉淀的积分晶体轨道哈密顿布居（键能）如图 4.16 所示。从图 4.16 中可以看出，其键能越大，稳定性越好，所以稳定性排序为：NaMgAlF$_6$>Na$_3$AlF$_6$>AlF$_3$ · 3H$_2$O，可知 NaMgAlF$_6$ 稳定性最好。

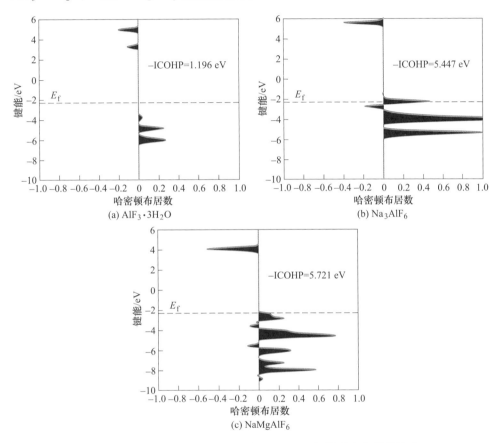

图 4.16 AlF$_3$ · 3H$_2$O、Na$_3$AlF$_6$ 与 NaMgAlF$_6$ 沉淀的积分晶体轨道

Fig. 4.16 AlF$_3$ · 3H$_2$O、Na$_3$AlF$_6$ and NaMgAlF$_6$ precipitation of ICOHP

◀ 4.3 Na$_x$Mg$_y$Al$_z$F$_w$沉淀法回收湿法磷酸液相氟研究

4.3.1 实验流程设计

为了实现湿法磷酸液相中氟的回收，同时脱除 Mg^{2+}、Al^{3+} 杂质离子，结合本章 4.2 节研究内容，可知 NaMgAlF$_6$ 为最稳定的沉淀结构，故本节将湿法磷酸液相中氟、Mg^{2+}、Al^{3+} 形成 NaMgAlF$_6$ 沉淀，在加入硫酸分解沉淀回收 HF，部分循

环利用。将第 2 章表 2.1 中湿法磷酸液相 Na、Mg、Al、F 组分换算成摩尔浓度见表 4.13。从表 4.13 中可以看出，Al^{3+} 的摩尔数小于 Mg^{2+} 的摩尔数，氟（除氟硅酸组分外，氟硅酸优先生成氟硅酸钠）按照纯磷酸体系的反应条件形成 $NaMgAlF_6$ 沉淀，从而实现氟的脱除，反应方程式见式（4.5）。

$$Al^{3+} + Mg^{2+} + Na^+ + 6F^- \Longrightarrow NaAlMgF_6 \downarrow \qquad (4.5)$$

$$\Delta G^{\ominus} = -38.09 \text{ kJ}; \log K = 26.59; T = 40 \text{ ℃}$$

表 4.13 湿法磷酸液相中 Na^+，Mg^{2+}，Al^{3+}，F^- 摩尔浓度

Table 4.13 Moles fraction of Na^+, Mg^{2+}, Al^{3+}, F^- in wet process phosphoric acid

组分	Al^{3+}	Mg^{2+}	F^-	F^-（以 H_2SiF_6 形式）	Na^+
数值/mol·L^{-1}	2.0	3.2	6.4	2.0	0.48

根据 4.1.5 节的内容，基于 Na^+、Mg^{2+}、Al^{3+}、F^- 在纯磷酸中可形成 $NaMgAlF_6$ 沉淀的特性，开展了湿法磷酸中液相氟的脱除与回收实验，其工艺流程如图 4.17 所示。整个工艺包括脱除和回收。在脱除阶段，由于液相湿法磷酸中 Na^+ 与氟的摩尔数不能满足形成 $NaMgAlF_6$ 的要求，需要添加硫酸钠与 HF；在回收阶段，将沉淀分解，并回收 HF，部分作为氟脱除阶段的原料，从而实现氟资源循环回收再利用，降低原料成本。

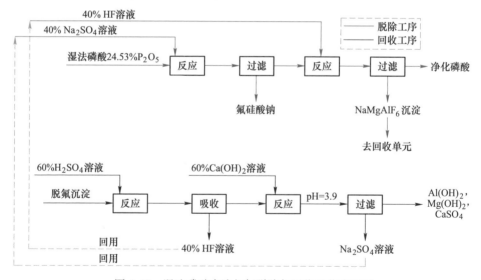

图 4.17 湿法磷酸中液相氟脱除与回收工艺流程图

Fig. 4.17 Process flow chart of fluoride removal and recovery from liquid phasewet process phosphoric acid

湿法磷酸中氟的脱除：基于湿法磷酸中液相氟的赋存形态，针对氟硅酸，添加质量浓度 40%硫酸钠溶液常温充分混合 10 min，过滤分离，滤饼充分洗涤 pH

值为 7，干燥后为氟硅酸钠产品；针对 HF 及其他赋存形态氟化合物，滤液中加入质量分数 40% HF 溶液与 40% 硫酸钠溶液，于 20~100 ℃的恒温水浴中反应 2~20 min，过滤分离混合物，沉淀用去离子水冲洗至 pH 值为 7.0 左右，干燥并表征。

沉淀物 NaMgAlF$_6$ 中氟回收循环利用：在温度为 20~100 ℃条件下，通过加入质量浓度 60% 硫酸，分解沉淀生成 HF 和 Na$_2$SO$_4$。其中，HF 在负压条件下挥发并被水吸收，形成质量浓度为 40% HF 溶液回收；然后，将质量浓度 60% 的氢氧化钙溶液缓慢加入到剩余溶液中，直至 pH 值为 2.2~4.2，过滤分离，得到的滤液为 Na$_2$SO$_4$ 溶液，滤饼作为铝、镁化工产品的原料。

通过回收工序获得的 HF 与 Na$_2$SO$_4$ 溶液部分返回至脱除工序，为了获得最佳结果，开展了不同条件的实验研究，见表 4.14。

表 4.14 液相湿法磷酸中氟的脱除与回收的条件

Table 4.14 F removal and recovery conditions in wet process phosphoric acid

	反应时间/min	反应温度/℃	HF 量/g	Na$_2$SO$_4$ 量/g
湿法磷酸中脱除氟、Al^{3+}、Mg^{2+} 工艺条件	2, 4, 6, 8, 10, 12, 14, 16, 18, 20	40	4.5	4.0
	12	20, 30, 40, 50, 60, 70, 80, 90, 100	4.5	4.0
	12	40	1.5, 2.5, 3.5, 4.5, 5.5, 6.5, 7.5	4.0
	12	40	4.5	1, 2, 3, 4, 5, 6, 7
	化学计量比	反应时间/min	反应温度/℃	
从脱氟沉淀中回收 HF 的工艺条件	1.0, 1.1, 1.2, 1.3, 1.4, 1.5, 1.6	40	100	
	1.3	10, 20, 30, 40, 50, 60, 70, 80	100	
	1.3	40	20, 40, 60, 80, 100, 120, 140, 160	
	pH 值	反应时间/min	反应温度/℃	
从脱氟沉淀中回收 Na$_2$SO$_4$ 的工艺条件	2.0, 2.2, 2.4, 2.6, 2.8, 3.0, 3.2, 3.4, 3.6, 3.8, 4.0, 4.2	12	40	
	3.8	2, 4, 6, 8, 10, 12, 14, 16, 18	40	
	3.8	12	10, 15, 20, 25, 30, 35, 40, 45, 50, 55, 60, 65	

4.3.2 氟脱除条件优化

在脱除工序我们考察了反应时间、反应温度、HF 用量、Na$_2$SO$_4$ 用量对 F$^-$、Al^{3+} 和 Mg^{2+} 脱除率的影响，其结果如图 4.18 所示。

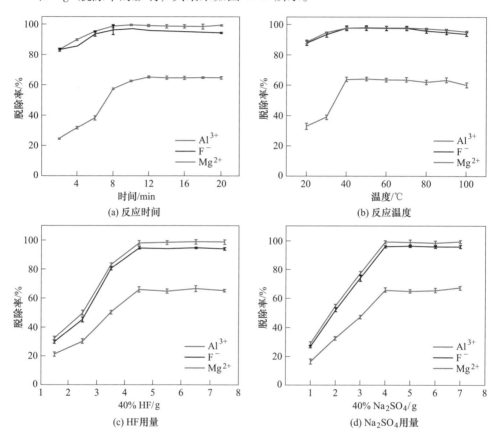

图 4.18 反应时间、反应温度、HF 用量、Na$_2$SO$_4$ 用量对湿法磷酸中
F$^-$、Al^{3+}、Mg^{2+} 脱除率的影响

Fig. 4.18 Effects of reaction time、reaction temperature、amount of HF and amount
of Na$_2$SO$_4$ on the removal efficiencies of F$^-$, Al^{3+}, Mg^{2+} in wet process phosphoric acid

反应时间的影响：从图 4.18（a）可知，沉淀生成的速率较快，随着反应时间的增加，F$^-$、Al^{3+} 和 Mg^{2+} 的脱除率均先升高后变化幅度小，2 min 时去除率分别为 83.2%、83.8% 和 24.4%；8 min 分别提高至 96.3%、98.7% 和 57.5%；12 min 达到最佳脱除效率，分别为 95.9%、99.1% 和 65.1%。

反应温度的影响：反应温度对 F$^-$、Al^{3+} 和 Mg^{2+} 的脱除影响如图 4.18（b）所示。当反应温度从 20 ℃ 上升至 40 ℃ 时，脱除率直线增加，分别达 97.9%、97.8% 和 64.0%，而在 100 ℃ 时，三种离子的去除率分别降至 95.9%、93.9% 和 60.1%。这可能是由于随着温度的升高，沉淀在湿法磷酸中溶解度增加所致。所以，反应温度为 40 ℃。

由于现有参考文献关于 NaMgAlF$_6$ 沉淀在湿法磷酸中无溶解度数据，为此，为了掌握该沉淀的物化性质，我们测定了其在湿法磷酸中不同温度下的溶解度，其结果见表 4.15。从表 4.15 可知，NaMgAlF$_6$ 在湿法磷酸中的溶解度随温度升高而增大。所以反应的温度不能过高。

表 4.15 NaMgAlF$_6$ 在湿法磷酸中溶解度与温度的关系
Table 4.15 Relationship between solubility with temperature of NaMgAlF$_6$ precipitation inwet process phosphoric acid

温度/℃	20	30	40	50	60	70	80	90	100
溶解度（g/100 g 磷酸）	0.070	0.10	0.14	0.16	0.24	0.35	0.42	0.77	1.02

HF 用量：其结果如图 4.18（c）所示，添加 4.5 g 质量分数 40% HF 溶液对三种离子的脱除率均最大，对应脱除的 $n(F^-):n(Al^{3+}):n(Mg^{2+}):n(Na^+)$ 的化学摩尔计量比接近 6:1:1:1，与沉淀物 NaAlMgF$_6$ 化学计量比一致。

Na$_2$SO$_4$ 的量：如图 4.18（d）所示，4.0 g 质量分数 40% Na$_2$SO$_4$ 可实现三种元素的最大脱除率，分别为 95.8%，99.1% 和 65.7%，进一步增加硫酸钠用量从 4.0 g 增加到 7.0 g，脱除率几乎没有影响，这与纯磷酸体系的结果是一致，在 Al^{3+} 不足的条件下，除形成 NaAlMgF$_6$ 沉淀外，未形成其他的沉淀。

从图 4.18（c）（d）可以看出，当 Al^{3+} 基本脱除时，HF 和 Na$_2$SO$_4$ 加入后 Mg^{2+} 的脱除率未能继续增加，保持在 60% 左右，主要由于 F$^-$、Mg^{2+} 与 Na$^+$ 在水与磷酸中均不能形成沉淀。同时，随着时间和温度的变化，Al^{3+} 和 Mg^{2+} 的去除量化学计量比接近 1:1，以上结果证实了 Al^{3+} 和 Mg^{2+} 离子共沉淀形成 NaMgAlF$_6$。然而，由于本书对象湿法磷酸中 $n(Al^{3+}):n(Mg^{2+})$ 的化学计量比小于 1:1，导致 Mg^{2+} 的脱除效率低于 Al^{3+}。因此，为提高 Mg^{2+} 的脱除率，可以根据湿法磷酸中 Al^{3+} 和 Mg^{2+} 的含量调整 $n(Al^{3+}):n(Mg^{2+})$ 化学计量比为 1:1，但这会导致脱除成本的增加。

氟脱除前后湿法磷酸组分变化情况：在图 4.18 最优条件下开展湿法磷酸液相氟脱除试验，脱除前后的相关组分指标见表 4.16，NaMgAlF$_6$ 沉淀法将湿法磷酸中氟从 1.21% 降至 0.1%，脱除率达 91.7%，并以 NaMgAlF$_6$ 沉淀，一方面开发为氟化工产品（如助熔剂等）；另一方面回收 HF，部分循环利用。

开展了 NaMgAlF$_6$ 沉淀的化学组分分析，其结果见表 4.17。从表 4.17 中可知，NaMgAlF$_6$ 纯度达到 99.57%，Na$^+$、Al^{3+}、Mg^{2+}、F$^-$ 的摩尔比为 1∶1∶1∶6，与 NaMgAlF$_6$ 各元素摩尔比一致；P$_2$O$_5$ 损失率低于质量分数 0.5%，说明形成的沉淀是以非磷酸盐形式存在，同时对磷吸附能力较差。

表 4.16　脱除前后湿法磷酸化学分析

Table 4.16　Chemical analysis of wet process phosphoric acid before and after purification

组分	浓　度	
	脱除前	脱除后
P$_2$O$_5$/%	24.53	24.11
Fe$_2$O$_3$/%	0.84	0.82
Al$_2$O$_3$/%	1.09	0.002
MgO/%	1.26	0.40
F$^-_总$/%	1.21	0.10
F$^-_{H_2SiF_6}$/%	0.37	0.06
Na$_2$O/%	0.16	0.13
SO$_4^{2-}$/%	2.54	5.01
As/mg·kg^{-1}	35	18
Pb/mg·kg^{-1}	27	15
Hg/mg·kg^{-1}	45	37
Cd/mg·kg^{-1}	29	24
Cr/mg·kg^{-1}	21	20
Ni/mg·kg^{-1}	8	5
Mn/mg·kg^{-1}	15	14
Cu/mg·kg^{-1}	8	6
Zn/mg·kg^{-1}	12	10
第一 H$^+$ 离子活度	6.47	7.70

表 4.17　NaMgAlF$_6$ 主要组分分析

Table 4.17　Analysis of main components of NaMgAlF$_6$

组分	P$_2$O$_5$	Al^{3+}	Mg^{2+}	F$^-$	Na$^+$
质量分数/%	0.11	14.41	12.62	60.34	12.20
摩尔比例	—	1	1	6	1

此外，从表 4.17 中可知湿法磷酸中其他杂质含量也有所降低，这意味着 HF

和 Na$_2$SO$_4$ 的加入可以与表 4.16 中其他元素形成沉淀，特别是二价金属离子。此外，由于 HF 与 Na$_2$SO$_4$ 的加入，带负电荷的硫酸盐离子可被 H$^+$ 平衡，实现电荷平衡，且第一氢离子活性提高了 19%。通过以上工艺参数优化研究，沉淀的 Na$^+$、Mg^{2+}、Al^{3+}、F$^-$ 化学摩尔比为 1：1：1：6。

沉淀的表征：对沉淀进行了 XRD 图谱分析，其结果如图 4.19（a）所示。从图 4.19（a）可知，NaMgAlF$_6$ 为主要特征衍射峰，与表 4.17 结果一致，未产生 NaAlF$_6$ 沉淀，主要因为 Al^{3+} 的摩尔数低于镁，且 NaMgAlF$_6$ 稳定性高于 NaAlF$_6$。其中，位于 $2\theta = 15.158°$，$29.454°$，$30.698°$，$35.743°$，$38.957°$，$44.141°$，$47.045°$，$51.594°$，$53.886°$，$57.953°$ 和 $61.344°$ 的峰分别属于 NaMgAlF$_6$ 的（111），（311），（222），（400），（331），（422），（511），（440），（531），（620），（622）晶面。同时对沉淀物进行了 SEM 分析，结果如图 4.19（b）所示，沉淀颗粒形状为不规则球形，颗粒直径均在 10 μm 以下，形貌特征与纯磷酸体系是一致的。

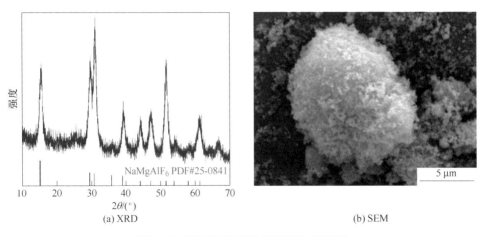

(a) XRD   (b) SEM

图 4.19　沉淀物的 XRD 衍射图与 SEM 图

Fig. 4.19　The XRD pattern and SEM of the white precipitates

4.3.3　氟回收条件优化

为了实现沉淀中氟的循环回收再利用，降低脱除成本，将脱除工艺产生的沉淀 NaAlMgF$_6$ 转化为 HF 和 Na$_2$SO$_4$，部分回用。反应方程为式（4.6），通过 HSC Chemisty 6.0 软件进行热力学分析可知，20~100 ℃ 条件下，$\Delta G^{\ominus} < 0$，说明反应在一定的温度条件下均可反应。其中，第一步是在 20~100 ℃ 恒温负压下，加入质量分数 60% 的硫酸分解沉淀，用水吸收形成质量分数 40% 的 HF。

$$2NaAlMgF_6 + 6H_2SO_4 \longrightarrow Na_2SO_4 + Al_2(SO_4)_3 + 2MgSO_4 + 12HF\uparrow + H_2O$$

$$(4.6)$$

$$\Delta G^{\ominus} = -52.52 \text{ kJ}; \log K = 30.77; T = 100 \text{ }^{\circ}\text{C}$$

以 7.3 g 白色沉淀为原料,研究了 H_2SO_4 化学计量比、反应时间和反应温度对 HF 回收率的影响,结果如图 4.20 (a)~(c) 所示。质量浓度 60% H_2SO_4 最适宜的化学计量比为 1.3,反应时间为 40 min,反应温度为 100 ℃,在低负压条件下,HF 从溶液中逸出,在涂有聚四氟乙烯涂层的碳钢筛板塔中被水吸收成为 40% 浓度,HF 回收率可达 95.6%,部分回用,其余资源化回收。

剩余溶液为含 Al^{3+}、Mg^{2+} 等杂质的 Na_2SO_4 混合溶液,在含硫化橡胶涂层的碳钢反应器中,用质量分数 60% 的氢氧化钙溶液沉淀净化,以去除湿法磷酸中 Al^{3+}、Mg^{2+} 等杂质,反应方程为式 (4.7)、式 (4.8)。同理,通过 HSC Chemisty 6.0 软件进行热力学分析可知,$\Delta G^{\ominus}$ 分别为 -109.50 kJ、-27.00 kJ,说明两个反应在相应的温度条件下均可反应。

$$Al_2(SO_4)_3 + 3Ca(OH)_2 \longrightarrow 3CaSO_4 \downarrow + 2Al(OH)_3 \downarrow \tag{4.7}$$
$$\Delta G^{\ominus} = -109.50 \text{ kJ}; \log K = 76.42$$
$$MgSO_4 + Ca(OH)_2 \longrightarrow CaSO_4 \downarrow + Mg(OH)_2 \downarrow \tag{4.8}$$
$$\Delta G^{\ominus} = -27.00 \text{ kJ}; \log K = 18.85$$

为了最大限度降低 Na_2SO_4 混合溶液中杂质含量,提高 Na_2SO_4 回收率,通过一系列实验研究了 pH 值、反应时间和反应温度对硫酸钠回收率的影响,结果如图 4.20 (d)~(f) 所示。从图可知,最佳的 pH 值为 3.8,反应时间为 12 min,反应温度为 40 ℃。在此条件下,Al^{3+}、Mg^{2+} 等杂质的最高去除率高达 97.6%,Na_2SO_4 的回收率可达 98.4%。

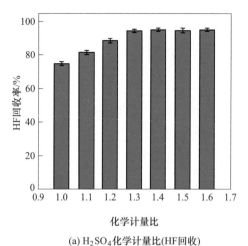

(a) H_2SO_4 化学计量比(HF回收)

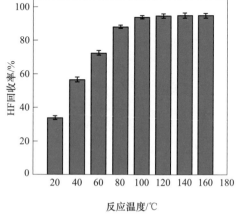

(b) 反应温度(HF回收)

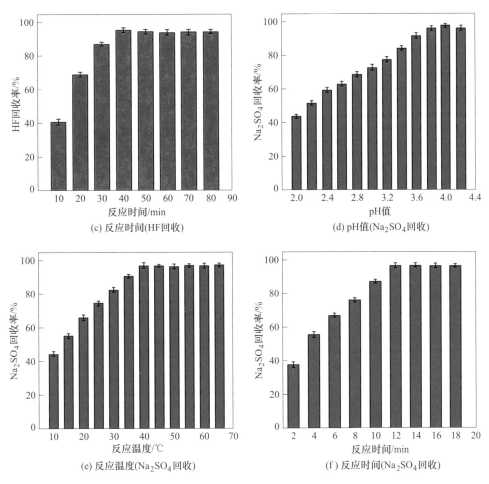

图 4.20 不同条件对 HF 回收与 Na_2SO_4 回收的影响

Fig. 4.20 Effect of different conditions on HF recovery and Na_2SO_4 recovery

4.4 本章小结

本章基于湿法磷酸中液相氟的赋存形态，采用 $Na_xMg_yAl_zF_w$ 沉淀法高效回收湿法磷酸中液相氟，得出如下主要结论：

（1）在水与纯磷酸溶液中通过优化各元素的摩尔比均能生成 $AlF_3 \cdot 3H_2O$、Na_3AlF_6、$NaMgAlF_6$ 三种沉淀；

（2）通过 Rietveld 精修，获得了 $AlF_3 \cdot 3H_2O$、Na_3AlF_6、$NaMgAlF_6$ 三种沉淀的准确晶格参数，与标准图谱相比峰位匹配较好，并通过密度泛函理论计算，得出 $NaMgAlF_6$ 是最稳定的一种结构；

（3）基于上述研究基础，在湿法磷酸体系中添加 Na^+、HF，调节 Na^+、Al^{3+}、Mg^{2+}、F^-摩尔比例，氟的脱除率达 91.7%，Al^{3+} 的脱除率高于 90%，Mg^{2+} 的脱除率高于 60%，P_2O_5 的质量损失小于 0.5%，生成性质稳定的 $NaAlMgF_6$ 沉淀，可作为氟化工产品原料；

（4）通过硫酸分解将 $NaAlMgF_6$ 中氟转化为 HF，此过程 HF 的回收率达 95.6%。

参 考 文 献

［1］王智娟，向兰. 温度对湿法磷酸选择性除杂的影响［J］. 非金属矿，2020，43（1）：22-24.

［2］Witkamp G J, Rosmalen G M. Incorporation of cadmiumand aluminium fluoride in calcium sulphate［J］. Industrial Crystallization, 1976, 1：265-270.

5 空气汽提法回收液相氟

本书第3、4章中均采用沉淀法将湿法磷酸液相中氟含量从1.0%以上降至0.20%以内。其中两步沉淀法回收了氟硅酸钠，该技术适用于饲料磷酸氢钙生产过程氟的回收；$Na_xMg_yAl_zF_w$沉淀法实现了液相氟以$NaMgAlF_6$沉淀脱除，并以HF回收，但工艺流程长，适用于Al^{3+}、Mg^{2+}高的湿法磷酸，在回收氟的同时脱除Al^{3+}、Mg^{2+}。此外，上述两种技术引入了硫酸根、钠离子，需额外增加处理成本。目前较高附加值有机/无机氟化工产品主要以H_2SiF_6、HF为基础原料，而以H_2SiF_6为原料生产HF的技术较成熟可靠，在国内已大规模产业化应用[1]。因此，将湿法磷酸中液相氟以氟硅酸形式高效回收意义重大。本章以湿法磷酸中液相氟的赋存形态为基础，研究空气汽提脱氟技术，实现氟资源的高效回收。

5.1 H_3PO_4-H_2SiF_6体系空气汽提法氟回收研究

实验装置如图5.1所示，采用空气发生装置，使空气均匀吹入到氟回收发生器中。通过温度计控制调节脱氟发生器中的温度30~120 ℃，氟随着热空气进入两级氟吸收瓶，用水吸收。同时在实验过程中不停滴加蒸馏水进入氟回收器中，保持磷酸浓度不变。测定湿法磷酸中氟、硅等变化，从而计算氟回收率，见式（5.1）。

$$回收率 = \frac{F_1 - F_2}{F_1} \times 100\% \tag{5.1}$$

式中，F_1为起始湿法磷酸中氟含量；F_2为湿法磷酸中氟回收后的含量。

取100 g分析纯磷酸（24% P_2O_5）加入质量浓度40%的H_2SiF_6，配置后氟的质量浓度为2%（以单质氟计），50 r/min搅拌10 min混合均匀，分别在60 ℃、70 ℃、80 ℃、90 ℃、100 ℃、110 ℃反应30 min、60 min、90 min、120 min，用1000 g蒸馏水作为吸收液，研究H_2SiF_6随时间与温度的变化曲线见图5.2。

从图5.2看出，反应温度、反应时间对氟的脱除率均有正向影响。随着温度从60 ℃上升至110 ℃，氟的脱除率显著提高，以脱氟反应时间为30 min为例，脱除率从6%提升至50%；此外，氟脱除反应时间继续从30 min延长至110 min，氟的脱除率也显著提高，以反应温度均为110 ℃为例，脱除率从43%提升至80%。

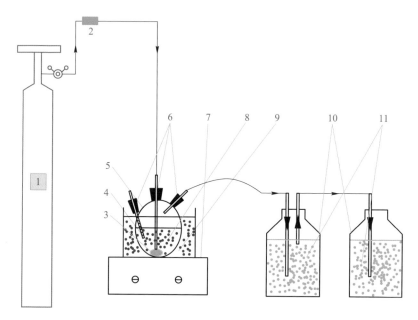

图 5.1 空气汽提脱氟实验装置示意图

Fig. 5.1 Schematic diagram of air stripping defluorination test device

1—空气发生装置；2—空气流量控制器；3—转子；4—温度计；5—氟回收器；

6—塞子；7—控温油浴锅；8—磷酸；9—硅油；10—吸收瓶；11—纯净水

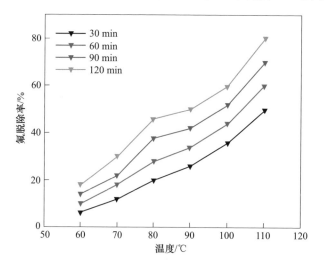

图 5.2 H_3PO_4-H_2SiF_6 体系空气汽提法氟脱除率随温度与时间的变化

Fig. 5.2 Change of fluorine removal rate with temperature and time in air stripping

process of H_3PO_4-H_2SiF_6 system

对图5.2实验产生的脱氟磷酸与吸收液进行检测分析，其中ICP分析P、Si元素，IC分析F元素，其结果如图5.3所示。从图5.3可以看出，随着反应时间的延长，F含量下降，说明F不断逸出，同时Si不断下降。H_2SiF_6逸出分解为HF与SiF_4，但SiF_4的沸点较低，优先逸出，HF来不及同步逸出，致使Si实际含量比理论值低[2]。从图5.3（b）可以看出，吸收液中氟含量逐渐上升，但Si含量比实际值略低，主要因为在吸收过程中，单位时间逸出$n(HF):n(SiF_4)$小于2，导致过量的SiF_4不能及时形成H_2SiF_6（式（5.2）），而按照式（5.3）析出硅胶。

$$2HF + SiF_4 \Longrightarrow H_2SiF_6 \tag{5.2}$$

$$3SiF_4 + 3H_2O \Longrightarrow 2H_2SiF_6 + H_2SiO_3 \downarrow \tag{5.3}$$

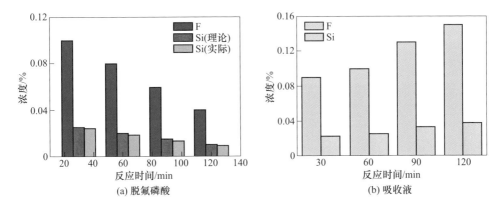

图5.3　H_3PO_4-H_2SiF_6空气汽提法不同反应时间脱氟磷酸与吸收液中氟、硅浓度

Fig. 5.3　The concentration of F and Si in defluorinated phosphoric acid and absorbent solution by air stripping with H_3PO_4-H_2SiF_6 system at different reaction times

利用红外光谱（FT-IR）、氟核磁共振（^{19}F NMR）、硅核磁共振（^{28}Si NMR）进行表征，研究H_3PO_4-H_2SiF_6体系汽提脱氟过程中氟的迁移转化行为。

首先分别对质量浓度40%分析纯HF，质量浓度40%分析纯H_2SiF_6及质量浓度85%分析纯磷酸冷冻干燥（−80 ℃）后的样品进行红外谱图分析。除水的特征峰外，三种纯物质均存在各自的特征峰，结果如图5.4所示。

从图5.4中可以看出，除水的特征峰（3350 cm^{-1}和1640 cm^{-1}）外，HF的主要特征峰为738.50 cm^{-1}与482.60 cm^{-1}；H_2SiF_6的主要特征峰为737.98 cm^{-1}与482.22 cm^{-1}；H_3PO_4的主要特征峰为996.60 cm^{-1}与493.70 cm^{-1}。

在110 ℃反应30 min、60 min、90 min、120 min样品进行FT-IR、^{19}F NMR、^{28}Si NMR表征。FT-IR结果如图5.5（a）所示，从图5.5（a）中可以看出，

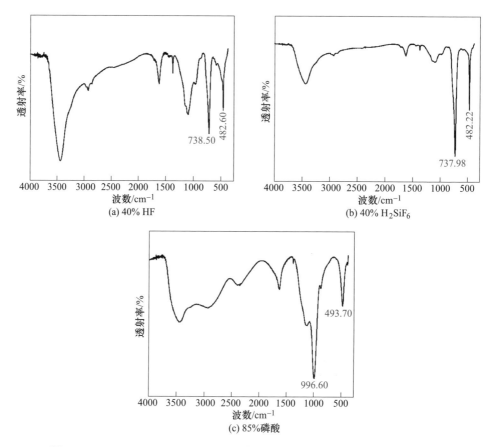

图 5.4　40% HF、40% H_2SiF_6 及 85%磷酸（−80 ℃冷冻干燥后）的 FT-IR 图

Fig. 5.4　FT-IR after freeze-drying（−80 ℃）with 40% HF、

40% H_2SiF_6 and 85% phosphoric acid

H_2SiF_6 两个特征峰随着脱氟时间的增加，峰逐渐变小，证明了在 110 ℃汽提脱氟能够脱除纯磷酸中添加的 H_2SiF_6。

　　^{19}F NMR 表征分析结果如图 5.5（b）所示。从图 5.5（b）中可以看出，湿法磷酸中 H_2SiF_6 ^{19}F NMR 特征峰（A）随着脱氟时间的增加而逐渐变小，而出现了少量 HF 峰（B），主要由于 H_2SiF_6 分解为 SiF_4 与 HF，而 SiF_4 逸出速率高于 HF。

　　^{28}Si NMR 表征分析结果如图 5.5（c）所示。从图 5.5（c）可知，H_2SiF_6 ^{28}Si NMR 特征峰随着脱氟时间的增加，H_2SiF_6 的峰逐渐变小，进一步证明了在110 ℃汽提脱氟能够脱除磷酸中的 H_2SiF_6。

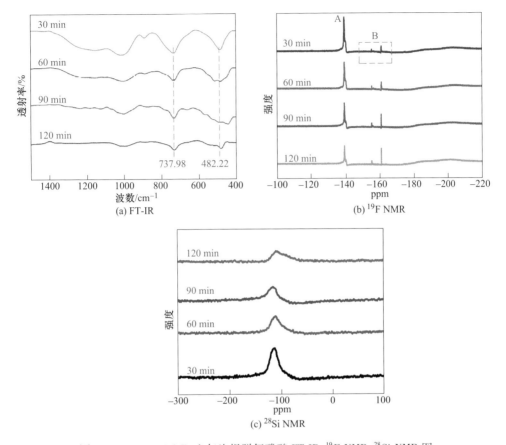

图 5.5 H₃PO₄-H₂SiF₆ 空气汽提脱氟磷酸 FT-IR、¹⁹F NMR、²⁸Si NMR 图

Fig. 5.5 FT-IR、¹⁹F NMR、²⁸Si NMR of air stripping defluorinated phosphoric acid in H₃PO₄-H₂SiF₆

5.2 H₃PO₄-HF 体系空气汽提法氟回收研究

取 100 g 分析纯磷酸（配置成质量浓度 24% P₂O₅），加入质量浓度 40% 浓度的 HF（配置成氟质量浓度 2%），50 r/min 搅拌 10 min 混合均匀，分别在 60 ℃、70 ℃、80 ℃、90 ℃、100 ℃、110 ℃ 反应 30 min、60 min、90 min、120 min，HF 的脱除率随时间与温度变化曲线见图 5.6。从图 5.6 可知，随着反应温度与时间的上升，HF 脱除率逐渐升高，说明 HF 从磷酸中逸出速率与反应温度、反应时间有关。但与 H₃PO₄-H₂SiF₆ 体系相比，在相同温度与时间条件下，脱除率低，说明 H₂SiF₆ 比 HF 容易从磷酸中逸出，主要原因一方面是 H₂SiF₆ 的沸点低于 HF，容易逸出；另一方面是 HF 易溶于水，而 H₂SiF₆ 受热水解为 SiF₄ 和 HF，SiF₄ 在水中溶解度小，快速从磷酸中逸出。

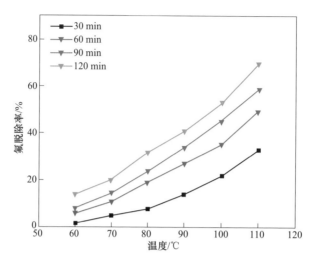

图 5.6　H_3PO_4-HF 空气汽提法氟脱除率随温度与时间的变化

Fig. 5. 6　Air stripping defluorination efficiency of as temperature and time in H_3PO_4-HF

H_3PO_4-HF 体系（配置成氟质量浓度 2%）在 110 ℃汽提脱氟，使用 ICP 与 IC 对不同反应时间脱氟磷酸、吸收液中氟、磷进行检测分析，其结果如图 5.7 所示。从图 5.7 中可以看出，随着时间的延长，脱氟磷酸中氟含量逐渐下降，而吸收液中氟含量逐渐升高，说明 H_3PO_4-HF-H_2O 体系中氟不断逸出。同时，通过 ICP 分析可知，吸收液中磷含量逐渐上升，在 110 min 后，达到 0.13%，说明在 HF 与水逸出的同时，由于磷酸的亲水性，夹带出了少量磷酸[3]。

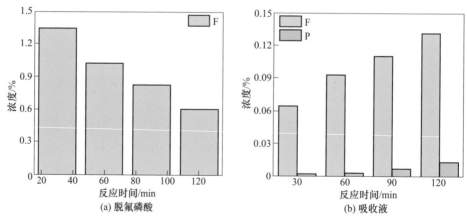

图 5.7　H_3PO_4-HF 空气汽提法不同反应时间脱氟磷酸与吸收液中氟、磷浓度

Fig. 5. 7　Concentrations of F、P in defluorinated phosphoric acid：and absorption solutionby air stripping with at different time in H_3PO_4-HF

为了研究 H$_3$PO$_4$-HF 体系空气汽提脱氟过程中氟的迁移转化行为，分别利用红外光谱（FT-IR），氟核磁共振（^{19}F NMR）进行表征分析研究。

取图 5.6 在 110 ℃空气汽提脱氟 30 min、60 min、90 min、120 min 后样品进行红外表征，结果如图 5.8（a）所示。从图中可以看出，HF 两个特征峰随着脱氟时间的增加而逐渐变小，证明了在 110 ℃空气汽提脱氟能够脱除磷酸中的 HF，且时间越长脱除率越高。取图 5.6 在 110 ℃空气汽提脱氟 30 min、60 min、90 min、120 min 后的样品进行^{19}F NMR 表征分析，结果如图 5.8（b）所示。从图中可以看出，HF 的^{19}F NMR 特征峰随着脱氟时间的增加，特征峰逐渐变小，证明了在 110 ℃汽提脱氟能够脱除磷酸中的氢氟酸，但脱除效率低于 H$_3$PO$_4$-H$_2$SiF$_6$ 体系，同样证明 H$_2$SiF$_6$ 的逸出速率高于 HF。

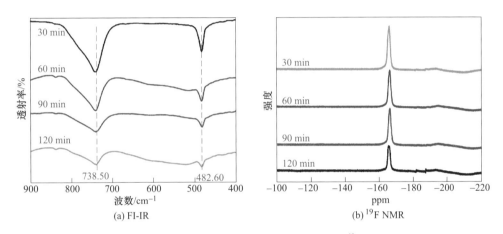

(a) FI-IR
(b) ^{19}F NMR

图 5.8 H$_3$PO$_4$-HF 空气汽提法脱氟磷酸 FI-IR 与^{19}F NMR 图

Fig. 5.8 FI-IR and ^{19}F NMR spectra of air stripping defluorination in H$_3$PO$_4$-HF

5.3 Al^{3+}对 H$_3$PO$_4$-H$_2$SiF$_6$-HF 体系空气汽提法氟回收影响研究

取 100 g 纯磷酸（配制成质量浓度 24% P$_2$O$_5$），加入质量浓度 40% H$_2$SiF$_6$（配成单质氟含量为 2%）与质量浓度 40%HF（配成单质氟含量为 2%），加入 Al^{3+}，使溶液中 Al^{3+}质量浓度分别为 0.5%、1.0%、2.0%，并在 110 ℃反应 30 min、60 min、90 min、120 min，反应过程保持磷酸浓度不变，研究氟脱除率随时间与温度变化，结果如图 5.9 所示。从图 5.9 可知，随着 Al^{3+}浓度增加，氟脱除率显著下降。在 30 min 时，2.0% Al^{3+}时氟脱除率仅 17%，而 0.5% Al^{3+}时氟脱除率仅为 31%，所以 Al^{3+} 对氟的逸出率影响大。与第 2 章研究结论相吻合，主要由于 F^- 与 Al^{3+} 在磷酸中形成多种稳定的络合物，降低了氟的逸出率；且随着 Al^{3+} 含量的增加，形成的络合物量增多。

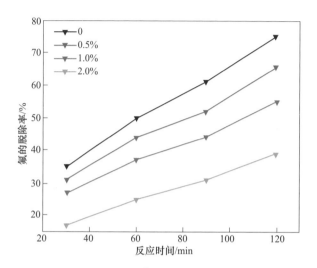

图 5.9　H_3PO_4-H_2SiF_6-HF-Al^{3+} 汽提脱氟率随温度与时间的变化

Fig. 5.9　Rate of stripping defluoridation with temperature and time in H_3PO_4-H_2SiF_6-HF-Al^{3+}

使用 ICP 与 IC 对图 5.9 实验中 110 ℃脱氟后的磷酸与吸收液进行了检测分析，结果如图 5.10 所示。从图 5.10 中可以看出，Al^{3+} 质量分数的增加，脱氟磷酸中氟、硅含量变化较小，说明 Al^{3+} 抑制了氟的逸出。

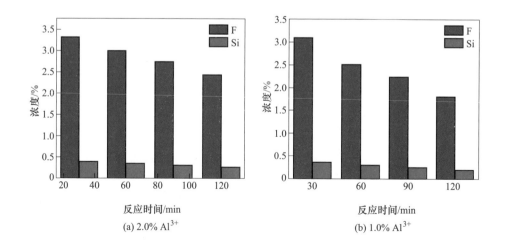

(a) 2.0% Al^{3+}　　　　　　　(b) 1.0% Al^{3+}

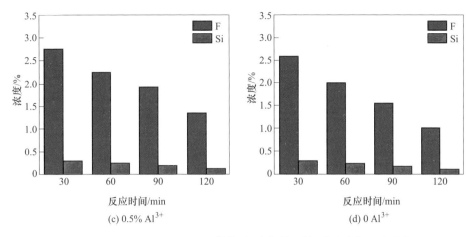

图 5.10　H₃PO₄-H₂SiF₆-HF-Al³⁺体系不同时间脱氟磷酸中氟和硅浓度

Fig. 5.10　Concentrations of F and Si in defluorinated phosphoric acid at different defluorination time

取图 5.9 在 110 ℃反应 120 min 后的样品，分别利用红外光谱（FT-IR），氟的核磁共振（^{19}F NMR），氢的核磁共振（H NMR）与硅的核磁共振（^{28}Si NMR），研究 H₃PO₄-H₂SiF₆-HF-Al³⁺空气汽提脱氟过程中氟的迁移转化行为。

红外光谱（FT-IR）表征结果如图 5.11（a）所示。从图 5.11（a）中可以看出，HF 和 H₂SiF₆ 的两个特征峰随着 Al³⁺增加而逐渐变大，证明了 Al³⁺抑制了 HF 和 H₂SiF₆ 的逸出。^{19}F NMR 表征结果如图 5.11（b）所示，从图 5.11（b）中可以看出，随 Al³⁺含量的增大，H₂SiF₆ 的特征峰强度变化幅度较小，进一步证明了 Al³⁺可以络合 H₂SiF₆ 中的氟，阻碍了氟的逸出。同时，当溶液中有 Al³⁺时，

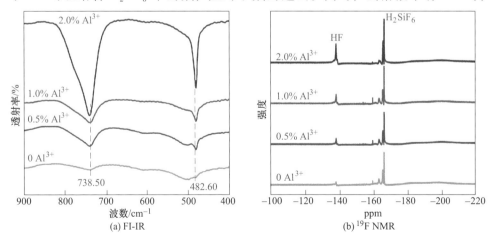

图 5.11　H₃PO₄-H₂SiF₆-HF-Al³⁺体系汽提脱氟 FI-IR 与 ^{19}F NMR

Fig. 5.11　FI-IR and ^{19}F NMR of air stripping defluorination in H₃PO₄-H₂SiF₆-HF-Al³⁺

HF 的 ^{19}F NMR 特征峰形成多个，说明 Al^3 和 HF 形成了多种 Al^{3+}-F 络合物。随 Al^{3+} 含量的增大，HF 的逸出率低于 H_2SiF_6，主要由于 H_2SiF_6 在 H_3PO_4-H_2SiF_6-HF 体系中的饱和蒸汽压大于 HF 而易于逸出，且 HF 与磷酸形成氢键抑制了氟的逸出。

为证明 H_2SiF_6 比 HF 更易逸出，开展了 H NMR（氢核磁共振）研究。分别测试了纯磷酸，纯磷酸+1% HF 的 H NMR，从图 5.12（a）可以得出，加入 HF 后，峰的化学位移 δ 移向高位，因为氢键质子所受的屏蔽较小，因而在低磁场发生共振，δ 值较大。另外，从第 3 章可知 Al^{3+} 的加入促进了 H_2SiF_6 生成 HF。

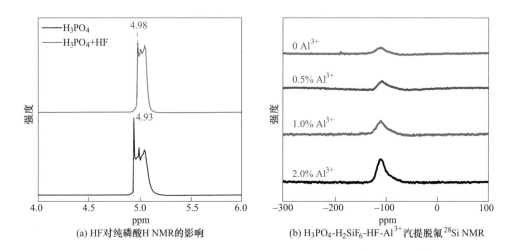

(a) HF对纯磷酸H NMR的影响　　(b) H_3PO_4-H_2SiF_6-HF-Al^{3+}汽提脱氟^{28}Si NMR

图 5.12　HF 对纯磷酸 H NMR 的影响及 H_3PO_4-H_2SiF_6-HF-Al^{3+}汽提脱氟^{28}Si NMR

Fig. 5.12　Effect of HF on H NMR of pure phosphate and ^{28}Si NMR spectra

of H_3PO_4-H_2SiF_6-HF-Al^{3+} for air stripping defluorination

此外，开展了^{28}Si NMR 分析，结果如图 5.12（b）所示。从图 5.12（b）中可以看出，H_2SiF_6 的^{28}Si NMR 特征峰随着 Al^{3+} 含量的增大而增大，进一步证明了 Al^{3+} 在磷酸中促进 H_2SiF_6 的水解并形成 F^-，并与 Al^{3+} 形成稳定的络合物，从而阻碍了氟的脱除，这与第 3 章中的研究结论是一致的。

❰5.4❱　湿法磷酸空气汽提法氟回收研究

前面几节研究了纯磷酸中 HF、H_2SiF_6 的逸出机制及 Al^{3+} 的影响机制，在此基础上，开展了湿法磷酸体系汽提脱氟影响机制研究。

取第 2 章 100 g 湿法磷酸（24% P_2O_5，1.21% F（总），0.49% F（H_2SiF_6），0.58% Al^{3+}），分别在 60 ℃、70 ℃、80 ℃、90 ℃、100 ℃、110 ℃反应30 min、

60 min、90 min、120 min，通过滴加蒸馏水保持磷酸浓度不变，研究湿法磷酸随时间与温度的变化曲线如图 5.13（a）所示。从图 5.13（a）中看出，随着温度的上升，湿法磷酸中氟的脱除率显著提高，且脱除幅度增大；同时，随着脱氟时间的延长，氟的脱除率也显著提高。说明湿法磷酸中氟的逸出与温度、反应时间均有关系，这与纯体系是一致的。此外，湿法磷酸中 H_2SiF_6 脱除率见图 5.13（b），从图 5.13（b）中可以看出，H_2SiF_6 在同温度同时间脱除率明显高于总氟的脱除率，表明在湿法磷酸中氟硅酸比 HF 与氟金属络合物更易脱除，这与纯体系研究所得的结论一致，也进一步证明了 H_2SiF_6 的饱和蒸气压比 HF 大是主要原因。

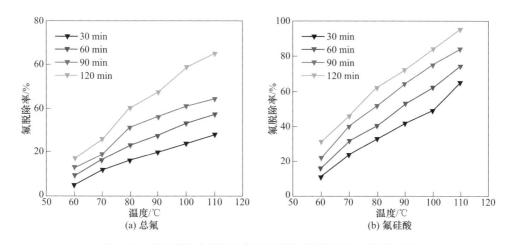

图 5.13　湿法磷酸中总氟与氟硅酸脱除率随温度与时间的变化

Fig. 5.13　The removal efficiencies of F_{total} and HF as temperature and time by

wet process phosphoric acid

　　取上述实验过程在 110 ℃反应 120 min 后的样品进行红外分析。结果如图 5.14（a）所示。从图 5.14（a）中可以看出，湿法磷酸中 HF 与 H_2SiF_6 的两个共有特征峰 738.50 cm^{-1} 与 482.60 cm^{-1} 均随着脱氟时间的增加，峰逐渐变小，证明了在 110 ℃汽提脱氟能够脱除湿法磷酸中的氟。上述样品进行 ^{19}F NMR 分析，结果如图 5.14（b）所示。从图 5.14（b）中可以看出，在 0 min 的初始湿法磷酸氟的特征峰较多，强度大，主要为 HF、H_2SiF_6、Fe^{3+}-F^- 与 Al^{3+}-F^- 峰。随着脱氟时间的延长，特征峰变小，尤其是氟硅酸的特征峰显著降低。在反应 120 min 后，大部分氟脱除。

　　在上述空气汽提脱氟技术研究成果的基础上，在湿法磷酸中添加助剂（添加量占湿法磷酸 P_2O_5 总量的 2%），使 HF 等先转化为 SiF_4，再根据式（5.2）转化

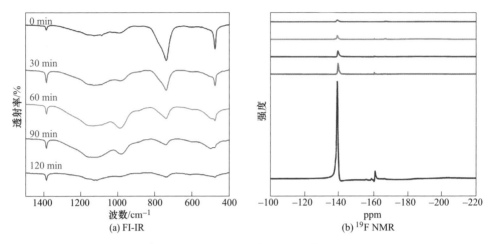

(a) FI-IR   (b) ^{19}F NMR

图 5.14 湿法磷酸空气汽提脱氟 FI-IR 与 ^{19}F NMR 变化图

Fig. 5.14 FI-IR and ^{19}F NMR changes of air stripping defluorination in wet process phosphoric acid

为 H_2SiF_6，改变氟的赋存形态，反应方程式如式（5.4），从而有利于氟的快速逸出。该实验在 110 ℃下反应不同的时间，结果对比如图 5.15 所示。从图 5.15 可知，在湿法磷酸中添加白炭黑后，脱氟效率显著提高，在120 min时，回收率高达 95.3%。

$$4HF + SiO_2 \longrightarrow SiF_4 \uparrow + 2H_2O \tag{5.4}$$

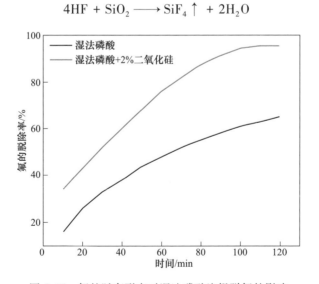

图 5.15 氟的赋存形态对湿法磷酸汽提脱氟的影响

Fig. 5.15 Influence of F occurrence onwet process phosphoric

acid with stripping defluorination.

‹5.5 空气汽提法氟回收生产实践

本章的研究内容对提高空气汽提法回收湿法磷酸液相氟的回收率具有重要指导意义。根据本书及其研究者所在团队的研究成果，实现了云南某公司国内首套30万吨/年 P_2O_5 空气汽提高效氟回收装置超设计产能的20%。

5.5.1 项目介绍

云南某公司于2015年建成国内首套30万吨/年 P_2O_5 汽提高效脱氟装置，装置流程图如图5.16所示。

其工艺原理如下：利用换热器间接将湿法磷酸升温至一定温度进入汽提脱氟塔，用引风机抽真空，将湿法磷酸中的含氟物带出，用水吸收后形成氟硅酸产品。但装置投产后产量仅为设计产能的15%，氟逸出效率低，回收率低，严重制约后续磷化工产品的产能，企业经济效益差。

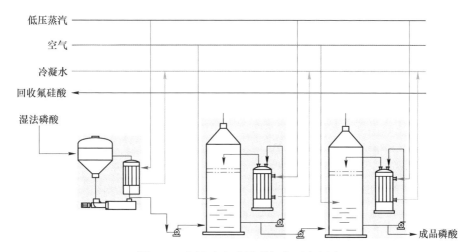

图5.16 原有空气汽提脱氟装置流程图

Fig. 5.16 Flow chart of the original air stripper defluorination device

5.5.2 项目技术优化

经过编者系统性分析，认为该装置生产不正常主要有如下三个方面原因：（1）湿法磷酸中 Al^{3+} 含量高，与氟形成了稳定的 Al-F 系络合物，并促进湿法磷酸中氟硅酸水解为 HF，增加了 HF 的含量，使氟逸出的难度进一步增大；（2）氟回收温度仅为 90~100 ℃，在此温度下氟逸出效率低（图5.13）；（3）氟回收停留时间仅有 60 min，在此停留时间下氟逸出效率低（图 5.13）。

针对上述三个问题，结合本章节在空气汽提氟回收的研究成果，将原有氟回收塔从 2 个增至 4 个；停留时间由 60 min 延长至 120 min；温度从 90~100 ℃ 提至 110~120 ℃；并且将单点加入助剂改为多点加入，优化后的工艺流程如图 5.17 所示。

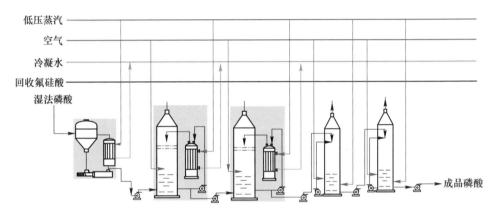

图 5.17　优化后空气汽提脱氟装置流程图

Fig. 5.17　Flow chart of the optimized air stripper defluorination device

5.5.3　项目取得的成果

经过上述技术优化后，实现了湿法磷酸空气汽提法高效回收液相氟技术的产业化应用，入口湿法磷酸液相中氟平均浓度达 2.0%，经空气汽提氟回收后湿法磷酸液相中氟质量分数不大于 0.13%，氟回收率达 93.5% 以上，蒸汽消耗由 8 t/t P_2O_5 降至 2.2 t/t P_2O_5（硫磺副产低压蒸气价格吨价格为 70 元），装置成品磷酸产量达 1000 tP_2O_5/天，超设计产能的 20%，每吨 P_2O_5 磷酸回收 H_2SiF_6（折 100% 浓度）量超过 79 kg，则 30 万吨/年湿法磷酸生产装置回收 H_2SiF_6（折 100% 浓度）23700 t，按照 H_2SiF_6 市场价格 1500 元/吨，则产品销售收入 3555 万元。

每吨 H_2SiF_6 回收成本约 335 元（成本组成如下：蒸汽 154 元，人工 12 元，折旧 16 元，助剂 105 元，电费 12 元，维保 16 元，其他 20 元），每吨产品利润为 1165 元，则 30 万吨/年湿法磷酸生产装置副产 H_2SiF_6 的直接经济效益为 2761.05 万元。

如 H_2SiF_6 进一步加工成 HF，每吨 H_2SiF_6（折 100% 浓度）生产折百 HF（折 100% 浓度）0.75 t，HF 市场平均价格约 10000 元/吨，则 30 万吨/年湿法磷酸生产装置副产氟硅酸的间接经济效益为 23700 万元。

该装置运行稳定、成本低、效率高，大幅度减少湿法磷酸中氟进入磷肥、饲料磷酸钙盐等磷化工产品中，降低对人、畜的危害与生态环境的污染，是磷化工企业氟回收的绿色环保先进工艺（图 5.18）。

图 5.18　云南某公司空气汽提脱氟产业化装置

Fig. 5.18　Demonstration device for air stripper defluorination industrialization of Yunnan Group

5.6　氟回收技术对比

本书厘清了湿法磷酸中液相氟的赋存形态及其对氟回收的影响，并基于氟的赋存形态等开发了两步沉淀法、$Na_xAl_yMg_zF_w$ 沉淀法与空气汽提法，实现液相氟的脱除与回收，三种技术的优缺点与适用范围见表 5.1。

表 5.1　三种技术对比

Table 5.1　Comparison of three technologies in this paper

技术名称	优点	缺点	适用范围
两步沉淀法（第 3 章）	（1）液相氟以氟硅酸钠形式回收，产品指标满足 GB/T 23936—2018 一等品要求，产品市场较大；（2）液相氟回收率达 87.6%，磷酸损失小；（3）工艺条件不苛刻，适用于湿法磷酸生产工艺	（1）引入了硫酸根；（2）Al^{3+} 对氟回收率影响大；（3）经济效益与活性二氧化硅价格紧密相关	（1）适用于饲料磷酸氢钙工艺中氟回收；（2）湿法磷酸液相 Al^{3+} 不高；（3）湿法磷酸生产的产品对硫酸根无要求或有脱硫酸根装置

技术名称	优点	缺点	适用范围
$Na_xMg_yAl_zF_w$ 沉淀法 (第4章)	(1) 液相中 H_2SiF_6 组分以氟硅酸钠形式回收；HF 及金属-氟络合物可形成 $AlF_3 \cdot 3H_2O$、Na_3AlF_6、$NaMgAlF_6$ 三种沉淀回收； (2) $NaMgAlF_6$ 可实现 Al^{3+}、Mg^{2+} 的脱除，有利于湿法磷酸生产与后续产品质量提升； (3) 硫酸分解 $NaMgAlF_6$ 并回收 HF，产品附加值高，HF 回收率高； (4) 液相氟回收率达 91.7%； (5) 工艺条件不苛刻，适用于湿法磷酸生产工艺	(1) 现有市场上无 $NaMgAlF_6$ 产品，需要做产品应用开发； (2) 硫酸分解 $NaMgAlF_6$ 生产 HF，流程长； (3) 引入硫酸根	(1) 适用于回收氟的同时，脱除 Al^{3+}、Mg^{2+}； (2) 湿法磷酸液相中 Al^{3+} 含量高； (3) 湿法磷酸生产的产品对硫酸根无要求或有脱硫酸根装置
空气汽提法 (第5章)	(1) 液相氟以氟硅酸的形式回收，根据需要可加工成不同的氟化工产品； (2) 产业化装置液相氟回收率达 93.5% 以上； (3) 经济效益好； (4) 工艺条件不苛刻，适用于湿法磷酸生产工艺	Al^{3+} 对氟回收率影响大	(1) 适用于氟硅酸生产 HF； (2) 湿法磷酸液相中 Al^{3+} 不高； (3) 氟硅酸外售或有配套加工利用装置； (4) 要有蒸汽富余

5.7 本 章 小 结

本章基于湿法磷酸中液相氟的赋存形态，系统性研究了纯磷酸中 HF、H_2SiF_6 的逸出行为及 Al^{3+} 对氟逸出的影响规律，并在此基础上，开展了湿法磷酸汽提脱氟影响研究，主要结论如下：

（1）在纯磷酸中，H_2SiF_6 的逸出速率高于 HF，且 H_2SiF_6、HF 逸出速率随着反应温度升高、时间的延长而增大，在温度为 110 ℃、反应时间由 30 min 延长至 120 min 后，氟的逸出率由 29.8% 增至 78.3%。

（2）在纯磷酸中，Al^{3+} 抑制了 H_2SiF_6 与 HF 的逸出，当温度 110 ℃、时间 120 min 时，未添加 Al^{3+} 的磷酸氟逸出率为 76.8%，而添加 2% Al^{3+} 的磷酸氟逸出率仅 36.2%。主要因为 Al^{3+} 促进 H_2SiF_6 转化为 HF，且 Al^{3+} 与 HF（F^-）形成了较为稳定的金属-氟络合物。

（3）在纯磷酸研究成果的基础上，研究了湿法磷酸中氟逸出影响机制。从结果可知，湿法磷酸中氟的逸出速率与温度、时间及氟的赋存形态有关。通过添加助剂并增加反应装置，增加反应时间，使湿法磷酸中的 HF 及部分金属-氟络合物转化为 H_2SiF_6，从而实现氟的快速逸出，并实现国内首套 30 万吨/年 P_2O_5 空气汽提氟回收装置产量超设计产能的 20%，成品磷酸中氟质量分数不大于 0.13%，氟回收率达 93.5% 以上，经济、环境效益明显。

参 考 文 献

[1] 周清烈，王宝琦，张志业，等．萃取法脱除湿法磷酸金属阳离子新工艺开发［J］．无机盐工业，2023，55（3）：84-91．

[2] 庞枫林，崔虎斌．氟硅酸制氢氟酸工艺研究［J］．磷肥与复肥，2020，35（12）：29-30．

[3] 俞政一．萃取磷酸生产中磷氟化合物的性质分析［J］．硫磷设计与粉体工程，2013，114（3）：1-8．

6 磷石膏与磷渣酸中氟的回收

6.1 磷石膏中氟回收意义

磷化工产业是保障我国高新产业发展、粮食与国防安全的重要基础[1-3]。湿法磷产业占磷化工产业的90%以上，在其加工过程中年副产磷石膏约7500万吨，累计堆存量超过8.3亿吨，占用大量土地资源，磷石膏中残留的可溶性磷、氟等造成环境污染，环境风险高，长江流域"三磷"问题突出，是制约我国磷化工产业可持续健康发展的主要障碍[4-8]。

国务院印发《2030年前碳达峰行动方案》明确指出："在确保安全环保前提下，探索将磷石膏应用于土壤改良、井下充填、路基修筑等"，但由于磷石膏中含有水溶性磷、氟杂质，若不深度净化，存在较大的环境隐患，严重限制磷石膏规模化、集约化利用。国家最近发布的《关于加强长江经济带工业绿色发展指导意见》《长江经济带生态环境保护规划》和《长江保护修复攻坚战三年行动计划》提出了以改善长江生态环境质量为核心，以长江干流、主要支流为突破口，坚持污染防治和生态保护"两手发力"，强化生态保护红线、环境质量底线、资源利用上线、生态环境准入清单的硬约束"三磷"综合整治就是打好长江保护修复攻坚战的重要举措之一。磷化工企业磷石膏的堆存库已经接近使用年限，鉴于安全环保压力，难以找寻新的堆存点，须采取有效措施，为磷石膏找寻新的出路，才能保证企业的可持续发展。

国家发展改革委修订发布《产业结构调整指导目录（2019年本）》中第一类（鼓励类）第十一条（石化化工）第5款"优质钾肥及各种专用肥、水溶肥、液体肥、中微量元素肥、硝基肥、缓控释肥的生产，磷石膏综合利用技术开发与应用"；第十二条（建材）第11款"利用矿山尾矿、建筑废弃物、工业废弃物、江河湖（渠）海淤泥以及农林剩余物等二次资源生产建材及其工艺技术装备开发"；第四十三条（环境保护与资源节约综合利用）第15款"三废"综合利用与治理技术、装备和工程；第20款"城镇垃圾、农村生活垃圾、农村生活污水、污泥及其他固体废弃物减量化、资源化、无害化处理和综合利用工程"；第25款"尾矿、废渣等资源综合利用及配套装备制造"等的范畴。

2021年3月18日，国家多部委联合出台《关于"十四五"大宗固体废弃物综合利用的指导意见》，提出到2025年，大宗固废的综合利用能力显著提升，利用规模不断扩大，新增大宗固废综合利用率达到 60%，存量大宗固废有序减少；国家不再支持新建、扩建磷石膏渣库。2023 年我国磷石膏产生量 8100 万吨，利用 4179 万吨，利用率 51.59%，我国对磷石膏的资源化利用虽然逐渐呈现出多元化态势，但制备水泥缓凝剂（29.06%）、外售或外供（24.65%）、制造石膏板、粉及生态修复（30%）这几种途径仍然是主流方向。

目前石膏建材主要以天然石膏为原料，优质天然石膏[9-12]占总储量 8% 左右，难以满足以天然石膏为原料的建筑材料生产需求。但常规磷石膏用于建材产品，残留的磷、氟会导致石膏建材产品质量严重下降，为了解决这一问题，目前普遍采用的方法为碱中和法，这不仅存在成本高，而且被中和的磷氟仍均匀残留在二水石膏转化为 β 石膏粉的晶体中，使得 β 石膏转化为二水石膏过程中，无法形成网络的胶凝结构，导致石膏板材、砌块的抗折抗压强度低，未被完全中和水溶磷、氟还导致泛霜，难以在建材行业获得大面积推广应用[13-16]。

综上所述，磷石膏中氟的回收，一方面有利于资源化利用，另一方面可回收宝贵的战略氟资源，意义重大。

6.2 磷石膏固相氟回收

针对我国磷石膏预处理难度大、成本高、效果差的现状，以深度净化为目的，以本书主编何宾宾牵头，云南磷化集团与昆明理工大学联合提出以新鲜磷石膏为对象，通过原位细晶溶解、再结晶，并经过深度净化，降低新鲜磷石膏中固相磷、氟，提升了磷石膏内在品质，解决了制约磷石膏作为建材产品存在的强度低、泛霜的世界性难题，并以原位深度净化磷石膏为原料，开发高强度的系列磷石膏建材产品。

根据磷、氟在亚稳期磷石膏晶体成核及成长过程中的迁移变化规律[17-21]，通过调晶剂的协同作用，建立了细小晶体溶解、再结晶新方法，溶解的部分细晶磷石膏，释放出共晶磷，并在粗晶基础上原位生长为更加粗大的、易于过滤洗涤的磷石膏晶体。技术流程图如图 6.1 所示。

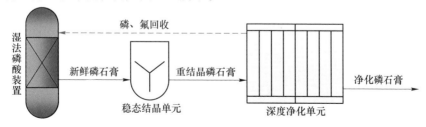

图 6.1　磷石膏固相氟回收技术流程图

Fig. 6.1　Flow chart of phosphogypsum solid phase fluorine recovery technology

6.2.1 磷石膏晶体调控影响机制与磷、氟迁移转化行为

本书研究了亚稳期磷石膏晶体中杂质与二水硫酸钙结晶过程的赋存关系，重构溶解结晶平衡体系，借助磷石膏再结晶获得短粗状晶体的同时，达到磷、氟由固相向液相迁移。通过首创细晶溶解再结晶串级稳态结晶器，实现了磷石膏原位深度净化与磷、氟资源回收利用[22-27]。

堆存磷石膏晶体结构较为稳定，深度净化难度大，磷、氟难以有效回收利用，且会大幅降低石膏制品强度，出现泛霜等问题。传统处理方法主要为石灰中和法、高温溶解再结晶等手段，但存在成本高，净化效率低，磷、氟未有效资源化回收等问题[28-33]。亟须开发低成本、高效率，同时有效回收磷石膏中磷、氟的产业技术及装备。

如图 6.2（a）所示，常规未净化磷建筑石膏在水化过程中，残留的磷、氟转化为 $Ca_3(PO_4)_2$、CaF_2 沉淀，覆盖在石膏晶体表面，造成晶体间的交错搭接减少、结构疏松，凝结时间显著延长，强度大幅降低。此外，磷的存在为石膏中的微生物提供了养分，促进其生长，导致下游石膏产品出现泛霜等问题。磷石膏中氟会与石膏发生反应，生成 CaF_2 与石膏晶面黏附，阻碍晶体的生长；同时释放一定的酸性，对石膏下游制品水化环境产生不利影响。见图 6.2（b）（c），当石膏中磷、氟含量均超过 0.2% 时，石膏制品强度随可溶性磷、氟的增加而迅速降低。为此，本书对磷石膏中磷、氟进行了深度脱除，并以深度净化石膏为原料，生产的磷建筑石膏克服了残留磷、氟对石膏制品质量的影响。

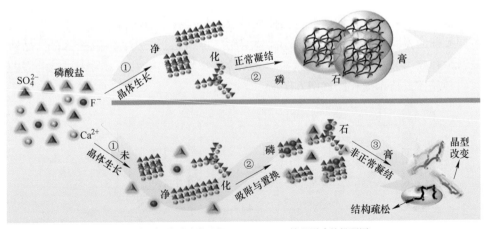

(a) 磷、氟分别对磷石膏($CaSO_4·2H_2O$)结晶影响的机理图

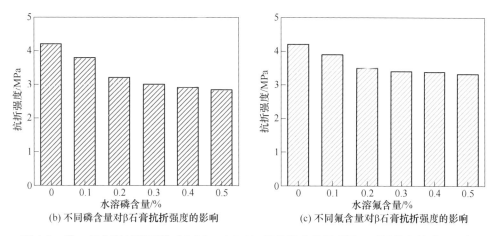

(b) 不同磷含量对β石膏抗折强度的影响 (c) 不同氟含量对β石膏抗折强度的影响

图 6.2 磷、氟分别对磷石膏（CaSO$_4$·2H$_2$O）结晶影响的机理图；不同磷含量对 β 石膏
抗折强度的影响；不同氟含量对 β 石膏抗折强度的影响

Fig. 6.2 Mechanism diagram of the influence of phosphorus and fluorine on the crystallization
of phosphogypsum（CaSO$_4$·2H$_2$O）respectively；Influence of different phosphorus content on
flexural strength of β-gypsum；Influence of different fluorine content on
flexural strength of β-gypsum

6.2.1.1 磷与二水硫酸钙结晶间的赋存关系

磷石膏中磷的存在形式主要有水溶磷、共晶磷、不溶磷 3 种形态。其中，水溶磷及共晶磷对石膏制品影响较大。水溶磷主要以 H$_3$PO$_4$、H$_2$PO$_4^-$ 形式吸附、夹杂在磷石膏颗粒表面与颗粒间，当磷石膏颗粒细小时，吸附及夹杂的水溶磷含量会大幅增加，不利于磷石膏的深度净化。

由于 CaHPO$_4$·2H$_2$O 与 CaSO$_4$·2H$_2$O 同属单斜晶系，具有相近的晶格常数，所以在一定条件下，HPO$_4^{2-}$ 可进入 CaSO$_4$·2H$_2$O 晶格替换 SO$_4^{2-}$ 形成固溶体，以共晶磷形式存在。由于二水石膏细小晶体在磷酸浓度较高、过饱和度较大的区域成核长大，磷在该液相条件进入二水石膏晶格的概率更大。因此，磷石膏中的共晶磷主要存在于磷石膏细晶颗粒中，影响二水硫酸钙晶体的成核与长大。

6.2.1.2 磷石膏晶体调控影响机制与磷、氟迁移转化行为

磷石膏晶体存在分布不均匀，且部分为针状、细条状，夹杂磷、氟，同时共晶磷存在细粒级中，均无法在传统湿法磷酸生产装置的过滤系统实现深度洗涤目的[34-36]。为此，根据亚稳期磷石膏晶体中磷与二水硫酸钙结晶间的赋存关系及晶型调控理论，揭示了磷、氟在磷石膏晶体成核及成长过程中的动力学特征与迁移变化规律。结晶动力学是结晶过程优化和设计的基础，在分析结晶过程及结晶器的设计中发挥着重要作用。根据二次成核动力学模型计算硫酸钙结晶成长动力

学。模型如下式所示。

$$B_0 = K_N G^i M_T^j \tag{6.1}$$

式中，B_0 为二次成核的成核速率，$m^{-3} \cdot s^{-1}$；K_N 为成核动力学常数；G 为晶体的生长速率，m/s；M_T 为晶浆的悬浮密度，g/m^3；i，j 为经验动力学参数，$i = 0.5 \sim 3$，$j = 0.4 \sim 2$。

$$\ln n = \ln n_0 - \frac{L}{\tau G} \tag{6.2}$$

式中，L 为硫酸钙晶体的粒径，μm；n 为晶核粒度密度，$\mu m^{-1} \cdot m^{-3}$；τ 为停留时间，min。

$$B_0 = G n_0 \tag{6.3}$$

式中，n_0 为粒数为 0 时的粒度密度，$\mu m^{-1} \cdot m^{-3}$。

$$n_N = \frac{V_N \Delta M_T}{K_v \rho V \Delta L_N} \tag{6.4}$$

式中，V 为直径为 L_N 的晶体粒子的体积，μm^3；ΔL_N 为粒径差；V_N 为第 N 个粒度间隔中所有晶体粒子所占的体积分数；ΔM_T 为第 N 个粒度间隔的晶浆悬浮密度，g/m^3。

不同反应温度下硫酸钙粒径分布如表 6.1 所示。通过改变反应温度，研究反应温度对硫酸钙结晶动力学的影响（表 6.2~表 6.7）。

表 6.1 不同温度粒径分布

Table 6.1 Particle size distribution at different temperatures

粒径/μm	60	70	80	90	100
	区间%	区间%	区间%	区间%	区间%
0~10	8.25	9.34	1.60	2.60	3.8312
10~20	10.09	7.48	3.24	5.24	5.25
20~30	7.17	7.14	3.86	5.86	6.61
30~40	12.05	12.42	3.60	6.60	7.15
40~60	13.41	16.9	5.57	7.57	10.83
60~80	13.76	15.14	7.08	10.08	10.83
80~100	10.65	9.85	10.03	10.03	12.4
100~120	9.52	8.59	13.04	11.04	15.11
120~140	7.91	7.05	15.07	11.07	16.6
140~160	5.49	4.56	15.82	15.82	9.69
160~200	1.61	1.43	13.62	10.62	1.66
200~240	0.09	0.08	7.43	3.43	0.022

表 6.2　60 ℃反应 30 min 的相关数据

Table 6.2　Data of reaction at 60 ℃ for 30 min

L /μm	ΔL /μm	平均粒径/μm	区间 /%	V /μm³	ΔM_T /g·m⁻³	$K_v\rho V\Delta L$ /g·μm	n /μm⁻¹·m⁻³
0~10	10	5	8.25	1.25E+02	9.65E+02	3.70E−09	2.15E+10
10~20	10	15	10.09	3.38E+03	1.18E+03	9.99E−08	1.19E+09
20~30	10	25	7.17	1.56E+04	8.39E+02	4.63E−07	1.30E+08
30~40	10	35	12.05	4.29E+04	1.41E+03	1.27E−06	1.34E+08
40~60	20	50	13.41	1.25E+05	1.57E+03	7.40E−06	2.84E+07
60~80	20	70	13.76	3.43E+05	1.61E+03	2.03E−05	1.09E+07
80~100	20	90	10.65	7.29E+05	1.25E+03	4.32E−05	3.07E+06
100~120	20	110	9.52	1.33E+06	1.11E+03	7.88E−05	1.35E+06
120~140	20	130	7.91	2.20E+06	9.25E+02	1.30E−04	5.63E+05
160~200	40	180	1.61	5.83E+06	1.88E+02	6.91E−04	4.39E+03
200~240	40	220	0.09	1.06E+07	1.02E+01	1.26E−03	7.06E+00

表 6.3　70 ℃反应 30 min 的相关数据

Table 6.3　Data of reaction at 70 ℃ for 30 min

L /μm	ΔL /μm	平均粒径/μm	区间 /%	V /μm³	ΔM_T /g·m⁻³	$K_v\rho V\Delta L$ /g·μm	n /μm⁻¹·m⁻³
0~10	10	5	9.34	1.25E+02	4.50E+03	3.70E−09	1.14E+11
10~20	10	15	7.48	3.38E+03	3.61E+03	9.99E−08	2.70E+09
20~30	10	25	7.14	1.56E+04	3.44E+03	4.63E−07	5.31E+08
30~40	10	35	12.42	4.29E+04	5.99E+03	1.27E−06	5.86E+08
40~60	20	50	16.9	1.25E+05	8.15E+03	7.40E−06	1.86E+08
60~80	20	70	15.14	3.43E+05	7.30E+03	2.03E−05	5.44E+07
80~100	20	90	9.85	7.29E+05	4.75E+03	4.32E−05	1.08E+07
100~120	20	110	8.59	1.33E+06	4.14E+03	7.88E−05	4.51E+06
120~140	20	130	7.05	2.20E+06	3.40E+03	1.30E−04	1.84E+06
140~160	20	150	4.56	3.38E+06	2.20E+03	2.00E−04	5.02E+05
160~200	40	180	1.43	5.83E+06	6.89E+02	6.91E−04	1.43E+04

表 6.4   80 ℃反应 30 min 的相关数据

Table 6.4   Data of reaction at 80 ℃ for 30 min

L /μm	ΔL /μm	平均粒径/μm	区间 /%	V /μm³	ΔM_T /g·m⁻³	$K_v \rho V \Delta L$ /g·μm	n /μm⁻¹·m⁻³
0~10	10	5	1.60	1.25E+02	1.79E+03	3.70E-09	7.72E+09
10~20	10	15	3.24	3.38E+03	3.62E+03	9.99E-08	1.17E+09
20~30	10	25	3.86	1.56E+04	4.31E+03	4.63E-07	3.60E+08
30~40	10	35	3.60	4.29E+04	4.02E+03	1.27E-06	1.14E+08
40~60	20	50	5.57	1.25E+05	6.22E+03	7.40E-06	4.68E+07
60~80	20	70	7.08	3.43E+05	7.91E+03	2.03E-05	2.76E+07
80~100	20	90	10.03	7.29E+05	1.12E+04	4.32E-05	2.60E+07
100~120	20	110	13.04	1.33E+06	1.46E+04	7.88E-05	2.41E+07
120~140	20	130	15.07	2.20E+06	1.68E+04	1.30E-04	1.95E+07
140~160	20	150	15.82	3.38E+06	1.77E+04	2.00E-04	1.40E+07
160~200	40	180	13.62	5.83E+06	1.52E+04	6.91E-04	3.00E+06

表 6.5   90 ℃反应 30 min 的相关数据

Table 6.5   Data of reaction at 90 ℃ for 30 min

L /μm	ΔL /μm	平均粒径/μm	区间 /%	V /μm³	ΔM_T /g·m⁻³	$K_v \rho V \Delta L$ /g·μm	n /μm⁻¹·m⁻³
0~10	10	5	2.60	1.25E+02	2.65E+03	3.70E-09	1.86E+10
10~20	10	15	5.24	3.38E+03	5.34E+03	9.99E-08	2.80E+09
20~30	10	25	5.86	1.56E+04	5.98E+03	4.63E-07	7.57E+08
30~40	10	35	6.60	4.29E+04	6.73E+03	1.27E-06	3.50E+08
40~60	20	50	7.57	1.25E+05	7.72E+03	7.40E-06	7.90E+07
60~80	20	70	10.08	3.43E+05	1.03E+04	2.03E-05	5.10E+07
80~100	20	90	10.03	7.29E+05	1.02E+04	4.32E-05	2.38E+07
100~120	20	110	11.04	1.33E+06	1.13E+04	7.88E-05	1.58E+07
120~140	20	130	11.07	2.20E+06	1.13E+04	1.30E-04	9.61E+06
140~160	20	150	15.82	3.38E+06	1.61E+04	2.00E-04	1.28E+07
160~200	40	180	10.62	5.83E+06	1.08E+04	6.91E-04	1.67E+06

表 6.6 100 ℃ 反应 30 min 的相关数据
Table 6.6 Data of reaction at 100 ℃ for 30 min

L /μm	ΔL /μm	平均 粒径/μm	区间 /%	V /μm³	ΔM_T /g·m⁻³	$K_v \rho V \Delta L$ /g·μm	n /μm⁻¹·m⁻³
0~10	10	5	3.8312	1.25E+02	2.20E+03	3.70E−09	2.28E+10
10~20	10	15	5.25	3.38E+03	3.02E+03	9.99E−08	1.59E+09
20~30	10	25	6.61	1.56E+04	3.80E+03	4.63E−07	5.43E+08
30~40	10	35	7.15	4.29E+04	4.11E+03	1.27E−06	2.32E+08
40~60	20	50	10.83	1.25E+05	6.23E+03	7.40E−06	9.11E+07
60~80	20	70	10.83	3.43E+05	6.23E+03	2.03E−05	3.32E+07
80~100	20	90	12.4	7.29E+05	7.13E+03	4.32E−05	2.05E+07
100~120	20	110	15.11	1.33E+06	8.69E+03	7.88E−05	1.67E+07
120~140	20	130	16.6	2.20E+06	9.55E+03	1.30E−04	1.22E+07
140~160	20	150	9.69	3.38E+06	5.57E+03	2.00E−04	2.70E+06
160~200	40	180	1.66	5.83E+06	9.55E+02	6.91E−04	2.29E+04

表 6.7 硫酸钙在不同温度下的结晶动力学相关参数
Table 6.7 Crystallization Rinetics Parameters of CaSO₄ at different temperatures

反应温度 /℃	G /m·s⁻¹	n_0 /m⁻¹·m⁻³	B_0 /m⁻³·s⁻¹	M_T /g·m⁻³
60	6.81E−09	5.11E+03	3.48E−05	1.17E+04
70	6.69E−09	2.21E+04	1.48E−04	4.82E+04
80	1.62E−08	1.03E+03	1.67E−05	1.12E+05
90	1.221E−08	3.14E+03	3.83E−05	1.02E+05
100	6.99E−09	1.50E+04	1.05E−04	5.75E+04

对其进行多元线性拟合：$\ln B_0 = \ln K_N + i \ln G + j \ln M_T$

$$\ln B_0 = 5.5789 + 0.5431 \ln G - 0.4974 \ln M_T$$

经整理得出硫酸钙结晶动力学方程：$B_0 = 264 G^{1.72} M_T^{0.61}$

采用晶体成核速率指数方程对温度影响粒径分布进行分析，二次成核动力学参数 i、j 满足模型经验值（$i = 0.5 \sim 3$，$j = 0.4 \sim 2$），表明温度是晶体溶解再结晶过程中主要影响因素。

亚稳态磷石膏中存在较多的细小晶体，共晶磷含量高，本书设计了三槽串联稳态结晶器。在第一个结晶器中升高温度，调节溶液不饱和度，使细小晶体因比表面积大，优先溶解，共晶磷从固相迁移至液相。料浆输送至第二个结晶器，降低温度，硫酸钙溶液达到饱和溶液，Ca^{2+} 和 SO_4^{2-} 动态吸附至大颗粒磷石膏晶体表面，磷石膏晶体进一步长大。同时，为了获得粗大整齐的磷石膏晶体，防止石膏晶体在一个方向生长形成细小针状，鉴于二水硫酸钙晶体 x 轴方向具有特别的活性，生长速率较快，晶体易长成细小针状。本书针对 x 轴晶面开发了靶向晶型调控剂，因 x 轴晶面以 Ca^{2+} 为主，靶向晶型调控剂设计了含有羧酸型螯合性能的官能团，该靶向晶型调控剂有效的与 x 轴晶面 Ca^{2+} 螯合，选择性抑制 x 轴晶面生长，促使 y 轴晶面生长速度相对加快；经晶型调控后的料浆进入第三个结晶器进行养晶，晶体进一步长大，即可得到 x 轴与 y 轴方向均匀生长的粗大晶体，如图6.3（a）所示。

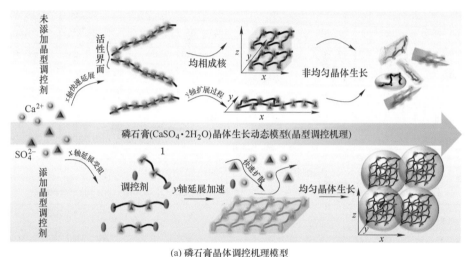

(a) 磷石膏晶体调控机理模型

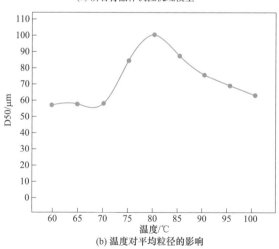

(b) 温度对平均粒径的影响

图6.3　磷石膏晶体调控机理模型和温度对平均粒径的影响

Fig. 6.3　Regulation mechanism model of phosphogypsum crystals and influence of temperature on average particle size

　　基于上述晶型调控机制，开发了晶型调控剂，通过串级稳态结晶器控制工艺参数，获得晶型规整、粗大的石膏。如图 6.3（b）所示，石膏的平均粒径随温度的升高呈先升高后降低的趋势，80 ℃再结晶后，石膏晶体 D90 为 100 μm，高于结晶前 50 μm，平均粒径增长一倍，且粒度分布为正态分布，为后续深度净化洗涤奠定基础，见图 6.4。同时，采用晶体成核速率指数方程（$B_0 = 264G^{1.72}M_T^{0.61}$）对温度影响粒径分布进行分析，二次成核动力学参数 i、j 满足模型经验值（$i = 0.5 \sim 3$，$j = 0.4 \sim 2$），表明温度是晶体溶解再结晶过程中主要影响因素。从图 6.4 磷、氟的迁移转化行为可知，经过原位溶解、再结晶工艺，磷石膏中共晶磷含量大幅度降低，并形成水溶磷，通过深度逆流净化，同水溶氟一起迁移至液相，实现净化并回收氟。

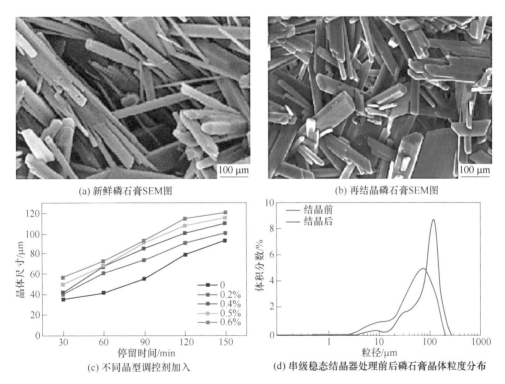

(a) 新鲜磷石膏SEM图　　　　　　　　(b) 再结晶磷石膏SEM图

(c) 不同晶型调控剂加入　　　(d) 串级稳态结晶器处理前后磷石膏晶体粒度分布

图 6.4　新鲜磷石膏及再结晶磷石膏 SEM 图；不同晶型调控剂加入量、停留时间与晶体尺寸的关系；串级稳态结晶器处理前后磷石膏晶体粒度分布

Fig. 6.4　SEM image of fresh phosphogypsum and recrystallized phosphogypsum；The relationship between the addition amount and residence time of different crystal regulators and crystal size；Particle size distribution of phosphogypsum crystals before and after treatment with cascade steady-state crystallizer

6.2.2 磷石膏固相氟回收产业化应用

基于磷、氟对石膏制品性能的影响机制及石膏中磷、氟的赋存关系，利用原位磷石膏特性，在调晶剂协同作用下，重构溶解-结晶平衡体系，将磷石膏中赋存的固相磷、氟转移至液相，获得粗大易深度洗涤的晶体，开发了磷石膏细晶溶解再结晶串级稳态结晶器，流程如图6.5所示。该设备具有效率高、连续性强、稳定性好等特征，通过该设备，实现了磷石膏晶体的长大与磷、氟的迁移。结晶调控后的磷石膏经工艺水逆流洗涤，水溶性磷、氟溶解在工艺水中，送至湿法磷酸装置回收利用。净化后的磷石膏水溶性磷、氟杂质含量分别由0.2%、0.51%降低至0.03%、0.05%以下，脱除率分别高达85%、90.19%以上。此外，共晶磷由0.35%降低至0.14%。

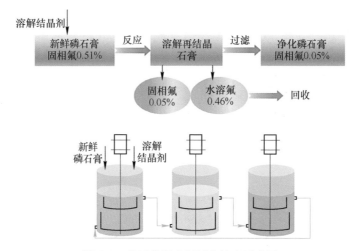

图 6.5　磷石膏深度氟回收技术示意图

Fig. 6.5　Schematic diagram of phosphogypsum deep fluorine recovery technology

基于上述新技术与新装备，建成了全国首套75万吨/年磷石膏原位深度逆流净化装置（图6.6（b））。近三年深度净化磷石膏97.09万吨，回收磷、氟资源9126.5 t，直接经济效益4700多万元；节支石膏堆存及管理费用3883.6万元。并在湖北、贵州等地进行大范围的推广，经济环境效益显著。

6.2.3 磷石膏固相氟回收技术对比

磷石膏液相氟原位深度净化技术与装备在工业层面与目前传统磷石膏净化法作对比如表6.8所示。

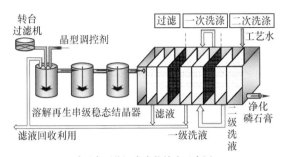

(a) 磷石膏原位深度净化技术示意图　　　　(b) 75万吨/年磷石膏原位深度逆流净化装置

图 6.6　磷石膏原位深度净化技术示意图及 75 万吨/年磷石膏原位深度逆流净化装置

Fig. 6.6　Schematic diagram of in-situ deep purification technology for phosphogypsum and 750000 tons/year phosphogypsum in situ deep countercurrent purification device

表 6.8　磷石膏液相氟回收方法对比

Table 6.8　Comparison of phosphogypsum deep fluorine recovery methods

技术名称	磷		氟		白度	pH 值	成本 /元·t⁻¹
	脱除率/%	回收率/%	脱除率/%	回收率/%			
中和改性法[①]	78.81	0	89.94	0	45~55	6~8	10.06
水洗法[②]	74.95	0	76.2	0	60~65	5~6	18.86
酸性浮选法[③]	70.05	0	0	0	60~65	4~5	15.38
本技术	92.68	≥85	≥95	≥95	78~80	5.5~6	-33.7[④]

[①]中和改性石膏：每吨石膏需 12 kg 石灰，计 5 元；人工 1 元，折旧 2 元，其他 2.06 元，共计 10.06 元。

[②][③]张利珍. 脱除磷石膏中水溶磷、水溶氟的实验研究［J］. 无机盐工业，2022，54（4）：40-45。

[④]每吨磷石膏回收磷（以 P_2O_5 计）3.8 kg，氟 1.9 kg，共计 43.7 元；每吨磷石膏净化成本为 10 元，则综合成本为-33.7 元。

　　以原位深度净化磷石膏为原料，硫酸余热为热源，开发干燥、脱水两段新方法，生产出高品质稳定的 β 石膏粉与石膏制品。传统 β 石膏以天然石膏或未净化石膏为原材料，生产均以煤、天然气等化石能源为热源，采用直接焙烧，温度控制波动大，导致产品过烧、欠烧，需长时间均化，且质量不稳定，导致下游建材产品泛霜、强度低等问题突出。本书以原位深度净化磷石膏为原料，根据石膏中水的不同存在形式，将干燥与脱水分离，烘干工序以天然气为热源，直接接触式脱除游离水；脱水工序以硫酸余热为热源，利用自主开发的具有冷凝水回收功能的管壳式汽固高效脱水器新装备，采取间接加热方式脱除石膏中的结晶水，具有温度控制稳定、换热均匀、操作性强等优点，保证了物料温度一致性，β 石膏质量稳定。脱水后的石膏经空气冷却后进入储罐存储或直接使用，热空气返回至天然气燃烧炉再次回收利用，工艺流程如图6.7（a）所示。基于上述技术与设备创新，分别建成25万吨/年、50万吨/年β石膏生产线，并推广新建50万吨/年装置，生产的β石膏成本比利用传统化石能源脱水工艺降低40%以上，实现了磷化工与β石膏装置的能源耦合利用（图6.7）。

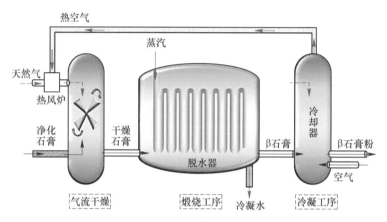

(a) 示意图

(b) 实物图

(c) 产业化图

图6.7 硫酸余热脱水β石膏技术示意图、实物图及产业化图

Fig. 6.7 Schematic diagram、physical diagram、industrialization diagram of
sulfuric acid waste heat dehydration β-gypsum technology

以净化磷石膏生产的β石膏粉为原料生产纸面石膏板。传统未净化磷石膏所得β石膏牛皮纸面较为整洁，护面纸与芯材黏结性差（图6.8（a）），易剥离，荷载为0.3 kg；净化磷石膏生产的β石膏纸面明显附着纤维状牛皮纸，护面纸与芯材黏结性好（图6.8（b）），荷载达2.4 kg，板材产品2 h抗折强度3.5~4.0 MPa，应用于国内最大磷石膏制纸面石膏板企业，产能达50万吨/年。

以净化磷石膏为原料的 β 石膏粉生产的砌块 2 h 抗折强度达 4.0 MPa，远高于常规石膏同条件生产砌块的 50% 以上，且质量稳定，可广泛应用于建筑行业。该技术分别建成了 20 万吨/年、25 万吨/年产业化装置。

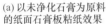

(a) 以未净化石膏为原料 (b) 本书开发的以净化石膏为 (c) 纸面石膏板 (d) 石膏砌块生产现场图
的纸面石膏板粘纸效果 原料的纸面石膏板粘纸效果 生产线现场图

图 6.8　以未净化石膏为原料的纸面石膏板粘纸效果；本书开发的以净化石膏为原料的纸面
石膏板粘纸效果；纸面石膏板生产线现场图；石膏砌块生产现场图

Fig. 6.8　Paper sticking effect of gypsum board with unpurified gypsum as raw material;
The paper sticking effect of paper gypsum board developed by this project using purified
gypsum as raw material; Paper gypsum board production line site drawing;
Gypsum block production site drawing

研究了磷石膏"溶解析晶"与硅铝酸盐"水化胶结"的构效关系，开发了磷石膏基快硬、高强复合胶凝材料。针对传统石膏胶凝材料软化系数低等问题，以净化磷石膏和所生产的 β 石膏为主，以钙质活性材料为辅，通过媒介剂重构"溶解析晶"与"水化胶结"过程，开发了磷石膏基快硬、高强复合胶凝材料，力学性能达到普通 42.5 号硅酸盐水泥力学性能标准。

（1）通过媒介剂，重构"溶解析晶"与"水化胶结"体系。图 6.9 是磷石膏基复合胶凝材料水化胶结过程模型，在媒介剂和钙质活性材料协同作用下，β 石膏溶解生成二水石膏不断析出晶体，同时，钙质活性材料经溶蚀生成硅铝溶胶转入液相，附着于 β 石膏表面，延缓其水解速率；随着龄期延长，硅铝溶胶过饱和度增加，溶胶聚集成凝胶，通过氢键与石膏晶体进行胶结，形成连续体。

图 6.10 是磷石膏基复合胶凝材料不同龄期 XRD 图谱及 SEM，由图 6.10（a）可知，二水石膏随着龄期的增加，峰强度不断增强，说明其结晶度随时间延长而增高，分子间排列有序更规范；钙质活性材料表面不断溶蚀转入液相，生成新产物或水化产物，随着龄期的增加，新生成物不断析出结晶，特征峰强度增大，如图中钙矾石、水化硅酸钙等。从图 6.10（b）可知，3 天时，试件中有明显的细小的散射状棱形晶体出现，排列规范，局部可见较大的板状体，这主要是半水石膏早期的水化产物，也是提供试件早期强度的主要结构，7 天时有大量凝胶化产物出现，将原有石膏晶体连接成为一个整体，同时可见大量伞状细晶簇及针状晶体，随着龄期增加，钙质活性材料不断溶蚀，晶体不断成长胶接于

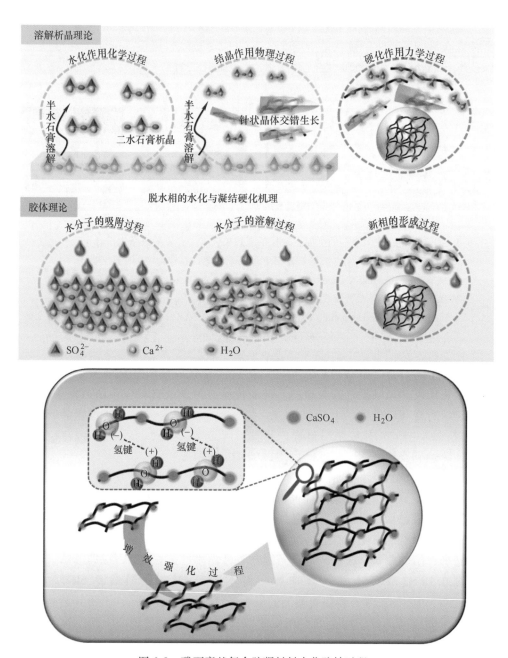

图 6.9　磷石膏基复合胶凝材料水化胶结过程

Fig. 6.9　Hydration bonding process of phosphogypsum based composite cementitious material

石膏晶体表面形成连续的板状结构体，如图 6.10 中 14 天、28 天所示。

（2）实现净化磷石膏生产新型复合胶凝材料产业化应用。基于上述理论基

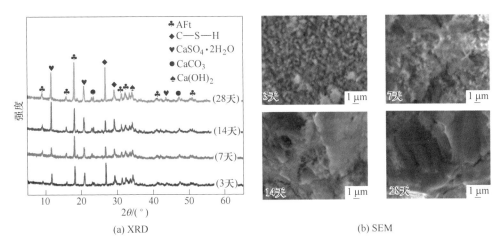

(a) XRD   (b) SEM

图 6.10 磷石膏基复合胶凝材料不同龄期 XRD 和 SEM

Fig. 6.10 XRD and SEM of phosphogypsum based composite gelling materials at different ages

础,研发了以净化 β 石膏为主,钙质活性材料为辅的新型复合胶凝材料,见图 6.11,从图 6.11 中可知,随着钙质活性材料量的增加,复合材料软化系数升高,耐水性变好,添加量达 15% 时,软化系数达 0.88,其物理力学性能也随着增量而提高,28 天抗压强度可达到 45.75 MPa,抗折强度 7.85 MPa,优于普通 42.5 号硅酸盐水泥力学性能标准。可大规模替代普通硅酸盐水泥的使用,突破了单一 β 石膏强度低、耐水性差等问题。并建成了 25 万吨/年生产线,推广至 150 万吨/年装置。

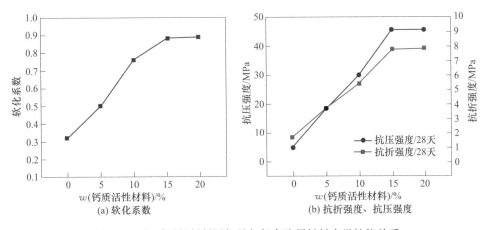

(a) 软化系数   (b) 抗折强度、抗压强度

图 6.11 钙质活性材料添加量与复合胶凝材料力学性能关系

Fig. 6.11 Relationship between the amount of calcium active material added and the mechanical properties of composite cementing materials

针对二水石膏具有一定溶解度，制品不耐水，软化系数低，不宜作室外材料使用，β石膏具有速凝早强的特性等问题，本书利用钙质活性作为媒介剂，重构体系"溶解析晶"与"水化胶结"过程，不仅解决了气硬材料与水硬材料水化过程矛盾，协同了二者的凝结时间，同时为获得结晶度更高、外观形貌更完整的二水石膏晶体与硅铝盐胶体相互交结的板状结构，保障了β石膏复合胶凝材料物理力学性能。

6.3 磷渣酸固相氟回收

湿法磷酸萃取工艺根据磷石膏所含结晶水的数量分为二水法和半水法，并根据重结晶的步骤又衍生出半水-二水法和二水-半水法[37-41]。目前，我国湿法磷酸生产中，二水法占85%，半水法占10%，半水-二水法不到5%，二水-半水工艺仅有试验装置。二水法萃取磷酸的 $w(P_2O_5)$ 在22%~30%之间，含固量1%~8%。为利于下游产品应用，萃取磷酸经浓缩后将 P_2O_5 质量浓度提至42%~54%。浓缩时，随着磷酸质量浓度提高，磷矿中含有的铁、铝、镁和氟等杂质溶解度降低，过饱和度增加，与磷酸根等阴离子形成一种含磷固体悬浮液，称为渣酸。

据统计，每生产1 t湿法磷酸，平均产生磷渣酸0.15 t，以此计算，2022年全国产生磷渣酸量达21.5万吨。磷渣酸中含有大量有效磷元素，可用于生产磷肥，但其中含有铁、铝和镁等杂质，只能作低端低养分基础肥料的原料酸。随着我国磷矿的持续开采，磷矿不断下降，进入到湿法磷酸中的杂质含量逐年增加，稀磷酸沉降及浓缩过程中产生的磷渣酸量也随之增多，磷渣酸量已达到湿法磷酸生产总量的15%~30%，导致生产高品质肥料及磷化工产品的量下降。

磷渣酸几乎全是由细小的微晶化合物组成，很难通过显微镜等观察识别。根据美国田纳西流域管理局TVA的研究，磷渣酸主要由 Ca^{2+}、Al^{3+}、Fe^{2+}、Fe^{3+}、Mg^{2+}、Na^+、K^+、F^-、Si^{4+} 和 SO_4^{2-} 等离子组成。湿法磷酸中磷渣酸主要成分根据生产条件、原料来源等不同而有所差异。随着湿法磷酸浓缩至不同的浓度，磷渣酸组成也有所变化。再用于生产高附加值的高纯磷酸盐产品，但这种技术的前提是用强酸对渣酸进行充分溶解，获得有效成分后再进一步加工生产相应的产品。因磷渣酸成分复杂，杂质含量高，需要对强酸溶解后的溶液进行较深程度的净化，技术难度大，成本高，因此磷渣酸的高值化利用技术仍然停留在实验室阶段。

随着我国磷矿资源的日益贫化，湿法磷酸副产磷渣酸量不断增加，但磷渣酸组分极其复杂，利用难度大。如何实现磷渣酸高效、增值利用是我国磷化工企业面临的重大难题。目前，磷渣酸主要用于生产重过磷酸钙及磷酸一铵等低价值产品，随着化肥产品指标越来越严苛，磷渣酸贬值越来越严重，利用量受限，极大制约了企业的可持续发展。

根据相关文献可知，渣酸主要处置途径是减少量的同时对其中磷、铁、氟等有价元素提取回收，正如前几章可知，其中氟资源是一种宝贵的战略资源。因此，从源头减少渣酸量，并回收氟资源，实现磷渣酸的增值化与资源化具有重大意义。

6.3.1 磷渣酸中氟的赋存形态

湿法磷酸生产过程中产生的磷渣酸包括如下几部分：（1）磷石膏过滤穿滤陈化形成底渣及结垢渣。（2）磷酸浓缩形成一段、二段渣酸（部分工厂采用一段浓缩）。其中，底渣：磷石膏料浆过滤时有少量细小的结晶物穿过滤布而进入磷酸中，其粒径只有几十微米，主要组分是二水硫酸钙；结垢渣：在二水法工艺中，过滤机进料温度在 $70 \sim 80 \, ℃$，真空过滤系统中磷酸的温度降至 $50 \, ℃$，硫酸钙和氟硅酸盐结晶析出；浓缩磷渣酸：磷酸浓缩过程中随着 P_2O_5 含量的提高，部分元素结合并沉淀析出，组分复杂。通过研究可知湿法磷酸生产过程产生的磷渣酸主要组分见表 6.9，从表中可知，磷渣酸主要由磷、钙、铝、氟等元素组成，成分复杂。

表 6.9　磷渣酸主要组成

Table 6.9　Main composition of slag acid

化合物	备　注
$CaSO_4 \cdot 2H_2O$	穿透过滤机滤布逸出的小晶体，在滤酸冷却后沉淀析出
$NaSiF_6$	在反应槽内、真空冷却器管道、磷酸管道及储槽中沉淀析出。料浆冷却时形成沉淀，极易在金属及塑料表面结垢
K_2SiF_6	比氟硅酸钠量少，因为磷矿中 K^+ 的含量很少，其他情况与 $NaSiF_6$ 相似
$NaKSiF_6$	取决于 Na^+/K^+ 的比例，在过滤机和冷却器管道中结垢
$CaSO_4 \cdot CaSiF_6 \cdot CaAlF_6(Na) \cdot 12H_2O$	致使滤布结垢，在过滤机洗涤液中沉淀
$CaSO_4 \cdot 1/2H_2O$	浓缩过程中沉淀析出
$CaSO_4$	浓缩过程中沉淀析出
CaF_2	磷酸浓缩沉淀析出
$NaMgAlF_6 \cdot 6H_2O$	在 $30\% \sim 50\% \ P_2O_5$ 时的酸中沉淀析出
$Fe_3KH_{14}(PO_4)_8 \cdot 4H_2O$	当使用含铁和铝高的磷矿时，在 $50\% \ P_2O_5$ 磷酸储存和运输中
$Al_3KH_{14}(PO_4)_8 \cdot 4H_2O$	缓慢发生沉淀
$Fe(H_2PO_4)_2 \cdot H_2O$	当使用含铁高的磷矿时，可在滤酸及浓缩酸中沉淀析出
$MgSiF_6 \cdot 6H_2O$	当使用含镁较高（相对于碱金属和铝而言）时，在 $40\% \ P_2O_5$ 磷酸中沉淀析出

　　湿法磷酸浓缩一般为两段，每段均会产生大量的磷渣酸，其中一段磷渣酸占整个磷渣酸比例60%~75%，二段磷渣酸占比25%~40%。两段磷渣酸及水洗后固体组分，分析结果见表6.10、表6.11，从表中可以看出，磷渣酸中P_2O_5 90%以上以水溶磷和共晶磷形式存在，可实现回收。同时对两段混合渣酸水洗后的固体进行表征，SEM（扫描电子显微镜）见图6.12，固体粒径通过激光粒度分析仪分析结果见图6.13。从图6.12中可以看出，磷渣酸用水充分洗涤后固体是没有规则和无定型的颗粒，难以过滤；从图6.13中可以看出，磷渣酸水洗后固体的粒度分布和正态分布近似，直径在25.36 μm以下的颗粒占50%，粒径较为细小，绝大部分小于100 μm，过滤强度低。综上，传统工艺产生的磷渣酸难以实现机械过滤，水溶磷难以资源化回收，磷酸金属复盐等难以解离。

表 6.10　磷渣酸组分分析表

Table 6.10　Analysis of acid components of acid residue

项目	P_2O_5	MgO	Fe_2O_3	Al_2O_3	磷酸含固量
一段磷渣酸/%	34.87	1.44	0.86	1.43	1.80
二段磷渣酸/%	41.80	1.34	0.77	1.45	2.50

表 6.11　磷渣酸水洗后固体组分分析

Table 6.11　Analysis of solid components after washing with acid residue

项目	P_2O_5	MgO	Fe_2O_3	Al_2O_3	F
一段磷渣酸固体/%	4.61	9.13	0.023	12.89	8.52
二段磷渣酸固体/%	5.86	8.68	6.63	16.68	15.22

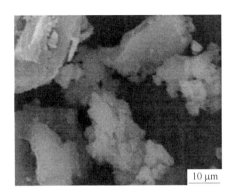

图 6.12　磷渣酸水洗后固体的 SEM 图

Fig. 6.12　SEM image of solid after washing with slag acid

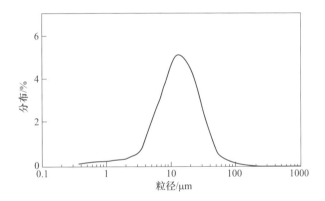

图 6.13　磷渣酸水洗后固体的粒径分布图

Fig. 6.13　Particle size distribution of solid after washing with slag acid

从图 6.14 XRD（X 射线衍射物相分析）可知，一段磷渣酸水洗后固体主要由硫酸盐、氟化物及未分解磷矿组成；二段磷渣酸水洗后固体主要由铁、铝与氟的酸性磷酸盐组成。

6.3.2　磷渣酸中氟的回收

基于磷渣酸主要成分为硫酸钙、氟金属络合物，在磷渣酸溶解平衡解离机制的基础上，将磷渣酸中的固相氟迁移至液相并回收[42-43]。本书发明了减压浓缩脱氟技术，通过添加高比表面积脱氟剂白炭黑，使 HF 转变为低沸点的 SiF_4。同时将浓缩温度从 80 ℃提高至 85 ℃，真空度从 30 kPa 降低至 20 kPa 以下，磷酸黏度大幅度降低，有利于氟的快速溢出。

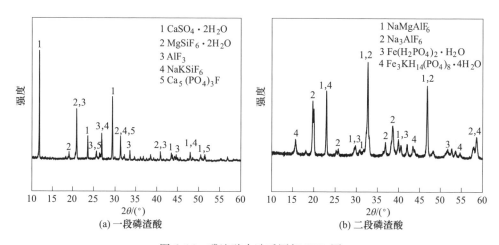

图 6.14 磷渣酸水洗后固相 XRD 图

Fig. 6.14 XRD pattern of the solid washing with slag acid

具体试验过程如下：取一定量的湿法稀磷酸加入一定量硅基助剂（以 7.5 kg 白炭黑为例），保证酸温保持在 78~82 ℃（外油浴 100 ℃，抽负压力 0.08 MPa，转速 20 r/min），分析结果见表 6.12。由表中数据可知，随着浓磷酸浓度的升高氟含量逐渐降低，且 MER 值、含固量均随着浓度的升高也降低，P_2O_5/F 逐渐上升。

表 6.12 浓缩脱氟试验结果

Table 6.12 Results of concentration defluorination

编号	$P_2O_5/\%$	F/%	P_2O_5/F
1	41.56	1.06	39.21
2	41.80	0.64	65.31
3	42.20	0.54	78.15
4	43.13	0.38	113.5
5	45.99	0.36	127.75
6	47.59	0.35	135.97

浓缩磷酸抽滤后的滤饼用水充分洗涤，烘干后对渣做进一步分析，结果见表 6.13。由表可知，磷酸渣中氟含量随着浓度的升高逐渐降低，主要原因是浓缩后渣中的氟-金属络合物发生溶解解离，固相氟迁移至液相。

表 6. 13　浓缩至不同 P_2O_5 浓度后渣酸固相组分

Table 6. 13　After concentration to different P_2O_5 concentrations,

slag acid solid phase components　　　　　　　　　（％）

磷酸 P_2O_5	沉降渣 P_2O_5	F	Al_2O_3	Fe_2O_3	MgO	SO_4^{2-}
35. 42	2. 55	23. 19	1. 00	0. 06	0. 40	22. 56
37. 61	2. 76	25. 77	4. 06	0. 07	2. 48	24. 46
40. 12	1. 66	32. 60	6. 43	0. 13	3. 87	27. 56
41. 46	4. 31	27. 37	3. 44	0. 13	1. 67	24. 63
43. 65	4. 66	27. 59	1. 69	0. 15	0. 74	22. 14
45. 88	9. 25	16. 52	6. 64	0. 41	4. 34	16. 82
50. 10	9. 86	13. 88	8. 20	2. 88	5. 66	14. 26
55. 12	9. 92	12. 22	9. 68	3. 22	6. 68	12. 68

　　从图 6. 15 中可以看出湿法磷酸浓缩 P_2O_5 到 40. 12% 时，水洗渣呈现较为规则形貌且表面杂质最少，有利于沉降与过滤。为进一步确定一段浓缩最佳 P_2O_5 浓度，对水洗后的固体渣进行 EDS 表征，结果见图 6. 16、表 6. 14。

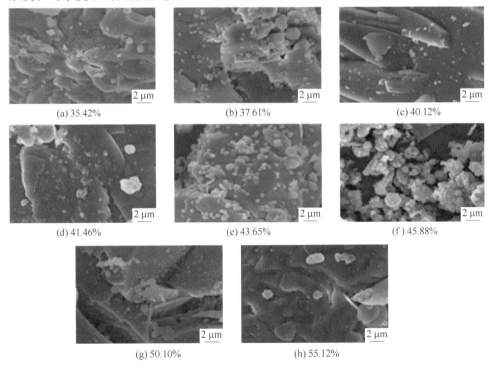

(a) 35.42%　　　　　　(b) 37.61%　　　　　　(c) 40.12%

(d) 41.46%　　　　　　(e) 43.65%　　　　　　(f) 45.88%

(g) 50.10%　　　　　　(h) 55.12%

图 6. 15　不同 P_2O_5 渣酸固相的 SEM 图

Fig. 6. 15　SEM images solid phases of different P_2O_5 slag acid

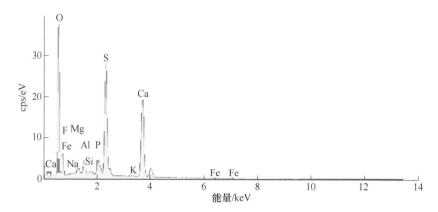

图 6.16　40.12%P$_2$O$_5$ 渣酸固相 EDS

Fig. 6.16　EDS diagram of 40.12%P$_2$O$_5$ slag acid solid phase

表 6.14　40.12%P$_2$O$_5$ 渣酸固相元素分析

Table 6.14　Solid element analysis of 40.12%P$_2$O$_5$ slag acid

元素	百分比/%
O	57.13
Na	3.63
F	15.02
Mg	1.17
Al	1.39
Si	3.68
Fe	0.08
P	0.93
S	12.80
Ca	15.31
K	4.12

　　从上述分析结果可知，一段渣酸过滤洗涤渣的主要成分为硫酸钙与氟硅酸钠（钾），含磷极少，可直接返回萃取槽，硫酸钙为萃取槽提供晶种、氟硅酸盐在萃取槽中分解，部分氟从尾气回收，部分进入湿法磷酸，可以提高氟综合回收率。

　　具体分析可知，湿法磷酸一段浓缩至 40.12%P$_2$O$_5$ 时，固体渣洗涤后呈现规则晶型，有利于一段渣酸澄清与过滤；固体水洗渣中 P$_2$O$_5$ 浓度较低，可减少 P$_2$O$_5$ 损失；经表征分析固相物主要为氟硅酸钾、氟硅酸钠以及硫酸钙，溶解度较低，为返回萃取槽提供有利条件；研究发现 40.12%P$_2$O$_5$ 时渣酸量大，带走的铁、铝、镁杂质多，清酸的 MER（MER=（MgO%+Fe$_2$O$_3$%+Al$_2$O$_3$%）/P$_2$O$_5$%）最低,经澄清陈化后清酸质量最好,为后端浓缩与深度脱氟打下基础。

通过试验研究进一步发现浓缩过程,在相同时间,酸温越高渣酸中的氟逸出速率越快,见图 6.17。主要是因为温度升高,提高气液对流相际传质速率、改变相平衡,实现氟从络合态向离子态快速转变,并实现分离。

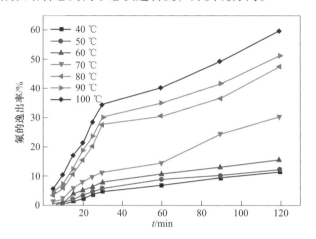

图 6.17 浓缩过程中氟随温度、时间的逸出率

Fig. 6.17 Escape rate of fluorine with temperature and time during concentration process

二段浓缩酸若不经澄清陈化,则 MER 值相对较高,脱氟效率差,难以满足饲料磷酸钙盐等后续高品质产品生产要求;但二段酸澄清沉降后,磷酸温度从 80 ℃下降至 60 ℃,后续清酸再升温至 100~105 ℃后脱氟,能耗大的同时副产大量渣酸,导致清酸量显著降低。针对上述问题,结合二段渣酸赋存形态主要成分是铝氟的酸性磷酸盐,为消除二段渣酸、降低脱氟能耗,本书主编何宾宾教授团队首创了一段清酸膜过滤后加入硅基助剂浓缩并直接生产饲料磷酸钙盐等产品的工艺,工艺流程见图 6.18。

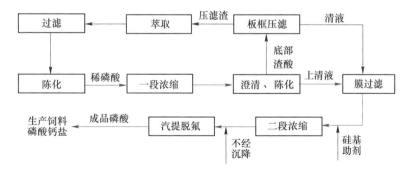

图 6.18 一段清酸膜过滤+硅基助剂浓缩工艺流程图

Fig. 6.18 Process flow chart of one-stage acid-clearing membrane

filtration+concentration of silicon-based additives

采用化学分析、XRD（X射线衍射仪）及XPS（X射线光电子能谱分析仪）对技术优化前后的固相物进行分析对比，见图6.19、图6.20、表6.15~表6.17，

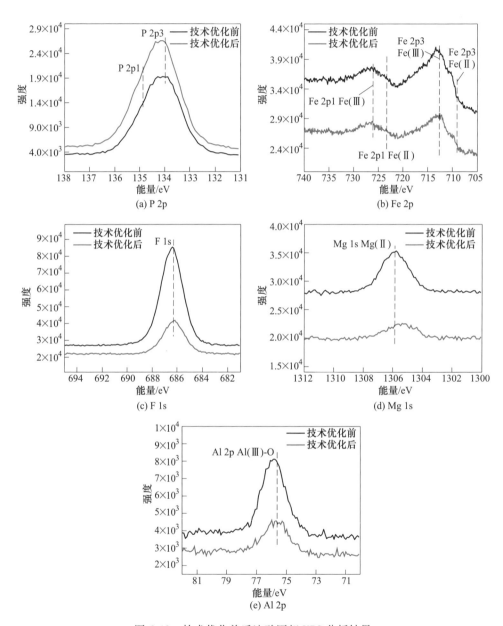

图6.19　技术优化前后渣酸固相XPS分析结果

Fig. 6.19　XPS analysis of slag acid solid phase before and after technical optimization

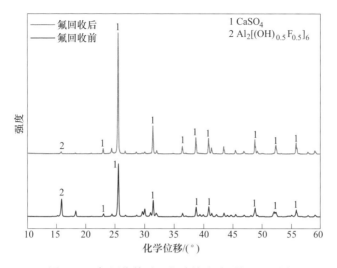

图 6.20　氟回收前后二段浓缩渣酸固相 XRD 图

Fig. 6.20　XRD pattern of the second stage concentrated slag solid phase before and after fluorine recovery

表 6.15　氟回收后二段渣酸分析结果

Table 6.15　Acid analysis results of the second stage slag after fluorine recovery

项目	P_2O_5	MgO	Fe_2O_3	Al_2O_3	F	含固量	渣酸量占比
优化前/%	42.91	1.91	3.15	2.05	2.02	2.50	25~30
优化后/%	45.04	1.97	2.32	2.10	2.04	0.80	5~8

表 6.16　氟回收后二段渣酸固相分析结果

Table 6.16　Results of acid solid phase analysis of second-stage slag after fluorine recovery

项目	P_2O_5	MgO	Fe_2O_3	Al_2O_3	F
优化前/%	2.46	11.44	6.86	12.43	4.76
优化后/%	6.76	1.32	4.77	2.82	2.03

表 6.17　氟回收前后二段浓缩渣固相 EDS 分析

Table 6.17　EDS analysis of second stage concentrate slag solid phase before and after fluorine recovery

元素	百分比/%	
	优化前	优化后
O	26.07	64.75
F	4.66	1.36
Mg	11.77	1.32

续表 6.17

元素	百分比/%	
	优化前	优化后
Al	12.43	2.82
Fe	8.68	4.77
P	2.84	7.12

并对试验结果拍照对比见图 6.21。从上述图表可以看出二段渣酸量占比整个渣酸量从 25%~30% 降至 5%~8%，含固量从 2.5% 降至 0.8%，水洗渣固相中镁、铝由 10% 以上降至 2.82%，促进渣酸络合物向液相转化，大幅度降低渣酸量，增加清酸量，从而实现二段渣酸的"清零"，二段酸全部为成品清酸，直接生产下游产品。图 6.22 为技术优化后产业化装置图。

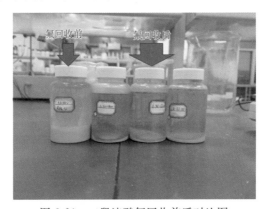

图 6.21　二段渣酸氟回收前后对比图

Fig. 6.21　Comparison diagram before and after recovery of acid fluoride from second stage slag

图 6.22　30 万吨 P_2O_5/年渣酸收氟降渣产业化装置图

Fig. 6.22　Diagram of 300000 tons of P_2O_5/a industrialization device for slag acid, collecting fluorine and reducing slag

6.4 本 章 小 结

（1）解析了磷石膏固相氟为磷酸体系下稳定的 CaF_2、Na_2SiF_6、K_2SiF_6，渣酸固相氟为 $Al_2[(OH)_{0.5}F_{0.5}]_6$ 等。

（2）基于磷石膏中固相氟赋存形态，在溶解结晶剂作用下，基于溶解-结晶平衡原理重构磷石膏，将磷石膏中的固相氟 CaF_2、Na_2SiF_6、K_2SiF_6 均转移至液相，液相氟送至湿法磷酸装置从气相回收。开发了磷石膏循环串级溶解结晶器，并实现产业化应用，净化后的磷石膏固相氟含量由 0.51% 降至 0.05% 以下，回收率达 90.2%。

（3）磷石膏净化后，水溶性磷、氟杂质含量分别由 0.2%、0.2% 降低至 0.03%、0.01% 以下，脱除率分别高达 85%、95% 以上。

（4）针对磷渣酸中 $Al_2[(OH)_{0.5}F_{0.5}]_6$，研制了气相压降大的多级温控泡罩塔，经溶解平衡-解离使磷渣酸中氟阶梯式回收，磷渣酸氟含量从 4.6% 降至 2.0%，氟回收率达 56.5%。

参 考 文 献

［1］梅毅，聂云祥，谢德龙，等．磷化工行业高质量发展是"双碳"目标的必然要求［J］．磷肥与复肥，2023（7）：3.

［2］蒋太光，杜丽梅．云南省磷化工产业发展现状及展望［J］．磷肥与复肥，2023（5）：4-7.

［3］王国鑫．磷化工副产固体废弃物磷石膏利用路径浅析［J］．天津化工，2023，37（6）：64-66.

［4］赵玉婷，许亚宣，李亚飞，等．长江流域"三磷"污染问题与整治对策建议［J］．三峡环境与生态，2020，42（6）：1-5.

［5］党春阁，郭亚静．磷石膏综合利用现状问题及政策建议［C］．中国环境科学学会2020科学技术年会，2020.

［6］董战峰，冀云卿，李晓亮．磷化工产业高质量发展与生态环境政策改革方向［J］．磷肥与复肥，2020，35（8）：3.

［7］吴琼慧，刘志学，陈业阳，等．长江经济带"三磷"行业环境管理现状及对策建议［J］．环境科学研究，2020，33（5）：8.

［8］刘志学，吴琼慧，陈业阳，等．长江经济带"三磷"行业现状及环评管理对策［J］．环境影响评价，2020，42（3）：4.

［9］陈学玺，崔波．磷石膏晶须与天然石膏晶须在造纸上的应用［J］．西南造纸，2006，35（5）：2.

［10］程重达，陈毅新．天然石膏资源较丰富地区磷石膏的综合利用途径［J］．磷肥与复肥，2000，15（5）：2.

［11］严超，彭秋桂，朱淼，等．磷石膏综合利用及除杂方法综述［J］．磷肥与复肥，

2023 (2): 27-33.

[12] Al-Hwaiti M S, Zielinski R A, Bundham J R, et al. Distribution and mode of occurrence of radionuclides in phosphogypsum derived from Aqaba and Eshidiya Fertilizer Industry, South Jordan [J]. Chinese Journal of Geochemistry, 2010, 29 (3): 261-269.

[13] 贾兴文, 吴洲, 马英. 磷石膏建材资源化利用现状 [J]. 材料导报, 2013, 27 (23): 4.

[14] Wang S F, Sun L C, Huang L Q, et al. Non-explosive mining and waste utilization for achieving green mining in underground hard rock mine in China [J]. Transactions of Nonferrous Metals Society of China, 2019, 29 (9): 1914-1928.

[15] Peng J H, Peng Z H, Zhang J X, et al. Study on the morphology, distribution, and mechanism of action of water-soluble P_2O_5 in phosphogypsum [J]. Kuei Suan Jen Hsueh Pao/Journal of the Chinese Ceramic Society, 2000, 28 (4): 309-313.

[16] Min Y, Jueshi Q, Zhi W, et al. Effect of impurities on the working performance of phosphogypsum [J]. Materials Review, 2007, 21 (6): 104-106.

[17] 李美. 磷石膏品质的影响因素及其建材资源化研究 [D]. 重庆: 重庆大学, 2012.

[18] Zeng C, Guan Q J, Sui Y, et al. Kinetics of nitric acid leaching of low-grade rare earth elements from phosphogypsum [J]. Journal of Central South University, 2022, 29: 1869-1880.

[19] 韩敏芳, 王军伟, 刘泽. 世界性的研究课题: 磷石膏特性及发展前景 [J]. 国外建材科技, 2003, 24 (6): 15-17.

[20] Wu F H, Ren Y C, Qu G F, et al. Utilization path of bulk industrial solid waste: A review on the multi-directional resource utilization path of phosphogypsum [J]. Journal of Environmental Management, 2022, 313: 114957.

[21] El-shall H, Abdel-aal A E, Moudgil M B. Effect of surfactants on phosphogypsum crystallization and filtration during wet-process phosphoric acid production [J]. Separation Science and Technology, 2000, 35 (3): 395-410.

[22] 杜璐杉, 明大增, 李志祥, 等. 磷石膏的利用和回收 [J]. 化工技术与开发, 2010 (4): 4.

[23] 谢娟. 从环保谈磷石膏的综合应用 [J]. 广西轻工业, 2008 (7): 93-95.

[24] Chernysh Y, Yakhnenko O, Chubur V, et al. Phosphogypsum recycling: A review of environmental issues, current trends, and prospects [J]. Applied Sciences, 2021, 11 (4): 1575.

[25] Wu F, Chen B, Qu G, et al. Harmless treatment technology of phosphogypsum: Directional stabilization of toxic and harmful substances [J]. Journal of Environmental Management, 2022, 311: 114827.

[26] Wu F, Jin C, Xie R, et al. Extraction and transformation of elements in phosphogypsum by electrokinetics [J]. Journal of Cleaner Production, 2023, 385: 135688.

[27] Singh M, Garg M, Verma C L, et al. An improved process for the purification of phosphogypsum [J]. Construction & Building Materials, 1996, 10 (8): 597-600.

[28] Ennaciri Y, Zdah I, Alaoui-Belghiti H E, et al. Characterization and purification of waste phosphogypsum to make it suitable for use in the plaster and the cement industry [J]. Chemical

Engineering Communications, 2020, 207 (3): 382-392.

[29] 朱桂华, 何宾宾, 杨文娟, 等. 磷石膏净化技术研究进展 [J]. 磷肥与复肥, 2023 (4): 25-30.

[30] Guan Q, Sui Y, Yu W, et al. Deep removal of phosphorus and synchronous preparation of high-strength gypsum from phosphogypsum by crystal modification in NaCl-HCl solutions [J]. Separation and Purification Technology, 2022, 298: 121592.

[31] Moalla R, Gargouri M, Khmiri F, et al. Phosphogypsum purification for plaster production: A process optimization using full factorial design [J]. Environmental Engineering Research, 2018, 23 (1): 36-45.

[32] 孔霞, 罗康碧, 李沪萍, 等. 硫酸酸浸法除磷石膏中杂质氟的研究 [J]. 化学工程, 2012, 40 (8): 4.

[33] 孙正. 磷石膏中的磷和氟对硅酸盐水泥水化影响的机理研究 [D]. 武汉: 武汉理工大学, 2010.

[34] Singh N B, Middendorf B. Calcium sulphate hemihydrate hydration leading to gypsum crystallization [J]. Progress in Crystal Growth and Characterization of Materials, 2007, 53 (1): 57-77.

[35] 俞政一. 磷石膏结晶特征与磷矿物性状 [J]. 硫磷设计与粉体工程, 2007 (3): 7.

[36] 贺雷, 朱干宇, 郑光明, 等. 湿法磷酸体系磷石膏结晶过程与机理研究 [J]. 无机盐工业, 2022, 54 (7): 7.

[37] 刘振国. 溶剂萃取法净化湿法磷酸工艺研究 [J]. 磷肥与复肥, 1998, 13 (4): 3.

[38] 吕天宝. 二水法改二水-半水法生产湿法磷酸的技术改造 [J]. 磷肥与复肥, 2010 (2): 2.

[39] Guan Q J, Sun W, Yu W J, et al. Promotion of conversion activity of flue gas desulfurization gypsum into α-hemihydrate gypsum by calcination-hydration treatment [J]. Journal of Central South University, 2019, 26 (12): 3213-3224.

[40] Ahmed A E, Amal E M, Nasr A A, et al. Maximizing the use of citric acid soaking technology to recover rare earths and residual phosphates from phosphogypsum waste [J]. Journal of Central South University, 2022 (12): 3896-3911.

[41] 顾青山, 林喜华, 赵士豪, 等. 不同预处理工艺对磷石膏性能的影响 [J]. 无机盐工业, 2022, 54 (4): 17-23.

[42] 李莹莹, 孙玉翠, 梅毅, 等. 磷渣酸高温活化低品位磷矿制备聚合态磷肥 [J]. 化工矿物与加工, 2024 (3): 53.

[43] 涂忠兵, 姜威, 何宾宾, 等. 湿法磷酸渣酸作为低品位磷矿粉造球黏结剂的试验研究 [J]. 云南化工, 2023, 50 (12): 21-24.

7 氟硅酸生产氟化铝

7.1 物化性质与用途

氟化铝（AlF$_3$）作为一种重要的无机氟化物，具有独特的物化性质，这些性质在多个工业核心领域中发挥着关键作用。本书从物化性质及主要用途对氟化铝展开介绍。

7.1.1 物化性质

7.1.1.1 物理性质[1-3]

外观与颜色：氟化铝通常为无色或白色结晶，根据结晶形态的不同，也可能表现为白色粉末或很大的斜方晶系六面结晶体。这种无色或白色的外观使其在生产过程中易于识别和区分。

密度：氟化铝的密度在不同文献中略有差异，但一般认为其相对密度（水为 1 g/cm^3）约为 1.91 g/cm^3 至 3.00 g/cm^3，具体数值可能受温度、纯度等因素的影响。在 25 ℃时，其相对密度约为 2.882 g/cm^3。

熔点与沸点：氟化铝的熔点较高，约为 1040 ℃，这使得它在高温环境下仍能保持稳定的固态结构。同时，氟化铝的沸点（或升华点）也较高，约为 1272 ℃至 1537 ℃，在加热过程中，氟化铝更倾向于升华而非熔化。

溶解性：氟化铝的溶解性较差，难溶于水、酸及碱溶液，也不溶于大部分有机溶剂。此外，氟化铝在氢氟酸溶液中有较大的溶解度，但这一性质在工业应用中较为特殊。

7.1.1.2 化学性质

稳定性：氟化铝是一种高度稳定的化合物，不易被常见的化学物质如液氨、浓硫酸等分解。即使在高温条件下，氟化铝也不会分解，而是直接升华。这种稳定性使得氟化铝在多种工业环境中都能保持其原有的化学性质。

反应性：尽管氟化铝本身稳定性较高，但在特定条件下，它可以与某些物质发生反应。例如，在加热到 300～400 ℃时，氟化铝能与水蒸气反应生成氟化氢和氧化铝。此外，氟化铝还可以与某些金属氧化物反应生成相应的氟化物和氧化铝。

7.1.2 主要用途

氟化铝作为一种重要的无机氟化物，在多个工业领域中发挥着关键作用。

7.1.2.1 电解铝工业

在铝电解工业中，氟化铝是电解过程中不可或缺的原料之一。其主要用途包括：

（1）降低电解质熔化温度：氟化铝与冰晶石等电解质成分结合，能够显著降低电解质的熔化温度，从而降低铝电解过程中的能耗，这对于提高电解槽寿命、降低生产成本具有重要意义[4-6]。

（2）提高电解质电导率：氟化铝的加入还能提高电解质的电导率，使得电流在电解质中的传输更加顺畅，有助于提高铝的电解效率。

（3）调节电解质成分：在铝电解过程中，氟化铝可以与其他电解质成分反应，生成稳定的化合物，从而调节电解质的成分和性质，确保电解过程的稳定性和连续性。

7.1.2.2 非铁金属冶炼

在非铁金属冶炼领域，氟化铝同样扮演着重要角色[7-9]。其主要用途包括：（1）降低金属熔点：氟化铝与金属氧化物反应生成相应的氟化物和金属，这一过程中氟化铝起到了降低金属熔点的作用；（2）促进金属反应：氟化铝的加入还能促进金属间的化学反应，加速金属的提取和纯化过程。

7.1.2.3 陶瓷和搪瓷工业

在陶瓷和搪瓷工业中，氟化铝是重要的烧结剂和助熔剂。其主要用途包括：（1）促进釉料熔融：氟化铝能够促进陶瓷釉料和搪瓷釉料的熔融和流动，使得釉层更加均匀、光滑，提高产品的美观度和耐用性；（2）提高釉层附着力：氟化铝的加入还能增强釉层与陶瓷或搪瓷基体之间的附着力，防止釉层脱落或开裂。（3）调节釉料成分：氟化铝还可以与其他釉料成分反应，生成稳定的化合物，从而调节釉料的成分和性质，满足不同产品的工艺要求。

7.1.2.4 化学工业

在化学工业中，氟化铝的应用也十分广泛。其主要用途包括：（1）有机合成催化剂：氟化铝可以用作有机合成反应的催化剂，促进反应的进行和产物的生成。例如，在制备某些有机氟化物时，氟化铝可以作为催化剂加速反应速率。（2）制备其他氟化物：氟化铝还可以与其他化合物反应制备其他氟化物。这些氟化物在化工、医药、农药等领域中都有重要的应用价值[10-16]。

7.1.2.5 其他领域

除了上述领域外，氟化铝还在以下领域[17-26]中发挥着重要作用：

金属焊接：在金属焊接过程中，氟化铝可以用作焊接液的成分之一，能够提高焊接接头的质量和强度，确保焊接接头的稳定性和可靠性。

光学制造：（1）光学透镜制造。氟化铝因其优异的光学性能而被广泛应用于光学透镜的制造中。氟化铝具有较高的折射率和较低的色散，这使得它能够制造出具有高分辨率和低畸变的光学透镜。此外，氟化铝还具有良好的热稳定性和化学稳定性，能够确保透镜在恶劣环境下仍能保持稳定的性能。（2）光学镀膜。在光学镀膜领域，氟化铝也被用作一种重要的镀膜材料。氟化铝镀膜可以提高光学元件的反射率、透射率和抗腐蚀性，从而改善光学系统的整体性能。例如，在激光器、光学传感器等精密光学仪器中，氟化铝镀膜能够提高光学元件的工作效率和稳定性。

精油和酒精生产：在精油和酒精的生产过程中，氟化铝可以用作副发酵作用的抑制剂。它能够抑制不良微生物的生长和繁殖，防止产品发生变质和污染。

新能源材料：（1）锂电池正极材料。在制备锰酸锂这一重要的锂电池正极材料时，添加适量的氟化铝可以显著提高锰酸锂电池的高温循环性能。这是因为氟化铝能够改善材料的晶体结构和电化学性能，从而延长电池的使用寿命和提高其性能稳定性。（2）光伏材料。随着光伏产业的快速发展，氟化铝也被应用于光伏材料的制备中。光伏材料需要具有良好的光电转换效率和稳定性，而氟化铝的加入可以优化材料的晶体结构和光电性能，从而提高光伏材料的整体性能。

生物医药：（1）药物合成。氟化铝在药物合成中具有一定的应用价值。它可以用作某些药物合成反应的催化剂或反应试剂，促进反应的进行并提高产物的产率和纯度。虽然氟化铝在药物合成中的具体应用案例相对较少，但其在无机化学领域的广泛应用为药物合成提供了新的思路和方法。（2）医疗器械。氟化铝也被用于某些特殊医疗器械的制造中。例如，氟化铝可以用于制造具有高硬度和高耐腐蚀性的医疗器械部件，如手术刀、针头等。这些部件能够在复杂的医疗环境中保持稳定的性能，并确保手术的安全性和有效性。

电子工业：（1）电子元件制造。氟化铝它可以用作某些电子元件的原料或添加剂，改善元件的性能和稳定性。例如，在制造电容器、电阻器等电子元件时，氟化铝的加入可以提高元件的介电常数和耐高温性能。（2）半导体材料。虽然氟化铝在半导体材料领域的应用相对较少，但其作为无机氟化物的独特性质为半导体材料的研发提供了新的思路。未来随着半导体技术的不断发展，氟化铝在半导体材料领域的应用前景将更加广阔。

综上所述，氟化铝作为一种重要的无机氟化物，在多个工业领域中发挥着广泛而关键的作用。其独特的化学性质和物理性质使得氟化铝在这些领域中具有不可替代的地位。随着科技的不断进步和工业的不断发展，氟化铝的应用领域还将不断拓展和深化，为人类的生产和生活带来更多的便利和效益。然而需要注意的是氟化铝在生产和使用过程中也存在一定的安全风险，因此需要加强安全管理和环保措施确保人员和环境的安全。

7.2 氟化铝的制备工艺

氟化铝是目前生产规模最大的无机氟化物产品，其生产技术按照工艺条件可以分为干法和湿法两大类[27-30]。按照氟资源来源不同又可以总结为如图7.1所示的工艺路线。目前主要通过萤石-无水氟化氢路线生产高品质的无水氟化铝产品；而磷产业则主要通过回收的副产物氟硅酸为原料生产 AlF₃ 产品，包括氟硅酸-无水氟化氢和氟硅酸法两种路线，本书主要讲解氟硅酸法[31-36]。

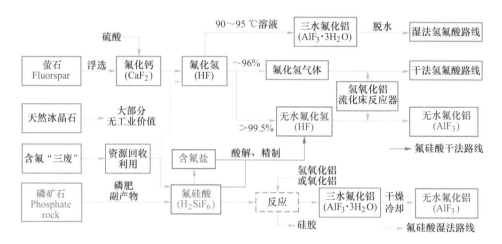

图 7.1　不同氟原料生产氟化铝工艺简图

Fig. 7.1　Schematic diagram of production process of aluminum fluoride
from different fluorine raw materials

氟硅酸法主要是将磷肥副产物氟硅酸，与氢氧化铝颗粒反应制得氟化铝产品。分步反应式为：

$$3H_2SiF_6 + 2Al(OH)_3 \longrightarrow Al_2(SiF_6)_3 + 6H_2O \qquad (7.1)$$

$$Al_2(SiF_6)_3 + 6H_2O \longrightarrow 3SiO_2 + 2AlF_3 + 12HF \qquad (7.2)$$

该方法自20世纪90年代开始主要由磷肥企业引进，其流程和方法分为很多种，如美铝工艺（图7.2）、诺顿工艺（图7.3）以及法国 A-P 工艺（图7.4）等。

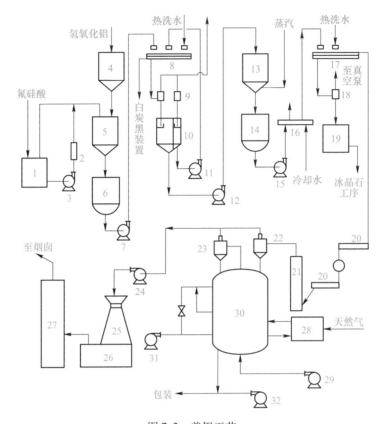

图 7.2　美铝工艺

Fig. 7.2　Alcoa process

1—氟硅酸储槽；2—加热器；3—输送泵；4—给料仓；5—反应槽；6—料浆槽；7—给料泵；
8—过滤机；9—分离器；10—收集槽；11—洗涤泵；12—滤液泵；13—结晶器；14—给料槽；
15—给料泵；16—冷却器；17—过滤机；18—分离器；19—母液槽；20—给料机；21—闪蒸干燥器；
22—闪蒸分离器；23—煅烧旋风分离器；24—尾气洗涤风机；25—洗涤器；26—密封槽；27—洗涤塔；
28—空气加热器；29—流化床空气鼓风机；30—煅烧炉；31—空气鼓风机；32—产品输送鼓风机

7.2.1　主流工艺

7.2.1.1　工艺原理

(1) 法国 A-P 工艺、美铝工艺以及诺顿工艺生产氟化铝的原理相同[37-39]。
14%~22% 氟硅酸溶液与氢氧化铝直接反应，为了使氟硅酸完全分解并调整反应
体系中的酸度，反应中氢氧化铝的加入稍过量。过滤除去 SiO_2，得到氟化铝溶
液。其化学反应式为：

$$3H_2SiF_6 + 2Al(OH)_3 \longrightarrow 2AlF_3 + SiO_2 \downarrow + 4H_2O \qquad (7.3)$$

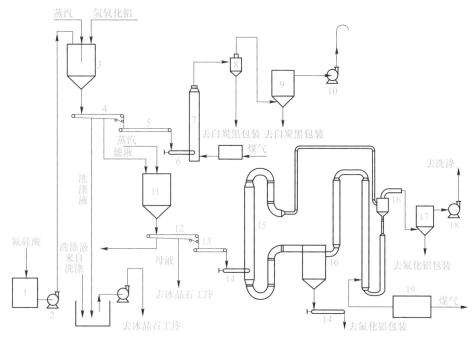

图 7.3　诺顿工艺

Fig. 7.3　Norton process

1—氟硅酸储槽；2—氟硅酸输送泵；3—反应槽；4—白炭黑带式过滤机；5—白炭黑皮带输送机；
6—白炭黑螺旋输送机；7—闪蒸干燥机；8—白炭黑旋风分离器；9—白炭黑袋式除尘器；
10—白炭黑引风机；11—结晶器；12—氟化铝带式过滤机；13—氟化铝皮带输送机；
14—氟化铝螺旋输送机；15—干燥机；16—氟化铝旋风分离器；17—氟化铝袋式除尘器；
18—氟化铝引风机；19—燃烧炉

（2）在氟化铝溶液浓缩过程中，采用蒸汽加热温度保持在 95 ℃ 左右，可得到纯净、粗大、均匀带 3 个结晶水的氟化铝，其化学反应式为：

$$2AlF_3 + 6H_2O \longrightarrow 2AlF_3 \cdot 3H_2O \tag{7.4}$$

（3）通过过滤、干燥、煅烧、冷却即可得到 AlF_3。其化学反应式为：

$$AlF_3 \cdot 3H_2O \longrightarrow AlF_3 \cdot 0.5H_2O + 2.5H_2O \tag{7.5}$$

$$AlF_3 \cdot 0.5H_2O \longrightarrow AlF_3 + 0.5H_2O \tag{7.6}$$

7.2.1.2　原料与加入方式

法国 A-P 工艺、美铝工艺的 H_2SiF_6 均来自磷肥生产过程中的副产品，浓度在 18%~22% 之间；而诺顿工艺 H_2SiF_6 来自稀土生产过程的副产品，浓度只有 14%。根据产品质量分析，H_2SiF_6 的浓度不影响产品质量，但氟硅酸溶液浓度偏低，会导致结晶母液量大，氟化铝的收率较低，增加污水处理站负荷；如果浓度太高反应剧烈，容易漫槽，生成的氟化铝溶液浓度会过高，使得在 SiO_2 过滤中氟化铝结晶析出，并随着滤饼带出，导致氟化铝的回收率降低。原料 Al(OH)$_3$

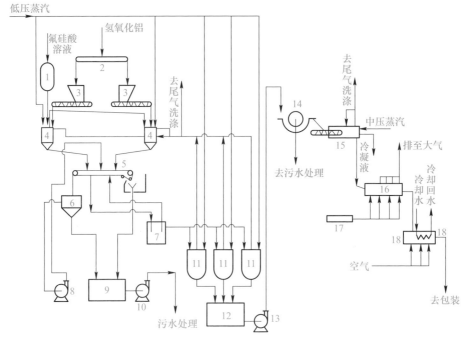

图 7.4　A-P 工艺

Fig. 7.4　A-P process

1—计量槽；2—皮带输送机；3—计量槽；4—反应槽；5—皮带过滤机；6—沉降槽；
7—滤液槽；8—洗涤泵；9—污水槽；10—污水输送泵；11—结晶器；12—料浆槽；13—料浆输送泵；
14—转鼓过滤机；15—干燥器；16—煅烧炉；17—燃油系统；18—流化床冷却器

以料浆或者干粉输送，不会影响氟化铝的质量。Al(OH)₃ 采用料浆形式输送，可以大大改善工厂的操作环境，但是增加了能耗。

7.2.1.3　过滤方式

（1）SiO₂ 过滤：3 种工艺均采用带式真空过滤机过滤。

（2）AlF₃·3H₂O 过滤：法国 A-P 工艺采用转鼓机过滤，美铝工艺、诺顿工艺均采用带式过滤机过滤。通过对过滤后 AlF₃·3H₂O 含水率分析可知，都可以达到理想的分离效果。但转鼓过滤机占地面积小，清理方便，布置紧凑。过滤后 AlF₃·3H₂O 含水率是一项重要控制指标，含水率过高会增大干燥、煅烧的负荷，严重的会影响到产品质量。

7.2.1.4　干燥、煅烧、冷却工艺

氟化铝的干燥、煅烧是产品质量控制的关键工序。

（1）在法国 A-P 工艺中，AlF₃·3H₂O 通过低温干燥和高温煅烧实现产品的获得。其中，低温干燥采用带蒸汽加热列管的回转式干燥机，载湿气体与物料采

取并流流动。在壳体外部设有敲击锤，可以避免物料结块成团。在较低温度（约180 ℃）下脱除大部分水，避免氟化铝热水解反应的发生。出干燥器仍含有部分结晶水的氟化铝，被送入用燃烧重油得到高温气体加热的煅烧炉内，在550～600 ℃下煅烧，经过流化床冷却器，气流输送获得氟化铝产品，尾气经旋风收尘由尾气风机抽至洗涤系统。

（2）在美铝工艺中，$AlF_3 \cdot 3H_2O$ 干燥、煅烧和冷却在一个连续闪蒸干燥器和流化床系统中进行。湿的 $AlF_3 \cdot 3H_2O$ 滤饼由气锁给料机和干燥螺旋给料机向闪蒸干燥器内加料，滤饼在干燥器内与来自煅烧炉煅烧段的高温气体（约443 ℃）接触干燥，然后进入闪蒸旋风分离器，与气体分离后的 AlF_3 靠重力流入煅烧炉，高温气体由煅烧炉尾气洗涤风机经旋风收尘抽至洗涤系统。

$AlF_3 \cdot 3H_2O$ 煅烧脱水在两级间接加热式流化床煅烧炉中进行，在一级煅烧中氟化铝加热至250 ℃，80%～90%的结晶水被除去，氟化铝晶体溢流至二级煅烧段。在二级煅烧中被加热到450～500 ℃，残留的结晶水被除去，产品从第二级溢流至冷却段，冷却至60～80 ℃，采用气力输送到产品包装。

（3）在诺顿工艺中，$AlF_3 \cdot 3H_2O$ 的干燥、煅烧在两级旋风干燥器进行。湿滤饼通过螺旋输送机送入一级旋风干燥器，被来自二级旋风煅烧器的热尾气干燥除去自由水及部分结晶水后，进入二级旋风煅烧器内被来自热风炉的热空气煅烧，除去剩余结晶水。得到的 AlF_3 经冷却螺旋送至包装，尾气通过袋式收尘后，送去洗涤。采用袋式收尘比旋风除尘的效果要好，但需要严格控制二级旋风干燥器的出口温度，避免温度过高烧袋的事故发生。

（4）法国 A-P 工艺、美铝工艺干燥、煅烧及冷却设备都采用的进口设备，而诺顿工艺在生产技术上有了突破，均采用国产设备，极大地节省了装置设备投资。

7.2.1.5　工艺能耗

法国 A-P 工艺采用重油；美铝工艺采用天然气；诺顿工艺采用煤气。重油的凝固点低，在冬季气温低时易堵塞油管，通过整改增加伴热管和蒸汽吹扫后获得了良好的效果，但点火系统报警链烦锁复杂，系统不稳定。而且重油的运输不便、成本高、操作环境差、占地面积大。采用天然气、煤气洁净的燃料，不但可以改善操作环境，而且可以提高干燥系统的稳定性，也能减少运输成本，增加经济效益。

7.2.2　其他工艺

王建萍等[40]研究了氟硅酸制备高纯氟化铝的新工艺路线（图7.5），以氟硅酸制备的氟硅酸钠为原料，通过流态化干燥、流态化热解制备四氟化硅，经提纯的四氟化硅和氯化铝为原料气相沉积制备高纯氟化铝。

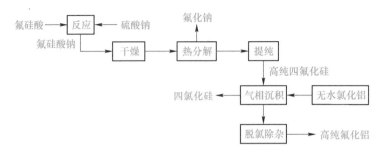

图 7.5　氟硅酸钠制备高纯氟化铝工艺流程图

Fig. 7.5　Process flow chart of preparing high-purity aluminum fluoride
with sodium silicofluoride

工艺流程如下：（1）将氟硅酸放入搅拌槽中，加入硫酸钠搅拌反应、过滤得到氟硅酸钠软膏，再将氟硅酸钠软膏置于流化床干燥炉中，采用梯度升温进行干燥。（2）干燥后的氟硅酸钠输送入流化床反应器中，升温发生分解反应，反应后的四氟化硅一部分通过管道返回流化床反应器，其余粗四氟化硅气体经浓硫酸洗涤塔、活性炭吸附塔、精馏塔进行除杂纯化后，得到高纯四氟化硅气体。（3）将无水氯化铝固体加热气化后和高纯四氟化硅气体按比例通入气相沉积炉中，反应后固体产物高纯氟化铝从沉积炉底部排出。副产四氯化硅气体经旋风除尘器分离除尘后，可直接外售或用于多晶/单晶硅的制备。

利用氟硅酸盐制备高纯氟化铝，有三个方面的优势：（1）突破氟硅酸盐低温分解不完全、高温分解熔融结块、资源利用率低及产业化设备易堵塞等行业现状，实现了技术升级；（2）节约国家战略资源萤石，有利于氟资源供应，有力推动氟化工产业健康发展及上下游产业清洁生产；（3）制备的高纯氟化铝，可应用于各类光学、玻璃、电子等产品的镀膜，也可用于氟化物光纤、半导体、电子、电池材料等高端应用领域，相较于传统工艺制备的氟化铝，实现产品迭代。

刘晓霞等[41-42]开发了利用磷肥副产物氟硅酸与廉价的高岭土代替氢氧化铝和资源相对缺乏的萤石来制取氟化铝的工艺。将黏土粉碎至粒径小于 150 μm，在 600~800 ℃下焙烧 2 h，提高有用组分 Al_2O_3。在浸取槽里加入一定量的氟硅酸和母液（第一次用水，以后用母液），预热至 60 ℃左右，开启搅拌，快速加入高岭土干粉，反应时间 10~30 min，控制反应终点 pH 值在 1~4。

由于该反应为放热反应，浸取结束后温度在 90 ℃以上。反应结束后过滤，滤液为氟化铝溶液，黏土渣用母液（第一次用水，以后用滤液）洗涤后收集洗液。整个过滤、洗涤过程要在 15 min 内完成，以保证氟化铝不提前结晶析出、液体清亮。将过滤得到的滤液和洗液结晶，氟化铝第一次结晶时要加入一定量氟化铝作为晶种，为保证结晶后成品中硅、铁含量达到标准，在结晶前加入硫代硫

酸钠调整至无 Fe^{3+} 存在。结晶完成后，经过滤、洗涤、干燥后得产品氟化铝；母液一部分返回用于稀释氟硅酸，另一部分去洗涤黏土渣。

该工艺生产过程中黏土采用干粉的加入方式，比采用料浆的加入方式，减缓了反应速度，同时也优化了工艺条件，减少了部分设备投资；目前氢氧化铝的价格不稳定，造成生产氟化铝成本偏高。而该工艺采用黏土代替了氢氧化铝，中国黏土储量丰富、容易开采，最主要的是价格远远低于氢氧化铝；该工艺采用氟硅酸代替氢氟酸，磷肥副产物氟硅酸价格比氢氟酸低很多，使用氟硅酸可以节约成本和氟资源，使氟资源得到了综合利用；目前中国氟化铝的生产都是用氢氧化铝制得，而氢氧化铝制备氟化铝需要投入大量的资金和大型设备，而黏土制备氟化铝的生产设备投资小，不需要大型设备，生产成本低，有非常好的经济和社会效益。此外，还有铵水渣法、铝盐法、碳酸氢铵法等。

7.2.3 铵冰渣工艺

铵冰渣工艺制备氟化铝主要可分为干法和湿法两类，其中干法是将除杂后的铵冰渣直接热分解制取氟化铝和回收氟化铵，主要反应式及工艺流程如下：

$$SiO_2 + 6HF \longrightarrow H_2SiF_6 + 2H_2O \tag{7.7}$$

$$Fe_2O_3 + 6HCl \longrightarrow 2FeCl_3 + 3H_2O \tag{7.8}$$

$$(NH_4)_3AlF_6 \longrightarrow 3NH_4F + AlF_3 \tag{7.9}$$

干法工艺流程将铵冰渣粉碎均匀，加入适量 HF-HCl 混合液，在 $0 \sim 89\ ℃$ 下搅拌 $60 \sim 90\ min$，使硅铁杂质与 HF、HCl 充分反应生成可溶性物质而与不溶性铵冰渣分离，然后过滤并用清水洗涤，滤渣置于 $120\ ℃$ 下烘干，取出研成粉末，放入高温炉内，在加热 $500 \sim 800\ ℃$ 下分解 $40 \sim 60\ min$，取出冷却即制得氟化铝，在热分解过程中还可回收副产品氟化铵（图 7.6）。

图 7.6 干法铵冰渣法工艺路线

Fig. 7.6 Process route of dry ammonium ice slag method

湿法工艺是将除杂后的铵冰渣与氢氧化铝混合后，热分解制取氟化铝，同时用氢氟酸吸收氨气和少量氟化铵副产物氟氢化铵（图 7.7）。

$$(NH_4)_3AlF_6 + Al(OH)_3 \cdot 3H_2O + 2H_2SO_4 \longrightarrow 2AlF_3 \cdot 4H_2O + 3NH_4HSO_4 + 2H_2O$$

$$\tag{7.10}$$

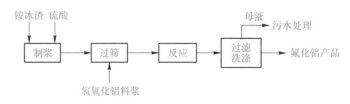

图 7.7　湿法铵冰渣工艺路线

Fig. 7.7　Process route of wet ammonium ice slag method

　　将除杂后的铵冰渣，粉碎磨细后，按一定的配比与氢氧化铝混合均匀放入高温回转窑，在一定温度下分解 60~90 min，冷却即得氟化铝，热分解过程中产生的氨气和氟化铵用氢氟酸吸收，再经浓缩结晶，可回收副产品氟氢化铵。

　　利用铵冰渣工艺制取氟化铝具有工艺简单、设备投资较少、成本较低、得到的氟化铝产品质量较高等特点，有利于环境保护，同时节约萤石资源，具有较好的经济前景和社会效益，目前国内已有相关专利，但并未投资形成相关产业。

7.2.4　铝盐法

　　常见用于氟化铝制备的铝盐有：硫酸铝、氯化铝以及硅酸铝等，分别与萤石或氟化氢气体反应制得氟化铝。其中硫酸铝法是用硫酸铝加热低品位萤石粉，生成硫酸钙和氟化铝液体，再将所得液体过滤、结晶、脱水可得氟化铝产物。反应式为：

$$Al_2(SO_4)_3 + 3CaF_2 + 3H_2O \longrightarrow 2AlF_3 \cdot 3H_2O + 3CaSO_4 \qquad (7.11)$$

　　氯化铝法是将氯化铝水溶液与氢氟酸在高温下反应，除去产生的氯化氢气体，得到氟化铝产品，反应式如下：

$$AlCl_3 + 3HF \longrightarrow 3HCl\uparrow + AlF_3 \qquad (7.12)$$

　　硅酸铝法采用天然铝矿石，直接与氟化氢气体反应并制得氟化铝，化学反应式为：

$$Al_2(SiO_3)_3 + 6HF \longrightarrow 2AlF_3 + 3SiO_2 + 3H_2O \qquad (7.13)$$

　　铝盐法由于工艺路线复杂、成本较高且生成酸性物质对反应设备造成一定损害等问题，并不属于目前广泛使用的工艺。

7.2.5　碳酸氢铵法

　　碳酸氢铵法主要由两步构成，化学反应式如下：

$$6NH_4HCO_3 + H_2SiF_6 \longrightarrow 6NH_4F + SiO_2 + 6CO_2 + 4H_2O \qquad (7.14)$$

$$6NH_4F + Al_2(SO_4)_3 \cdot xH_2O \longrightarrow 2\alpha AlF_3 \cdot H_2O + 3(NH_4)_2SO_4 +$$
$$(x-6)H_2O \qquad (7.15)$$
$$\alpha AlF_3 \cdot H_2O \longrightarrow \beta AlF_3 \cdot H_2O \qquad (7.16)$$

首先制备氟化铵溶液和白炭黑，原料选择氟硅酸和碳酸氢铵，得到氟化铵溶液与二氧化硅沉淀，其中二氧化硅作为白炭黑副产品，氟化铵溶液用于制备氟化铝。第二步使氟化铵溶液与硫酸铝反应，生成可溶性的 $\alpha AlF_3 \cdot H_2O$。将 $\alpha AlF_3 \cdot H_2O$ 加热，变为稳定 $\beta AlF_3 \cdot H_2O$ 晶体，最后经过干燥、煅烧等工艺得到氟化铝产品。该项工艺原料综合利用较好，无物料排放，低浓度氟硅酸也适用此项工艺，这为小型磷肥厂提供了一种新的工艺途径。但所需工艺设备较多，工艺流程较为复杂，目前并未被使用。

7.3 本章小结

（1）氟化铝以干法工艺为主，原料硫酸和萤石在高温条件下反应，产生的气体经粗洗后进入流化床，与干燥后的氢氧化铝反应，在高温下生成氟化铝。由于粗洗后的氟化氢含量为 88%~90%，氟化铝产品杂质较高，特别是没有脱硅，使得氟化铝产品的二氧化硅含量达到 0.25%；这些杂质会影响电解铝的质量，增加电解时的电耗，同时在国家目前严峻的环保形势下，干法氟化铝也将进入淘汰序列。

（2）采用无水氟化氢生产氟化铝，产品品质好，杂质含量很低，特别是二氧化硅含量只有 0.02%，五氧化二磷含量只有 0.001%，对电解铝的安全生产及环保非常有利。

（3）以氟硅酸为原料制备氟化铝工艺也比较成熟，成本低，国内使用较多的是美铝工艺、诺顿工艺以及法国 A-P 工艺。随着全球电解铝行业的发展，以氟硅酸为原料生产氟化铝，所带来的经济、社会和环境效益将逐步代替萤石法与氢氟酸法生产氟化铝。

参 考 文 献

[1] 胡忠. 国内外氟化铝的技术进步与展望 [J]. 轻金属, 1992 (8): 5.
[2] 应盛荣, 应学来, 周贞锋. 我国氟化铝生产技术现状及发展趋势 [J]. 化工生产与技术, 2010, 17 (5): 6.
[3] 杨华秦朝, 皇甫根利. 新一代高性能无机氟化物——无水氟化铝 [J]. 化工科技市场, 2008, 31 (10): 3.
[4] 牛永生, 明大增, 李沪萍, 等. 电解铝工业辅料——氟化铝 [J]. 无机盐工业, 2012, 44 (5): 4.
[5] 任建纲, 方建, 陈蜀康. 活性氟化铝的制备与表征 [J]. 有机氟工业, 1995 (3): 2.

［6］ Hui G, Haili Y, Anan Z, et al. The kinetics of lithium leaching from alpha type spodumene in mixed acid medium HF/H_2SO_4［J］. Transactions of Nonferrous Metals Society of China, 2019, 29（2）：180-188.

［7］ 史伟伟. 氟碳铈矿冶炼工艺废水合成冰晶石的研究［D］. 贵阳：贵州大学, 2009.

［8］ Li J, Yuan C F, Tian Z L, et al. School of metallurgical science and engineering, central south university, Changsha, P. R. China. alumina solubility in Na_3AlF_6-K_3AlF_6-AlF_3 molten salt system prospective for aluminum electrolysis at lower temperature［J］. Chemical Research in Chinese Universities, 2012, 28（1）：142-146.

［9］ 刘增霞. 用普钙含氟废气制氟化铝、冰晶石几个工艺问题的探讨［J］. 化工环保, 1983（5）：45-49.

［10］ 侯红军. 浅议含锂无水氟化铝的应用［J］. 轻金属, 2011（12）：3.

［11］ Duo L, Tang S, Yu H, et al. DC discharge characteristics and fluorine atom yield in NF_3/He［J］. Chinese Optics Letters, 2006, 4（3）：3.

［12］ Lue J S. Application of iroperty of AlF_3 catalyst for fluorinating Al_2O_3 in HF［J］. Journal of Catalysis, 1996（5）：459-461.

［13］ 李国雄, 胡宏武. 活性氟化铝的研制和应用［J］. 有机氟工业, 1988（1）：11-17.

［14］ 宋德雄. 无水氟化铝生产尾气处理技术研究与实际应用［J］. 甘肃科技, 2020, 36（8）：3.

［15］ Åsmund B, Skinnes H. Resistance to Fusarium infection in oats（Avena sativa L. ）［J］. Cereal Research Communications, 2008, 36（6）：57-62.

［16］ Souaille M, Smith J C, Guillaume F. Simulation of collective dynamics of n-nonadecane in the urea inclusion compound［J］. The Journal of Physical Chemistry B, 1997, 101（34）：6753-6757.

［17］ 陈曼玉, 马志明, 秦明升, 等. 一种纳米氟化铝催化剂及其制备方法和用途：202210774011. X［P］. 2024-09-02.

［18］ 谭强强, 王鹏飞. 一种全固态电池复合结构其制备方法和用途：201911338498［P］. 2024-09-02.

［19］ Henn V, Steinbach S, Büchner K, et al. The inflammatory action of CD40 ligand（CD154）expressed on activated human platelets is temporally limited by coexpressed CD40［J］. Blood, 2001, 98（4）：1047-1054.

［20］ Gitomer W L, Sakhaee K, Pak C Y C. A comparison of fluoride bioavailability from a sustained-release NaF preparation（Neosten）and other fluoride preparations［J］. Journal of Clinical Pharmacology, 2013, 40（2）：138-141.

［21］ Oomen M. Fluoride glass fiber optics［J］. Advanced Materials, 1992, 4（10）：689-690.

［22］ Hayacibara M F, Ambrozano G M, Cury J A. Simultaneous release of fluoride and aluminum from dental materials in various immersion media［J］. Operative Dentistry, 2004, 29（1）：11-22.

［23］ 杨勇, 陈海洋, 李煜坤, 等. 无水氟化氢和氟化铝工艺研发及工业应用进展［J］. 无机盐工业, 2023, 55（9）：17-25, 120.

［24］张小霞．浅议电解铝用氟化铝的发展趋势［J］．河南化工，2021，38（2）：1-4.

［25］Wang L T, Zhong Y L, Wen L R, et al. Strong lewis acid induced construction of high ionic conductivity and interface stability composite electrolytes and their all solid state lithium metal batteries［J］. Science China Materials, 2022（8）: 2179-2188.

［26］岳伟超，桂卫华，陈晓方，等．基于强化模糊认知图实现数据与知识协作的氟化铝添加量决策方法［J］．工程学报，2019（6）：1060-1076，1176.

［27］Hu X W, Li L, Gao B L, et al. Thermal decomposition of ammonium fluoroaluminate and preparation of aluminum fluoride［J］. Transactions of Nonferrous Metals Society of China, 2011, 21（9）: 2087-2092.

［28］齐共金，张长瑞，胡海峰，等．三维石英织物增强氮化硅基复合材料的制备及其力学性能［J］．硅酸盐学报，2005，33（12）：1527-1530.

［29］宋德雄．氟化铝生产工艺对比［J］．甘肃科技，2020，36（7）：42-44.

［30］刘海霞．干法氟化铝和无水氟化铝制备工艺和应用效果对比［J］．无机盐工业，2018，50（9）：10-13.

［31］卢芳仪，卢爱军．由氟硅酸制氟化铝的新工艺研究［J］．硫磷设计与粉体工程，2004（1）：1-4.

［32］鲍联芳，王邵东．国外用氟硅酸生产氟化铝的四种流程［J］．硫磷设计，1996（4）：38-41.

［33］卢芳仪，刘晓红，饶志刚，等．氟硅酸制氟化钠和白炭黑工艺研究［C］//第十二届全国无机硅化合物技术与信息交流大会，2024.

［34］许新芳，张明军，李长明，等．无水氟化铝生产工艺及优化改造［J］．河南化工，2016，33（5）：39-42.

［35］吴昊游，李军，金央，等．氟硅酸制氟化铝的工艺研究及改进［J］．化学工程师，2013，27（12）：4.

［36］张亚非，彭秀丽．氟硅酸法氟化铝生产工艺及试验研究［J］．化学工程与装备，2009（7）：3.

［37］张保平．高性能无水氟化铝生产技术研究［J］．化工管理，2022（6）：65-67.

［38］谷正彦．无水氟化铝生产分析［J］．轻金属，2020（3）：5-8.

［39］黄维凤．氟化铝生产工艺综述及实际应用案例［J］．化工设计通讯，2019，45（11）：45-46.

［40］王建萍，薛旭金，薛峰峰．氟硅酸制备高纯氟化铝新工艺研究［J］．无机盐工业，2024，56（3）：86-90.

［41］刘晓霞，李永强．一种制取无水氟化铝的新工艺［J］．无机盐工业，2009，41（7）：38-40.

［42］刘海霞，范晓磊，刘晓霞，等．湿法制取氟化铝新工艺及经济分析［J］．无机盐工业，2008（3）：44-45.

8 氟硅酸生产氟硅酸钠

8.1 物化性质

氟硅酸钠，是一种无机化合物，属于配位盐即络盐。化学名：氟硅酸钠，别名硅氟酸钠、六氟合硅酸钠；英文名：Sodium fluorosilicate；分子式：Na_2SiF_6；相对分子质量：188.06；CAS：16893-85-9；密度：2.679 g/cm^3。

Na_2SiF_6 为白色粉状结晶，无嗅，无味，有毒，白色结晶粉末，有吸潮性。微溶于水，不溶于乙醇，可溶于乙醚等溶剂中，在酸中溶解度比水中大。在碱液中分解，生成氟化物和二氧化硅。灼热（300 ℃以上）后分解成氟化钠和四氟化硅。氟硅酸钠在水中的溶解度及主要物理性质如表8.1、表8.2所示[1]。

表 8.1 Na_2SiF_6 在水中的溶解度

Table 8.1 Solubility of Na_2SiF_6 in water

温　度	在100 g水中的溶解度/g
20 ℃	0.64
25 ℃	0.76
50 ℃	1.27
100 ℃	2.45

表 8.2 Na_2SiF_6 主要物理性质

Table 8.2 Main physical properties of Na_2SiF_6

类　别	毒　性
熔点	热分解
刺激数据	皮肤：兔子500 g，眼睛：兔子100 mg/4 s
急性毒性	口服：小鼠 LD_{50} 为70 mg/kg，鼠 LD_{50} 为125 mg/kg
毒性分级	高毒
职业标准	TWA 2.5 mg（氟）/m^3
灭火剂	水

我国氟硅酸钠执行国家标准 GB/T 23936—2018，其质量指标如表8.3所示。

表 8.3 工业氟硅酸钠质量指标（GB/T 23936—2018）

Table 8.3 Quality specifications of sodium fluorosilicate for industrial use（GB/T 23936—2018）

项　　目	指　　标		
	I 型		Ⅱ 型
	优等品	一等品	
氟硅酸钠 $w/\%$，≥	99.0	98.50	98.50
游离酸（以 HCl 计）$w/\%$，≤	0.10	0.15	0.15
干燥减量 $w/\%$，≤	0.30	0.40	8.00
氯化物（以 Cl 计）$w/\%$，≤	0.15	0.20	0.20
水不溶物 $w/\%$，≤	0.40	0.50	0.50
硫酸盐（以 SO_4 计）$w/\%$，≤	0.25	0.50	0.45
铁（Fe）$w/\%$，≤	0.02	—	—
五氧化二磷（P_2O_5）$w/\%$，≤	0.25	0.50	0.45
硫酸盐（以 SO_4 计）$w/\%$，≤	0.25	0.50	0.45

8.2 氟硅酸钠市场现状

8.2.1 国内市场需求分析

当前，氟硅酸钠作为关键性化工原料，在全球及国内市场均展现出强劲的需求增长态势。从国内市场需求来看，氟硅酸钠的需求增长主要得益于多个行业的快速发展与技术创新。特别是在建筑领域，氟硅酸钠作为提高玻璃性能的重要添加剂，其需求量显著增加。在建筑玻璃、陶瓷釉料及防水涂料等细分市场中，氟硅酸钠的应用不断深化，不仅提升了产品的质量与性能，也推动了行业整体的技术进步与产业升级。氟硅酸钠在环保涂料、防腐材料等领域的应用也逐渐拓展，进一步拓宽了其市场边界[2]。

在农药、化肥生产中，氟硅酸钠作为关键原料，对于提升产品效果、增强作物抗逆性具有重要作用。随着全球农业对高效、环保农药化肥需求的增加，氟硅酸钠的市场需求也持续攀升。同时，在水处理剂、油田化学品等领域，氟硅酸钠也发挥着不可替代的作用，为环保、能源等行业的可持续发展提供了有力支持[3]。国际贸易的日益频繁与全球化进程的加速，更为我国氟硅酸钠产品走向世界提供了广阔舞台，出口量的逐年增加正是国际市场对我国氟硅酸钠产品质量与性能的认可体现。

氟硅酸钠在国内市场的需求均呈现稳步增长态势，其市场前景广阔，潜力巨大。未来，随着各行业技术的不断进步与市场规模的持续扩大，氟硅酸钠的市场需求有望进一步增加，为相关产业的发展注入新的活力。

8.2.2 产能与产量

国内氟硅酸主要来源于磷肥厂生产厂家，少部分来源于萤石厂家。一般来说，磷矿酸解过程中有 42%~46% 以气态（HF、SiF_4）形式逸出，这些气体用水吸收后，就能得到副产品氟硅酸（H_2SiF_6）。磷肥厂副产氟硅酸主要集中在云南、贵州、湖北、甘肃、内蒙古，具体见表 8.4。

表 8.4　各地区磷肥副产氟硅酸产量

Table 8.4　Production of fluorosilicic acid by phosphate fertilizer in each area

地区	数量/万吨（浓度15%）	数量/万吨（折浓度100%）
云南	265	39.75
贵州	135	20.25
湖北	185	27.75
甘肃	10	1.50
内蒙古	10	1.50
其他地区	20	3.00
合计	625	93.75

目前氢氟酸/无水氢氟酸生产都是采取萤石粉、硫酸为原料，在回转炉加热反应，产生氟化氢气体，经洗涤、冷却、冷凝、精馏、脱气得到氢氟酸/无水氢氟酸产品[4]，过程副产氟硅酸。氟化氢副产氟硅酸主要集中在福建、江西、浙江、山东、湖南和内蒙古，具体见表 8.5。

表 8.5　各地区萤石副产氟硅酸产量

Table 8.5　Production of fluorosilicic acid by fluorite in each area

地区	数量/万吨（浓度35%）	数量/万吨（折浓度100%）
浙江、江西、福建	15	5.25
山东、江苏	5	1.75
内蒙古、河北	5	1.75
湖南	1.3	0.56
其他地区	2.5	0.875
合计	28.8	10.185

当前国内氟硅酸钠生产装置产能约 41 万吨/年，预计 2025 年国内氟硅酸钠总产能将超过 56 万吨。云南省是我国磷化工大省，氟硅酸钠的产量约占国内总

产量的 51.2%[5]。

由于氟硅酸钠有毒，生产过程中产生大量的含氟稀酸溶液，环保处理成本高，近年来国外氟硅酸钠的产量呈下降趋势，这给我国的氟硅酸钠生产企业带来了出口机遇。但由于氟硅酸钠生产工艺比较简单、技术比较成熟，因而，随着环保要求的提高，磷化工企业的环保技改均倾向于利用氟硅酸生产氟硅酸钠。而氟硅酸钠国内产能的增加大于国外产能的减少，因此，氟硅酸钠的市场竞争会更加剧烈。表 8.6 为国内氟硅酸钠生产厂家。

表 8.6 国内氟硅酸钠主要生产企业及产能

Table 8.6 Main production enterprises and production capacity of sodium fluorosilicate in China

序号	企 业 名 称	产能/万吨·年$^{-1}$
1	云天化集团	12
2	云南氟业化工股份有限公司	7
3	贵州开磷集团息烽化工股份合作公司	2.5
4	淄博帕斯威诺集团	2
5	中化云龙有限公司	2
6	湖北东圣化工集团	1.5
7	湖北黄麦岭磷化工有限公司	1.2
8	昆明市泰钧磷氟化工有限公司	1
9	广东湛化股份有限公司	1
10	广东廉江市化工有限责任公司	1
11	湖北祥云集团化工股份有限公司	1
12	其他	8.8
13	合计	41

8.3 氟硅酸钠应用领域

8.3.1 玻璃行业应用现状

氟硅酸钠在玻璃制造行业中扮演着举足轻重的角色。其独特的化学性质与物理性能，为玻璃产品的性能提升与制造工艺的优化提供了有力支持。

8.3.1.1 玻璃制造助剂：提升性能与节能减排的利器

在玻璃熔融过程中，氟硅酸钠作为重要的助剂[6]，能够显著降低玻璃的熔融温度，这一特性不仅加快了生产流程，更大幅降低了能源消耗，符合当前绿色制造的发展趋势。同时，氟硅酸钠的添加还显著增强了玻璃的耐热性、耐腐蚀性和机械强度，使得制成品在极端环境下也能保持性能稳定。它对玻璃表面光洁度的改善，也进一步提升了产品的美观度和市场竞争力。

8.3.1.2 玻璃纤维生产的强化剂：增强性能与拓展应用

在玻璃纤维生产领域，氟硅酸钠同样展现出其独特的应用价值。作为增强剂，氟硅酸钠能够有效提升玻璃纤维的抗拉强度和耐候性，使得纤维材料在承受外部应力时更加坚韧不易断裂。这种性能的提升，不仅拓宽了玻璃纤维在建筑材料、航空航天、汽车制造等领域的应用范围，也为相关产业的技术进步和产品创新提供了有力支撑。

8.3.1.3 玻璃表面处理剂：延长寿命与提升防护

除了作为制造助剂和强化剂外，氟硅酸钠还广泛应用于玻璃的表面处理工艺中。通过特定的化学反应，氟硅酸钠能在玻璃表面形成一层致密的保护膜。这层保护膜不仅具有优异的耐水性、耐油性和耐污性，还能有效抵抗外界环境的侵蚀和破坏，从而大大延长了玻璃的使用寿命。这层保护膜还赋予了玻璃更加优秀的视觉效果和触感体验，进一步提升了产品附加值和市场竞争力[7]。

8.3.2 建筑行业应用现状

氟硅酸钠作为一种多功能的化学材料，在建筑领域的应用日益广泛且深远，其在防水材料、混凝土添加剂以及玻璃幕墙与装饰等方面的作用尤为显著。在防水材料领域，氟硅酸钠作为防水涂料的添加剂，显著提升了涂料的防水性能和耐久性。其独特的化学性质能够有效渗透到材料基层，形成致密的防水层，有效阻隔水分渗透，延长了建筑物防水系统的使用寿命，为建筑结构的稳定性提供了坚实保障。

此外，氟硅酸钠在混凝土添加剂方面的应用同样不容忽视。通过适量的添加氟硅酸钠，能够显著改善混凝土的工作性能，如提高拌合物的流动性和可塑性，使得施工更为便捷。更重要的是，它还能显著提升混凝土的强度和耐久性，通过细化混凝土内部结构[8]，减少微裂缝的产生，从而有效抵抗外界环境的侵蚀，延长建筑物的整体使用寿命。这种性能的改善，不仅降低了建筑维护成本，也为绿色建筑和可持续发展理念的实践提供了有力支持。

氟硅酸钠在玻璃幕墙与装饰领域的应用也展现出了其独特的魅力。经过氟硅酸钠处理的玻璃幕墙，不仅具备优异的耐候性，能够抵御各种恶劣气候条件的考验，还因其自洁性能而减少了清洁维护的频率，降低了运营成本。同时，这种处理还提升了玻璃幕墙的美观度和整体品质，为城市建筑增添了现代感和科技感。在建筑装饰材料的表面处理上，氟硅酸钠同样发挥着重要作用，通过提高材料的耐候性和装饰效果，为建筑设计提供了更多的可能性。

氟硅酸钠在建筑领域的应用不仅解决了诸多技术难题，提升了建筑材料的性能与品质，还推动了建筑行业的绿色发展与创新。随着科技的进步和市场需求的不断变化，氟硅酸钠在建筑领域的应用前景将更加广阔[9]。

8.3.3 石油化工行业应用现状

氟硅酸钠以其独特的物理化学性质，在石油化工领域扮演着至关重要的角色，其应用广泛且深入，不仅提升了生产效率，还显著增强了产品的品质与安全性。具体而言，其在催化剂载体、防腐涂料及油田助剂等方面的应用尤为突出。

8.3.3.1 催化剂载体的优选材料

在石油化工的催化反应中，氟硅酸钠常被用作催化剂的载体。其结构稳定，比表面积大，能够为活性组分提供理想的附着环境，从而有效提升催化剂的活性和稳定性。这一特性使得以氟硅酸钠为载体的催化剂能够在高温、高压等苛刻条件下保持高效运转，显著提高反应速率和产物收率，降低副产物生成，为精细化学品及高分子材料的合成提供了强有力的技术支持。

8.3.3.2 防腐涂料的性能增强剂

针对石油化工设备面临的复杂腐蚀环境，氟硅酸钠作为防腐涂料的添加剂，通过其优异的化学稳定性和耐候性，显著增强了涂料的防腐性能。其能够有效阻挡水分、氧气及腐蚀性介质的侵入，保护基材免受侵蚀，延长设备使用寿命。氟硅酸钠还能改善涂料的附着力和耐磨损性，确保涂层在恶劣工况下的持久性和完整性，为石油化工装置的安全运行提供了可靠保障。

8.3.3.3 油田助剂的性能优化剂

在油田勘探与开发过程中，氟硅酸钠作为油田助剂的关键成分，如钻井液添加剂和完井液添加剂，发挥着不可或缺的作用。它能够调节钻井液和完井液的流变性能，降低流体黏度，提高携岩能力，减少钻具磨损，从而显著提升钻井效率和安全性。特别是在深井、高温高压等极端条件下，氟硅酸钠的应用更能凸显其优势，为油气资源的有效开发提供了重要支持。

8.3.4 其他行业应用探索

氟硅酸钠作为一种具有独特物理化学性质的化合物，在多个行业领域展现出广泛的应用潜力。尤其在纺织印染、电子材料及环保领域的应用，不仅推动了相关行业技术的进步，也为产业升级和可持续发展提供了有力支持。

在纺织印染行业，氟硅酸钠的应用为织物品质的提升开辟了新路径。高档织物面料的织染及整理加工过程中，氟硅酸钠可作为印染助剂使用，其独特的表面活性能够显著改善织物的染色均匀性和色牢度，同时赋予织物更加柔软的手感和优良的抗皱性能[10]。这一应用不仅提升了纺织品的附加值，也满足了消费者对高品质纺织品的日益增长需求。

在电子材料领域，氟硅酸钠的优异性能使其成为电子封装、绝缘材料的理想选择。随着电子工业的快速发展，对电子材料的要求也日益提高。氟硅酸钠以其卓越的绝缘性能和化学稳定性，在电子封装材料、绝缘层等方面展现出广阔的应用前景。其能够有效防止电子元件间的短路和信号干扰，提高电子设备的可靠性和使用寿命。氟硅酸钠还具有良好的耐高低温性能，能够在极端环境下保持稳定的性能表现，为电子设备的稳定运行提供有力保障。

在环保领域，氟硅酸钠的应用则为废水处理、废气净化等环保难题提供了创新解决方案。氟硅酸钠能够利用其独特的物理化学性质，与废水、废气中的污染物发生反应，实现污染物的有效去除和资源的回收利用。在废水处理中，氟硅酸钠可作为絮凝剂使用，促进悬浮物的快速沉降；在废气净化中，其则可作为吸附剂或催化剂的载体，提高净化效率。这些应用不仅有助于改善环境质量，也促进了资源的循环利用和可持续发展。

氟硅酸钠在纺织印染、电子材料及环保领域的应用具有显著的优势和广阔的前景。随着技术的不断进步和应用的深入拓展，氟硅酸钠将在更多领域发挥其独特作用，为相关行业的转型升级和可持续发展贡献力量。

8.4 氟硅酸生产氟硅酸钠

8.4.1 技术原理

氟硅酸钠生产工艺较多。在生产过磷酸钙时，产生的四氟化硅经水吸收制成氟硅酸，再通入氯化钠反应制得；以磷肥副产物氟硅酸为原料，加入氯化钠进行反应制得；以碳酸钠、氟硅酸为原料混合反应制得；以氟硅酸、硫酸钠为原料反应制得。其中，氟硅酸钠盐法是主流制备工艺[11]，其原理如下：利用氟硅酸钠在水中的低溶解度特性，氟硅酸与钠盐反应生成氟硅酸钠沉淀和相应的稀酸溶液，沉淀氟硅酸钠经分离洗涤后烘干即为氟硅酸钠产品，产生的稀酸溶液用石灰中和处理后排放。反应方程式如下：

$$H_2SiF_6 + 2Na^+ \longrightarrow Na_2SiF_6\downarrow + 2H^+ \tag{8.1}$$

从理论上讲，钠盐可选用氯化钠、硫酸钠、碳酸钠和磷酸钠等，综合考虑成本、工艺的稳定性及与湿法磷酸生产装置的匹配性，工业上采用硫酸钠较多。硫酸钠价格相对氯化钠较低，而且盐液溶解度的温度系数大，容易生成十水结晶盐而析出，需要蒸汽加热和设备管道的保温，否则易造成工艺堵塞而影响生产和质量。

8.4.2 生产方法

利用氟硅酸和钠盐反应生产氟硅酸钠的工艺、技术目前已经比较成熟。从生产工艺上可以分为间歇法和连续法；从加料方式上可以分为湿法和干法。

8.4.2.1 间歇法和连续法

间歇法工艺流程：以一定的配比将氟硅酸投入盐溶液中或盐溶液投入氟硅酸中，反应生成氟硅酸钠，控制投料速度和熟化时间，得到结晶度适当的氟硅酸钠晶体，然后离心分离、干燥，得到氟硅酸钠产品。干燥尾气经布袋除尘器处理后达标排放。离心分离的稀酸送污水处理站用石灰中和、絮凝、沉降，处理水达标排放。由于间歇法工艺具有操作灵活、流程短、设备少、投资省等优点，相当部分厂家采用间歇法生产。

连续法工艺流程：以一定的比例将钠盐和氟硅酸同时投入连续合成槽中，反应料浆经多级增稠洗涤后进入连续过滤机过滤，氟硅酸钠湿品送入气流干燥器干燥，得到氟硅酸钠产品。增稠、过滤的稀酸废水送到污水处理站处理后达标排放。连续法生产能力大、产品质量稳定、劳动强度低、操作环境好，但对原料钠盐品质有一定要求，污水产生量大，设备投资高，因此，连续法工艺适于大规模生产装置。

8.4.2.2 湿法和干法

湿法投料：即传统的先化盐再投料工艺。钠盐经过溶盐，盐水达饱和后再用于合成。湿法投料方式可以得到粒度较大的氟硅酸钠产品，工艺操作平稳，但污水量相对较大。

干法投料：即直接将钠盐投入合成槽，减少了溶盐工序，降低了水的使用量，使装置的投资和排污量减少。但由于钠盐以固体形式投入，造成局部钠离子浓度过高而大量析出细小的氟硅酸钠，分离时易穿过滤布造成氟硅酸钠收率偏低，排放污水中含氟量较高。

8.4.3 存在的问题

经过多年的生产实践，氟硅酸钠的生产工艺得到了很大的改进，但仍存在一些问题。

（1）氟硅酸钠收率低。目前，氟硅酸钠生产企业的氟硅酸钠收率仍然偏低。据有关厂家介绍，氟硅酸钠的收率在85%左右，有些厂家氟硅酸钠的收率只有60%~70%。

（2）氟硅酸钠颗粒度不均匀、细小。氟硅酸钠结晶颗粒度小，造成洗涤用水量大，分离后携带水量大，造成烘干成本居高不下。

8.4.4　技术趋势

为解决生产过程中产生和带来的上述问题，研究人员在氟硅酸钠的生产上做了大量的研究工作，改进生产工艺，提高氟硅酸钠的收率[12]与结晶颗粒度等[13]。

西北大学曹劲松等[14]发明了"硫酸钠法生产氟硅酸钠的工艺"，结合了干法投料和湿法投料的优点，采用降低了污水排放量，提高了氟硅酸钠的收率，氟硅酸钠收率达到96%。该工艺采用氟硅酸钠离心分离母液化盐，充分利用母液的热量，部分回收母液中的钠盐，提高化盐阶段钠盐的利用率，降低了废水产生量；避免干法投料时容易因局部氟硅酸钠的过饱和而形成大量的晶核，增大了氟硅酸钠的颗粒度，提高氟硅酸钠的收率，同时增强干法投料的操作稳定性。

吴向东等[15]发明了"一种连续性生产氟硅酸钠的方法"，基于对氟硅酸钠生产实践和深入研究，按照氟硅酸钠合成、结晶生长的过程的基本原理，改进现有连续生产工艺的合成槽结构和操作方法，明显提高了氟硅酸钠的颗粒度，使氟硅酸钠的收率提高到90%以上。该工艺基于氟硅酸钠合成和结晶的基本原理，将合成槽分隔成相对独立、体积不等的多个功能区。原料氟硅酸和卤水计量并流加入第一合成槽中，同时将最后一个反应槽中适量的料浆作为晶种加入该反应槽。反应液进入第二反应槽，在该槽中可补加氟硅酸/卤水进行进一步的反应和养晶。反应料浆依次进入下一级的养晶槽直至最后出料进行增稠、分离、干燥，得到氟硅酸钠产品。该工艺避免了现有连续反应槽结晶细小、走短路的问题，不但明显增大了氟硅酸钠的颗粒度，也使氟硅酸钠的回收率得到较大的提高。

如上所述，上述改进技术均从投料方式和操作方法上提出了新思路。我们认为，结合间歇法和连续法生产的优点，开发间歇-连续综合生产工艺流程，提高氟硅酸钠的收率和质量、降低废水排放量的同时，达到产能大、自控程度高、投资省的目标意义重大。此外，反应后稀酸与氟硅酸中的硅胶的资源化利用也是技术发展趋势。

8.4.4.1　稀酸的回收利用

氟硅酸钠生产过程中产生大量稀酸，目前均采用石灰中和的方法进行处理，结合湿法磷酸装置，可将氟硅酸钠生产母液回用，将母液返回磷酸萃取槽，回收母液中氟资源，提高资源利用率。

8.4.4.2　硅胶的利用

氟硅酸中含有1%~5%的硅胶，由于硅胶夹带氟量多，直接排放不仅造成环境污染，同时也是一种资源浪费。工业和信息化部等八部门印发的《推进磷资源高效高值利用实施方案》提出："推进中低品位磷矿及尾矿综合利用，加大钙、氟、硅、碘、镁等伴生资源利用"，含氟硅胶的资源化利用主要是对其中硅资源的利用，是我国磷化工行业关注的重点之一。利用含氟硅胶制备水玻璃在国内外做了较多研究。硅胶在热 NaOH 溶液中容易溶解。根据配料比例的变化，可制得不同硅钠比的水玻璃。宋方华等[16]提出利用含氟硅胶湿法生产水玻璃。其生产流程为：含氟硅胶用氨水中和、水洗直至呈中性；烧碱经计量槽计量后放入配料槽，并在搅拌下加入经上述处理的硅胶，物料混合均匀后送至反应釜；在温度 160 ℃、压力 0.7~0.8 MPa 条件下反应 6~7 h；反应完毕，过滤除去不溶残渣，然后滤液浓缩到一定浓度出料即得水玻璃产品。

由于含氟硅胶主要化学组分是 SiO_2，因此，多年来国内外有关研究人员利用含氟硅胶制备白炭黑。宁延生[17]提出利用含氟硅胶制高补强白炭黑的新工艺。其工艺流程为：先用氟化铵溶解硅胶，再用氨水调整溶液 pH 值，使 SiO_2 重新析出。通过上述处理，将低活性 SiO_2 转变成高活性 SiO_2，再经过滤、洗涤、干燥，即得高补强性白炭黑。

唐锦近等[18]利用含氟硅胶制备出适合加工分子筛的液体硅酸钠，然后与偏铝酸钠溶液反应制得 4A 分子筛。其工艺流程为：含氟硅胶净化处理后和氢氧化钠溶液反应制备出液体硅酸钠，氢氧化铝与氢氧化钠溶液反应制得偏铝酸钠溶液；液体硅酸钠和偏铝酸钠溶液在碱过量和一定条件进行成胶反应，然后将物料放入晶化器，静止晶化一定时间，即得 4A 分子筛料浆；料浆进行分离后，再用热水冲洗分子筛，洗至 pH 值不小于 10，甩干并烘干后加入黏合剂成型，在高温下活化得到产品。

充分回收利用磷矿伴生硅资源是磷化工行业的发展方向。利用含氟硅胶制备水玻璃、白炭黑、4A 型分子筛等经济价值较高的含硅产品，既可减少污染物排放，又可给企业带来丰厚的经济效益，产生明显的社会效益。利用含氟硅胶制备水玻璃、白炭黑、4A 型分子筛等经济价值较高的含硅产品，既可减少污染物排放，又可给企业带来丰厚的经济效益，产生明显的社会效益。

8.5 典型案例

8.5.1 工艺流程简述

氟硅酸钠一般是用氟硅酸和硫酸钠反应而得。采用氟硅酸和硫酸钠作原料，反应生成氟硅酸钠料浆和硫酸，氟硅酸钠料浆经过离心、干燥、包装生产出符合 GB 23936—2018《工业氟硅酸钠》产品标准的氟硅酸钠产品。

8.5.1.1 溶盐工序[19]

在溶盐槽中加入一定量的工艺水和碱液废水。袋装硫酸钠用车运至盐库，用小推车送至大倾角皮带机的上料坑旁，操作人员手工在零平面上将硫酸钠解包后向大倾角皮带机进料接口投料，将物料提升至储料斗，再经计量皮带均匀将物料输送至溶盐槽，通入蒸汽并通过搅拌浆加速溶解，达到一定浓度后打开插板阀，清液流入清液槽，最后再经过盐水泵不断打循环，待制成浓度为25%～32%的溶液后，再将清液送至现有盐水储槽储存。工艺流程图见图8.1。

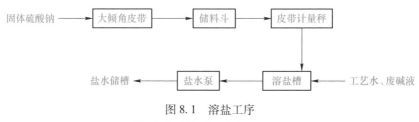

图8.1 溶盐工序

Fig. 8.1 Salt dissolving process

8.5.1.2 合成工序[20]

来自磷酸装置的氟硅酸溶液送入储槽澄清后，通过氟硅酸泵打到氟硅酸高位槽。配制好的盐水通过盐水泵送到盐水高位槽。硫酸钠溶液和氟硅酸溶液分别经计量后连续进入合成槽中，经搅拌浆搅拌，控制必要的反应条件，以生成粗大的氟硅酸钠结晶。料浆由下部放料口排出至第一增稠器，母液由第一增稠器上部溢流至母液槽。

第一增稠器沉降下来料浆由下部出口放至料浆洗涤槽，在料浆洗涤槽内加入尾气洗涤塔置换水和工艺水进行洗涤，第一增稠器内上层清液由上部溢流口溢流至母液槽，洗涤后的物料进入第二增稠器，第二增稠器沉降下来的料浆由下部出料口放入料浆缓冲槽供下工序使用；第二增稠器内的上层清液由上部溢流口溢流至母液槽，通过污水泵打入磷酸装置。滤液槽中的物料通过母液泵打入料浆洗涤槽进行回收利用。酸槽、合成槽、第一、二增稠器气体由酸槽尾气风机送至文丘里洗涤后从烟囱排空。工艺流程图见图8.2。

8.5.1.3 离心、干燥、包装工序[21]

料浆缓冲槽内的料浆间歇式缓慢地加入卧式刮刀卸料离心机中，物料脱水后卸入湿料储斗，经湿料螺旋加料机送至干燥工序，滤液流入滤液槽。

电炉炉膛温度达到要求后，待干燥尾气排风机、冷却尾气排风机，各控制点的温度、压力正常后，将湿料储斗中的物料经湿料螺旋加料机加入气流干燥管干燥，干燥后的物料经过一、二级旋风收尘器回收后，再由星形下料器送入气流冷却管进行冷却，冷却后的氟硅酸钠产品经冷却旋风分离器分离后由星形下料器卸入成品储斗中。干燥尾气与冷却尾气分别进入干燥、冷却脉冲袋式除尘器除尘，再经尾气排风机送至尾气洗涤塔洗涤后从烟囱排空；干燥、冷却脉冲袋式除尘器回收得到较细的氟硅酸钠通过合格品螺运机送到成品储斗，经计量后进行包装，

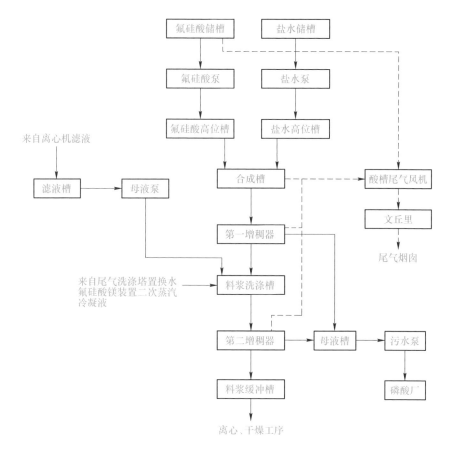

图 8.2 合成工序图

Fig. 8.2 Synthesis process diagram

并按要求堆码、标识。工艺流程方框图见图 8.3。

8.5.2 原料消耗

单吨氟硅酸钠的原料消耗与成本见表 8.7。

表 8.7 单吨氟硅酸钠的原料消耗与成本

Table 8.7 Raw material consumption and cost of per ton sodium fluorosilicate

序号	项目名称	单位	消耗定额	成本/元
一	原料名称			
1	硫酸钠（折纯）	kg/t	1200	510
2	氟硅酸（折纯）	kg/t	1000	1300

续表 8.7

序号	项目名称	单位	消耗定额	成本/元
二	动力消耗			
1	水	m^3/t	8.5	38.25
2	电	kWh	265	119.25
3	压缩空气	Nm^3	44	
4	低压蒸汽	kg/t	500	32.5
合　计				2000

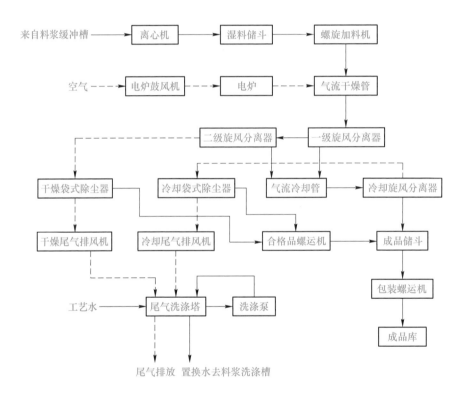

图 8.3　离心、干燥、包装工序

Fig. 8.3　Centrifugation，drying and packaging processes

8.5.3　综合能耗

氟硅酸钠电、水、蒸汽消耗见表 8.8。

表 8.8　氟硅酸钠能耗

Table 8.8　Sodium fluorosilicate energy consumption

装置名称	能源名称	实物单耗		折标系数		能耗 kgce/t	综合能耗 kgce/t
		单耗	单位	系数	单位		
氟硅酸钠	电	228.50	kWh/t	1.2290	tce/万千瓦时	28.08	29
	水	11.00	t/t	0.0001	tce/t	1.10	
	蒸汽	0.50	t/t	0.0920	tce/t	46	

8.6　氟硅酸钠行业发展挑战与机遇

8.6.1　环保法规对行业的影响

在环保法规日益趋严的全球背景下，氟硅酸钠行业正经历着深刻的变革。作为传统化工领域的重要组成部分，氟硅酸钠生产过程中的废气、废水及固废处理问题日益凸显，成为制约行业可持续发展的重要因素。面对这一挑战，行业内部开始积极探索绿色生产路径，以应对日益严格的排放标准。

严格的排放标准促使企业加大环保投入。随着各国政府环保政策的不断强化，对氟硅酸钠生产企业的环保要求也在逐步提升。企业不仅需要优化现有生产工艺，减少污染物排放，还需投入大量资金升级环保设施，确保生产活动全面符合法规要求。这一变化不仅增加了企业的运营成本，也迫使企业必须从源头上进行技术创新，以实现生产过程的绿色化、低碳化。

绿色生产转型成为行业发展趋势。在环保法规的推动下，氟硅酸钠行业正加速向绿色生产转型。企业纷纷采用更加环保的生产工艺和原材料，以降低生产过程中的污染物排放。例如，一些企业利用磷酸铁生产过程中产生的硫酸钠[22]生产氟硅酸钠，并将生产过程中产生的母液水作为磷矿石选矿的硫酸 pH 值调整剂，实现了资源的循环利用和废水的减量化排放。部分企业还采用磷矿浆作为吸收剂，脱出硫酸尾气中的二氧化硫并转化为硫酸，从而实现了废气中硫资源的回收利用。这些绿色生产技术的应用，不仅提升了企业的环保形象，也为企业带来了显著的经济效益。

市场竞争格局因环保标准而发生变化。在环保法规的约束下，符合环保标准的企业将获得更多市场认可和政策支持，从而在市场竞争中占据有利地位。而那些环保不达标的企业，则可能因面临高昂的环保处罚和市场淘汰风险而逐渐失去竞争力。这种竞争格局的变化，将进一步推动氟硅酸钠行业向更加绿色、可持续的方向发展。同时，也将促使企业更加注重技术创新和环保投入，以不断提升自身的核心竞争力和市场适应能力。

8.6.2 原材料价格波动风险

在氟硅酸钠行业的深入发展中，原材料价格波动成为了一个不可忽视的挑战与关键因素。这一波动主要源于氟硅酸、磷矿石等核心原材料的复杂市场供需关系、开采成本的变动以及政策调控的直接影响。市场供需的微妙变化，如资源稀缺性加剧或需求激增，均能迅速反映在原材料价格上，导致价格波动频繁且幅度较大。

对于生产成本而言，原材料价格的波动直接构成了企业运营成本的重大变数。成本的上升不仅压缩了企业的利润空间，还可能削弱其在市场中的竞争力，尤其是在价格敏感型市场中。因此，企业需构建精细化的成本管理体系，加强对原材料市场的实时监测与分析，以灵活应对价格变动，确保生产成本的相对稳定。

为有效应对这一挑战，企业可采取多元化策略。建立长期稳定的合作关系，与优质供应商形成战略联盟，共同抵御市场风险。企业还应积极探索原材料替代品，以降低对价格波动敏感原材料的依赖，保障生产供应链的韧性与安全。这些措施的综合运用，将有助于氟硅酸钠企业在复杂多变的市场环境中保持稳健发展，抓住行业机遇，实现可持续发展目标。

8.6.3 新兴市场与应用领域拓展机遇

在当前全球经济与技术快速迭代的背景下，氟硅酸钠行业正迎来前所未有的发展机遇。新兴市场的蓬勃兴起，特别是新能源、新材料及环保领域的迅猛发展，为氟硅酸钠的广泛应用提供了广阔舞台。随着新能源汽车、电子信息、生物医药等产业的不断壮大，氟硅酸钠作为关键原材料，其需求持续增长，展现出强劲的市场潜力。

新兴市场需求增长。新能源领域的爆发式增长是氟硅酸钠需求激增的重要驱动力。特别是在新能源汽车产业链中，氟硅酸钠作为电池材料的关键组成部分，其性能直接关系到电池的能量密度、循环寿命及安全性。随着全球对环保和可持续发展的重视，新能源汽车市场持续扩大，带动了氟硅酸钠需求的快速上升。同时，在新材料领域，氟硅酸钠的独特性质使其在高性能纤维、涂料、胶黏剂等方面有着广泛应用，进一步拓宽了市场需求。

应用领域创新。除了传统玻璃、陶瓷、农药等行业的稳定需求外，氟硅酸钠在新能源、电子信息、生物医药等新兴领域的应用潜力巨大[23]。企业需紧跟技术发展趋势[20]，加大研发投入，突破关键技术瓶颈，推动氟硅酸钠在更多高端领域的应用。例如，在电子信息产业中，氟硅酸钠可用于制造高性能半导体材料，提升电子产品的性能与稳定性；在生物医药领域，其独特的生物相容性和稳定性使其成为药物载体和医疗器械的理想材料。

国际化发展机遇。"一带一路"倡议的深入实施为全球贸易合作提供了新机遇，氟硅酸钠企业可借此东风，积极开拓国际市场，提升品牌影响力。通过参加国际展会、建立海外销售网络、开展国际合作等方式，企业能够直接对接国际市场需求，优化资源配置，提升产品竞争力。同时，面对复杂多变的国际贸易环境，氟硅酸钠企业还需密切关注国际贸易政策动态，加强风险预警和防范机制建设，确保在全球化浪潮中稳健前行。

氟硅酸钠行业正处于快速发展期，新兴市场需求增长、应用领域创新及国际化发展机遇共同构成了行业发展的强大动力。企业需紧跟市场趋势，加大技术创新和市场开拓力度，以创新驱动发展，实现产业升级和可持续发展。

8.7　氟硅酸钠市场发展策略建议

8.7.1　产品创新与差异化竞争

8.7.1.1　氟硅酸钠行业技术创新与绿色发展策略分析

在氟硅酸钠行业持续深化的市场格局中，技术创新与绿色发展已成为推动企业转型升级、提升核心竞争力的关键路径。技术创新不仅体现在生产工艺的革新与产品性能的升级上，更体现在如何高效满足市场需求，引领行业趋势。而绿色发展则是响应国家环保号召，实现可持续发展的必由之路。

8.7.1.2　技术研发驱动产业升级

面对氟硅酸钠市场日益增长的高品质需求，企业需加大在生产工艺、纯度提升及新型应用领域等方面的研发投入。具体而言，企业应聚焦于开发高效、节能、环保的生产工艺，通过技术创新降低生产成本，提高产品质量。同时，针对氟硅酸钠在新能源、新材料等领域的潜在应用，积极探索并突破技术瓶颈，开发具有自主知识产权的高性能产品，以满足市场不断升级的需求。这一过程不仅将推动氟硅酸钠行业的整体技术进步，也为企业的长远发展奠定了坚实基础。

8.7.1.3　定制化服务增强市场竞争力

在市场竞争日益激烈的背景下，定制化服务成为企业赢得客户青睐、提升市场份额的重要手段。氟硅酸钠企业应根据下游客户的具体需求，提供个性化的产品解决方案。这要求企业具备敏锐的市场洞察力和快速响应能力，能够精准把握客户需求变化，及时调整产品结构和生产工艺。通过定制化服务，企业不仅可以增强客户黏性，还能在激烈的市场竞争中脱颖而出，建立稳固的市场地位。

8.7.1.4　绿色环保产品引领行业潮流

随着环保意识的不断提升，绿色环保产品成为氟硅酸钠行业的重要发展方向。企业应积极响应国家环保政策，研发并推广低污染、低能耗、可回收的氟硅酸钠产品。这要求企业在生产过程中采用环保材料和清洁能源，减少废弃物排放和能源消耗。同时，加强对废弃物的回收利用和资源化利用，实现生产全过程的绿色化、循环化。通过绿色环保产品的推广，企业不仅能够提升自身品牌形象和市场认可度，还能为行业的可持续发展贡献力量。

8.7.2 营销渠道与品牌建设

在当前复杂多变的市场环境中，企业需采取多元化渠道布局策略以确保市场覆盖的全面性与灵活性。在巩固传统销售渠道的基础上，企业应积极拥抱数字化转型，通过电商平台拓宽销售网络，利用大数据与云计算技术精准定位目标客户群体，实现高效营销。同时，发展直销模式，减少中间环节，提升客户体验与反馈效率；构建代理体系，借助合作伙伴的地域优势与专业能力，快速渗透细分市场。这一系列举措旨在形成多渠道协同作战的市场布局，增强企业的市场竞争力。

品牌形象作为企业的无形资产，其塑造与维护至关重要。企业可通过参与国内外知名行业展会，展示最新技术与产品，与同行交流切磋，提升行业地位与品牌影响力。定期举办技术交流会，邀请行业专家与学者共话发展趋势，分享成功案例，不仅能够增进与客户及合作伙伴的紧密联系，还能进一步树立企业专业、前沿的品牌形象。发布行业报告，深入分析市场动态、技术趋势与竞争格局，展现企业的专业洞察与深厚底蕴，有助于增强市场信任度与品牌影响力。

在客户关系管理方面，企业需建立健全的 CRM 系统，实现客户信息的集中管理与动态跟踪。通过定期的客户沟通机制，深入了解客户需求与期望，及时响应客户反馈，提供个性化、专业化的服务方案。同时，利用大数据分析技术，挖掘客户潜在需求，预判市场变化，为客户提供更加精准、超前的服务。强化客户服务团队建设，提升服务人员的专业素养与服务意识，确保客户问题得到快速有效解决，从而增强客户满意度与忠诚度，构建长期稳定的客户关系网络。

8.7.3 产业链协同与资源整合

在氟硅行业的持续演进中，深化产业链合作与资源整合已成为推动行业转型升级、增强市场竞争力的关键路径。面对复杂多变的市场环境，加强与原材料供应商及下游应用企业的战略合作，构建稳固的供应链体系，成为企业稳健发展的基石。通过长期合作协议的签订与信息共享机制的建立，企业能有效降低采购成本，确保原材料供应的稳定性和质量，从而为产品的持续创新与品质提升奠定坚实基础。

具体而言，行业内企业纷纷通过并购、合资等资本运作方式，积极寻求与产业链上下游伙伴的深度融合。例如，多氟多化工股份有限公司与云天化股份有限公司的战略合作，不仅实现了氟资源与磷资源的优势互补，更在氟化工产业链延伸上迈出了重要步伐。这一"氟磷牵手"的里程碑式合作，不仅有助于双方企业资源的优化配置，更对氟化工产业集群的形成与民族工业的发展产生了深远影响。通过资源整合，企业能够集中优势力量，攻克关键技术难题，推动产业升级与技术创新，进一步提升整体竞争力。

同时，企业还需注重内部资源的优化配置与利用效率的提升。通过精细化管理、智能化改造等手段，实现生产过程的自动化、智能化，减少资源浪费，提高生产效率与产品质量。在巩固氟硅酸钠等传统主营业务的基础上，企业还应积极探索向上下游产业链延伸的可能性，通过拓展新业务领域与增长点，实现多元化发展，增强企业的抗风险能力与市场竞争力。

8.7.4 政策法规应对与风险管理

在氟硅酸钠行业稳步发展的背景下，政策法规的遵循与风险管理成为企业可持续发展的基石。政策法规研究方面，企业需紧跟国家及地方关于化学品安全、环境保护等方面的最新动态，特别是对于新化学物质的管理，应详细研究《新化学物质环境管理登记办法》中的具体要求，包括但不限于未按照登记证规定生产、进口、加工使用新化学物质的违规行为的防范，以及环境风险控制措施的实施与信息公开制度的建立。通过建立完善的法律法规知识库和更新机制，企业能迅速响应政策变化，制定针对性的合规策略，确保经营活动的合法性。

风险评估与防控体系的建立健全是风险管理的核心。企业应对氟硅酸钠生产、运输、储存及使用等各环节进行全面的风险识别，包括但不限于化学物质泄露、环境污染、员工健康风险等。针对识别出的风险，企业应制定具体的防控措施，如提升生产设备的安全性、优化工艺流程、加强员工培训与安全教育等。同时，建立完善的风险监控体系，对潜在风险进行实时监控与预警，提高应急响应的时效性和有效性。企业应制定详尽的应急预案，涵盖不同类型的突发事件，并定期组织应急演练，确保在突发事件发生时能够迅速、有序地采取应对措施。加强与政府、行业协会及相关部门的沟通与协作，共同建立信息共享与联合响应机制，提升企业应对复杂多变行业环境的能力。

❮8.8 本章小结

（1）氟硅酸钠作为关键性化工原料，在玻璃、石油化工等领域应用广泛，需求量在全球及国内市场均展现出强劲的增长态势。

（2）氟硅酸钠生产工艺较多，主要采用氟硅酸与钠盐反应。但存在氟的收率低，稀酸量大等问题。后续应开展稀酸与硅胶的回收利用。

（3）氟硅酸钠行业面临环保、原材料价格、供给等风险，所以生产企业应该实现产品创新与差异化竞争，按照国家等相关政策法规合法经营。

参 考 文 献

[1] 孙颜刚，柏勉. 浅谈工业硅酸钠行业现状 [J]. 建材世界，2017，38（5）：41-44.

[2] 王石，吴文彪，覃伟宁. 玻璃减薄蚀刻废液制备工业级氟硅酸钠研究 [J]. 中国环保产业，2023（12）：65-68.

[3] 彭星运，代应会，田光雨，等. 含氟废气制备氟硅酸钠工艺设计与优化 [J]. 广东化工，2024，51（10）：68-69，98.

[4] 吴宁宁. 萤石-硫酸法制备无水氟化氢工艺中硫的脱除浅析 [J]. 化工设计通讯，2024，50（8）：10-12.

[5] 肖晨星，高璐阳. 磷矿伴生资源的利用 [J]. 磷肥与复肥，2022，37（5）：27-30，46.

[6] 葛盛卓，张喜华，陈小群，等. 蒙砂粉熟化过程与蚀刻玻璃表面的研究 [J]. 无机盐工业，2022，54（7）：91-97.

[7] 罗智宏，何峰，张文涛，等. 熔融法转炉钢渣微晶玻璃的结构与性能研究 [J]. 人工晶体学报，2018，47（3）：514-521.

[8] 陈庆文. 浅析外加剂对混凝土的影响 [J]. 中国高新技术企业，2013（21）：65，157.

[9] 王飞，吴晓梅，李含音. 硅酸钠改性木材研究进展 [J]. 世界林业研究，2023，36（5）：89-94.

[10] 纪发达，王敬伟. 无机硅化物在纺织行业中的应用 [J]. 石油化工技术与经济，2022，38（2）：59-62.

[11] 赵瑞祥. 加料方式对氟硅酸钠晶体微观结构的影响研究 [J]. 磷肥与复肥，2019，34（12）：6-9.

[12] 蒲勇. 影响氟硅酸钠收率的因素分析 [J]. 硫磷设计与粉体工程，2019（3）：5，11-12，18.

[13] 刘荆风，杨秀山，张志业，等. 湿法磷酸酸解槽中氟硅酸钠颗粒形成原因及防治 [J]. 磷肥与复肥，2018，33（12）：104-107.

[14] 曹劲松，姚瑞清. 氟硅酸钠几种生产方法的比较 [J]. 磷肥与复肥，2009，24（3）：62-63.

[15] 吴向东，王煜，资学民，等. 一种连续性生产氟硅酸钠的方法 [P]. 云南：CN200810058614.X，2008-11-19.

[16] 宋方华，王颖莉，胡月华. 含氟硅胶制水玻璃 [J]. 硫磷设计与粉体工程，2000（5）：32-33.

[17] 宁延生. 利用磷肥工业副产含氟硅胶制高补强白炭黑的工艺研究 [J]. 化工环保，1994（3）：130-134.

[18] 唐锦近，明大增，李志祥，等. 磷肥副产硅胶的综合利用 [J]. 无机盐工业，2008（3）：14-15.

［19］张明军，菅玉航，常志强，等．氟硅酸制氟硅酸钠法工艺探析及优化改造［J］.河南化工，2017，34（7）：35-36.

［20］周秀梅．氟硅酸钠生产工艺控制及改造［J］.无机盐工业，2009，41（10）：39-41.

［21］刘华章．氟硅酸钠生产中出现的问题及原因分析［J］.化工管理，2014（2）：147-148.

［22］韦仕朝．电池级无水磷酸铁生产工艺研究［J］.磷肥与复肥，2023，38（6）：15-16，19.

［23］刘海霞，杨华春，杨明霞．磷氟协同发展未来思考［J］.生态产业科学与磷氟工程，2024，39（6）：49-52，80.

9 氟硅酸生产其他氟硅酸盐

采用磷肥副产品氟硅酸除生产氟硅酸钠与氟化铝外，还可生产多种氟化物、氟硅酸盐等。其中，氟化物品种有：氟化钠、氟化钾、氟化铵、氟化锌、氟化钙、氟化镁等。氟硅酸盐品种有：氟硅酸钾、氟硅酸钡、氟硅酸镉、氟硅酸镁、氟硅酸锶、氟硅酸锌及氟硅酸银等。

9.1 氟硅酸制备氟硅酸盐

为提高氟硅酸的高值化利用，可以用来制取氟硅酸钠、氟硅酸钾、氟硅酸镁、氟硅酸铜、氟硅酸钡、氟硅酸钙和其他氟硅酸盐类等。氟硅酸盐除用于金属电镀、木材防腐、啤酒消毒、酿造工业设备消毒和铝的电解精制等，还可用作媒染剂和金属表面处理剂等。本节主要介绍氟硅酸法制备氟硅酸盐。

9.1.1 氟硅酸制备碱金属氟硅酸盐

氟硅酸可制备碱金属氟硅酸盐，如氟硅酸钾，其相关介绍如下。

9.1.1.1 性质

化学名：氟硅酸钾；英文名：Potassium silicofluoride；分子式：K_2SiF_6；相对分子质量：220.6；CAS：16871-90-2；密度：2.665 g/cm^3。

氟硅酸钾是一种白色微细粉末或结晶，无嗅，无味，有毒，微酸性，有吸湿性。微溶于水，在热水中水解生成氟化钾、氟硅酸，不溶于醇、液氨，溶于盐酸，可溶于盐酸，溶解度随温度的升高略有增加。

9.1.1.2 质量指标

目前还没有统一的国家、行业标准，某些企业标准质量指标如表 9.1 所示。

表 9.1 K_2SiF_6 质量指标
Table 9.1 K_2SiF_6 quality specifications

项目	企业甲工业指标/%	企业乙分析纯指标/%	企业乙化学纯指标/%
K_2SiF_6	≥99.00	≥98.00	≥97.00
铁	≤0.50	≤0.0050	≤0.01
游离酸	≤0.10	≤0.50	—

项目	企业甲工业指标/%	企业乙分析纯指标/%	企业乙化学纯指标/%
重金属	≤0.01	≤0.0050	≤0.01
硫酸根	≤0.20	≤0.01	≤0.02
水分	≤0.50	—	—
氯	≤0.10	≤0.0050	≤0.02
五氧化二磷	≤0.0050	—	—
水不溶物	≤0.50	—	—
细度（80 目，0.175 mm）	≤90.00	—	—
碳酸盐	—	0.01	—
水溶性试验	—	合格	合格

9.1.1.3　制备技术

制备氟硅酸钾的方法有中和法、复分解法等，中和法主要是以碳酸钾或氢氧化钾为原料中和氟硅酸制得[1]。大多采用磷化工或氢氟酸生产企业副产的氟硅酸与有机氟代过程产生的废氯化钾反应，生成氟硅酸钾沉淀，经过滤、洗涤、干燥得到氟硅酸钾产品[2-4]。本小节主要讲述复分解法。

A　复分解法

以氟硅酸、氯化钾或硫酸钾为原料制备氟硅酸钾，将质量浓度为 10%～16% 的氟硅酸净化除去氟和硫酸根离子后，加热至 70～80 ℃，在搅拌下加入 22%～24% 氯化钾，并过量 20%～25%（氟硅酸钾较氟硅酸钠更不易结晶，因此也需控制反应体系的料浆浓度，增加养晶过程）。加入氯化钾后，继续搅拌，然后静置 20～30 min，使氟硅酸水解物二氧化硅与氟硅酸钾分离。经离心分离，并用水洗涤至 pH 值大于 5 为止，母液放入沉降池以回收氟硅酸钾。滤饼经干燥、粉碎后得产品。该方法优点是工艺简单、易操作、工艺流程短；缺点是氟硅酸钾的附加值较低。主要的制备工艺流程图如图 9.1 所示。其中反应方程式为：

$$H_2SiF_6 + 2K^+ \longrightarrow K_2SiF_6\downarrow + 2H^+ \tag{9.1}$$

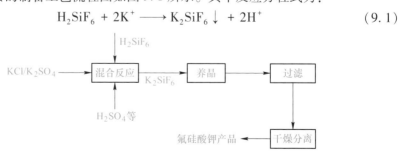

图 9.1　复分解法制备氟硅酸钾工艺流程图

Fig. 9.1　Process flow diagram of preparing potassium fluorosilicate by double decomposition method

B 其他方法

利用钾长石制取氟硅酸钾[5]。钾长石是难溶性钾盐的代表矿物之一，是一种含钾的硅酸盐矿物，在地壳中储量大、分布广，是许多含钾硅铝盐岩石的主要组成部分。

实验采用回转窑分解工艺进行分解钾长石，分解残渣经破碎用水浸取，过滤得到浸取液。然后利用浸取液与氟硅酸进行反应，即可生成氟硅酸钾沉淀，后续经过过滤、提纯、干燥即可获得氟硅酸钾产品。

9.1.1.4 产品用途

氟硅酸钾主要用于木材防腐、陶瓷制造、铝和镁冶炼、光学玻璃制造、合成云母及氟氯酸钾制造等，还可用于农药、瓷釉，以及焊接材料和铬电镀等，农业中用作杀虫剂，化学分析中用作分析试剂。

9.1.1.5 市场情况

氟硅酸钾市场规模庞大，需求量逐年递增。受全球化、建筑业、电子产业等因素影响，这一产业正在迎来长期的发展机遇。据统计，2019 年氟硅酸钾的全球市场需求量已超过 300 万吨，而到 2025 年预计将会超过 400 万吨。

中国、美国、日本等国家是氟硅酸钾生产的主要国家，尤其是中国的氟硅酸钾产业发展迅速，已成为全球最大的生产国。此外，韩国、印度等国家也在逐步扩大自身氟硅酸钾生产能力。就国内市场而言，当前的氟硅酸钾市场存在较大的竞争形势。首先，由于我国的氟硅酸钾产能较大，市场供应量相对充足，价格相较于其他国家产品也更具竞争力。其次，国内具有较多的氟硅酸钾生产企业，品牌竞争比价竞争更为激烈，大企业占据市场份额、中小企业占据较为碎片化的市场，市场质量不能长期得到保障。

随着全球环保意识的提高，各国政府和相关机构将会科学分配资源，优化产业结构，加强监管与合作，推进化学品生产向安全、环保和可持续方向的转型升级。特别是建筑与电子等领域的快速发展将会进一步促进氟硅酸钾市场需求量的提升，同时新材料、节能减排、低碳化等趋势也将对氟硅酸钾行业的未来产生巨大的影响。未来，氟硅酸钾行业的发展将会围绕环境保护、绿色化生产模式等方面展开。氟硅酸钾行业将呈震荡上涨的态势，市场规模进一步拓展，并逐步呈现出供应尺度、品质竞争、环保发展等趋势。

9.1.2 氟硅酸制备碱土金属氟硅酸盐

9.1.2.1 氟硅酸镁

A 性质

化学名：氟硅酸镁；英文名：Magnesium fluorosilicate；分子式：$MgSiF_6$；相对分子质量：166.47；CAS：16949-65-81；密度：1.788 g/cm^3。

氟硅酸镁为无色或白色无味三水结晶，有毒。三水合氟硅酸镁在 120 ℃ 脱水，分解释放出四氟化硅气体。易溶于水，溶于稀酸，难溶于氟化氢，不溶于醇，水溶液呈酸性反应，与碱作用时可生成相应的氟化物和二氧化硅。

B　质量指标

国内还没有统一的国家标准，行业标准质量指标（HG/T 2768—2009）储存于干燥、阴凉库房中，禁止与食品、种子等共储运。氟硅酸镁行业标准质量标准如表 9.2 所示。

表 9.2　氟硅酸镁行业标准质量标准
Table 9.2　Magnesium fluosilicate industry standards quality standards

项目	指标/%
氟硅酸镁	≥98.00
二氧化硅	≤0.05
氟硅酸	≤0.20
硫酸镁	≤0.50
水分	≤0.60
氟化镁	≤0.15
水不溶物	≤0.25

C　制备技术

菱苦土和氟硅酸反应制备氟硅酸镁。首先检测氟硅酸溶液中是否含有氟离子或硫酸根离子，若有则用黄丹粉（PbO）处理，以除去杂质。而后将没有氟离子或硫酸根离子的氟硅酸加入反应器中，在加入一定量的菱苦土（MgO 质量分数大于 80%）粉悬浮液中发生中和反应，直至反应液 pH 值为 3~4，便可得氟硅酸镁溶液。将所得的氟硅酸镁溶液过滤，并浓缩至相对密度为 1.35~1.37 g/cm³，即可使其溶液结晶，最后对结晶物于 60~65 ℃ 干燥即得成品氟硅酸镁。

其化学反应方程式如下：

$$H_2SiF_6 + MgO == MgSiF_6 \downarrow + H_2O \tag{9.2}$$

D　产品用途

氟硅酸镁主要用于改善混凝土硬度、强度的硬化剂。建筑业上作为防水剂和建筑物表面的氟化处理剂。农药工业用于制造杀虫剂，还可作为织物防蛀剂。另外，用于硅石建筑表面处理及制造陶瓷。

E　市场情况

氟硅酸镁全国年产量 2 万吨。主要产量集中在云南、四川、河南和江西。云南年产量超过全国 50%，约为 1.2 万吨。由于受原材料的影响，氟硅酸镁较长时间内生产厂家无法稳定持续生产，各路经销商很难固定采购同一厂家的货物，终端用户很难处理由于更换产品厂家导致的使用障碍。

9.1.2.2 氟硅酸钡

A 性质

化学名：氟硅酸钡；英文名：Barium hexafluorosilicic acid；分子式：$BaSiF_6$；相对分子质量：279.403；CAS：17125-80-3；密度：4.29 g/cm^3；熔点 300 ℃。

氟硅酸钡为白色正交晶系结晶。微溶于水、酸，不溶于醇。与水长期接触会引起水解，在碱性条件下会加速水解。

B 制备技术

以氟硅酸和氯化钡为原料中和法制备氟硅酸钡。将氟硅酸与氯化钡按等摩尔量进行化学反应，生成氟硅酸钡沉淀，经过滤分离、洗涤、干燥制得产品。

C 产品用途

主要用于制造四氟化硅，也可用于陶瓷和杀虫剂。

9.1.3 氟硅酸制备过渡金属氟硅酸盐

9.1.3.1 氟硅酸铜

A 性质

化学名：氟硅酸铜；英文名：Cupric fluosilicate；分子式：$CuSiF_6$；相对分子质量：277.684；CAS：12062-24-7；密度：2.56 g/cm^3。氟硅酸铜为蓝色单斜荧光结晶，易溶于水，微溶于醇，加热则分解。

B 制备技术

以氟硅酸和氢氧化铜为原料中和法制备氟硅酸铜。将氟硅酸净化除去氟离子和硫酸根离子后加入氢氧化铜溶液中进行中和反应，反应结束后真空浓缩、冷却结晶、干燥制得产品。

C 产品用途

用于大理石硬化、着色和印染、杀菌剂、杀虫剂、混凝土硬化剂、聚酯纤维催化剂等。

9.1.3.2 氟硅酸锌

A 性质

化学名：氟硅酸锌；英文名：Zinc fluorosilicate；分子式：$ZnSiF_6$；相对分子质量：315.557；CAS：16871-71-9；密度：2.04 g/cm^3；熔点：125 ℃。氟硅酸锌为白色结晶或粉末。溶于水、乙醇、无机酸。

B 制备技术

以氟硅酸和氧化锌（或碳酸锌）为原料制备氟硅酸锌。首先将铅盐（碳酸铅或氟硅酸铅）加入氟硅酸中，净化除去硫酸根，得到净化的氟硅酸，加入氧化锌或碳酸锌中和，得氟硅酸锌溶液，过滤除去杂质，蒸发结晶，经离心分离、干燥得产品。反应式如下：

$$H_2SiF_6 + ZnO \xrightarrow{\quad\quad} ZnSiF_6 + H_2O \tag{9.3}$$

$$H_2SiF_6 + ZnCO_3 \xrightarrow{\quad\quad} ZnSiF_6 + H_2O + CO_2\uparrow \tag{9.4}$$

C 产品用途

用于混凝土增强剂、木材白蚁防虫剂、锌电解浴组分以及洗涤、漂白、浴用等。

9.1.4 氟硅酸制备其他类氟硅酸盐

氟硅酸可制备其他类氟硅酸盐，如氟硅酸铵，其相关介绍如下。

9.1.4.1 性质

化学名：氟硅酸铵，别名硅氟化铵；英文名：Ammonium fluorosilicate；分子式：$(NH_4)_2SiF_6$；相对分子质量：178.14；CAS：16919-19-0；密度：2.01 g/cm³。

氟硅酸铵为白色无味立方或三斜结晶或粉末，有毒。分解时有 α 型和 β 型，α 型为立方晶系，β 型为三斜晶系。在空气中稳定，但 β 型经长时间加热，本身晶系受到破坏转变为 α 型粉末。两种形态皆可溶于水，不溶于醇。β 型经较长时间加热，会转变为 α 型。

9.1.4.2 质量指标

国内还没有统一的国家、行业标准，某企业标准如表 9.3 所示，应密封保存。

表 9.3 $(NH_4)_2SiF_6$ 质量指标

Table 9.3 $(NH_4)_2SiF_6$ quality specifications

项目	指标		
	工业级/%	分析纯/%	化学纯/%
$(NH_4)_2SiF_6$	≥98.00	—	—
H_2SiF_6	≤0.30	≤0.50	—
硫酸盐	≤0.60	≤0.010	≤0.050
水分	≤0.60	—	—
水不溶物	≤0.60	—	—
氯化物	—	≤0.0050	≤0.020
碳酸盐	—	≤0.010	—
重金属	—	≤0.0050	≤0.010
铁	—	0.0050	0.010
水溶解度试验	—	合格	合格
外观	—	白色结晶体	—

注："—"表示未检测出。

9.1.4.3　制备技术

传统行业中氟硅酸铵主要由萤石和石英混合酸解后，经水吸收后再进一步氨化而得。随着磷矿伴生氟硅资源综合利用技术的进一步深入，利用磷肥企业的氟硅酸生产氟硅酸铵[6]，氟硅酸铵再进一步生产固体氟化铵[7]、固体氟化氢铵、无水氟化氢等氟化产品技术已基本成熟。氟硅酸铵成为氟硅酸资源综合利用的一个重要中间产品。

将氨水、液氨或碳酸铵加入氟硅酸中，控制反应终点 pH 值（0.5~3），后经浓缩、分离、干燥得到氟硅酸铵产品。通过控制反应终点 pH 值，可减少过程中硅胶的析出，加入氢氟酸或氟化铵溶液，可减少原料中带来的硅胶，同时也可抑制氟硅酸根离子浓缩过程中发生水解，为生产高纯度固体氟硅酸铵提供保障。该方法优点是有效利用了氟、硅资源，生产成本相对较低，缺点是氨水/液氨是危险化学品，操作过程中存在一定风险。主要的制备工艺流程图如图 9.2 所示。其中反应方程式见式（9.5）：

$$H_2SiF_6 + NH_3 \cdot H_2O/(NH_4)_2CO_3 \longrightarrow (NH_3)_2SiF_6\downarrow + 2H^+ \qquad (9.5)$$

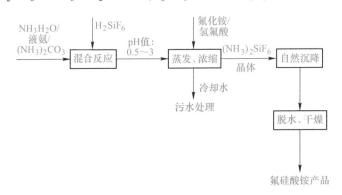

图 9.2　氨中和法制备氟硅酸铵工艺流程图

Fig. 9.2　Process flow diagram for preparing ammonium fluosilicate by ammonia neutralization method

9.1.4.4　产品用途

酿造工业中用作消毒剂，冶金工业上用于从绿砂中提取钾，用于铜、铁、锌的电镀液，还可用作木材防腐剂，也可用于织物防蛀剂、焊接助熔剂，分析化学中用于钡盐的测定，也用于轻金属浇铸、电镀及制取人造冰晶石和氯酸铵等，用途十分广泛。

9.1.4.5　市场情况

目前，氟硅酸铵的主要生产地为江苏、湖南、河南、山东等地，其中江苏占据了相当大的市场份额。但随着环保、安全、能耗等要求的日益提高，以及一些地方政府为保障生态环境和人民健康进行的"蓝天保卫战"，一些小型、落后的企业逐渐被淘汰出市场，而较为专业化、适应环保要求的中大型企业则逐渐壮大。因此，氟硅酸铵市场已逐步呈现出供需矛盾减缓的趋势，但仍有局部地区产能过剩，需进一步优化结构。

在全球化背景下，氟硅酸铵市场也逐渐呈现出多元化、开放型的发展模式，面对日新月异的市场需求和技术挑战，行业企业需要不断加强技术创新和市场开拓，进行产品升级和稳定产能建设。同时，合理管理和充分发挥企业的优势，加强宣传和市场营销，已成为行业企业进行可持续发展的关键。

9.2 氟硅酸制备氟化盐及其他

氟硅酸除了可以制备氟硅酸盐类，还可用于制备氟化盐及四氟化硅、冰晶石、二氧化硅等其他用产品。这里主要介绍氟硅酸制备氟化盐等其他产品。

9.2.1 氟硅酸制备碱金属氟化物

9.2.1.1 氟化钠

A 性质

化学名：氟化钠；英文名：Sodium fluroide；分子式：NaF；相对分子质量：41.99；CAS：7681-49-4；密度：2.258 g/cm³；熔点 993 ℃；沸点 1700 ℃。

氟化钠是一种白色粉末或结晶，属四方晶系的正六面体或八面体结晶，无嗅，稳定，有毒，能腐蚀皮肤，刺激黏膜，长期接触对神经系统有损害，微溶于水（在水中的溶解度如表 9.4 所示），稍溶于醇，水溶液呈弱碱性，能腐蚀玻璃，可溶于氢氟酸，生成氟化氢钠。

表 9.4 氟化钠在水中的溶解度

Table 9.4 Solubility of sodium fluoride in water

温度/℃	0	20	25	35	40	80	94
NaF/%，质量分数	3.42	4.10	4.00	3.99	4.35	4.48	4.73

B 质量指标

氟化钠产品有粉状和粒状两种，密度分别为 1.04 g/cm³ 和 1.44 g/cm³，国内市场一般使用粉状，出口产品则大部分要求粒状。根据中国标准 YS/T 571—2006（对 GB 42930—1984 做了修订）与 GB/T 1264—1997，对氟化钠的化学成分规定分别如表 9.5、表 9.6 所示。

表 9.5 （工业用）氟化钠的规格

Table 9.5 Specifications of sodium fluoride（Industrial）

项目	一级品/%	二级品/%	三级品/%
氟化钠	≥98.00	≥95.00	≥84.00
二氧化硅	≤0.50	≤1.00	—
碳酸钠	≤0.50	≤1.00	≤2.00
硫酸盐	≤0.30	≤0.50	≤2.00
酸度（以 HF 计）	≤0.10	≤0.10	≤0.10
水不溶物	≤0.70	≤3.00	≤10.00
水	≤0.50	≤1.00	≤1.50

注：1. 表中"—"表示不做规定；

2. 表中化学成分按干基计算；

3. 氟化钠为白色粉末；

4. 产品中允许有直径大于 4 mm 的结块，但其质量分数不得超过 5%。

表 9.6 （试剂用）氟化钠的规格

Table 9.6 Specifications of sodium fluoride（Reagents）

项目	优级纯/%	分析纯/%	化学纯/%
质量分数	≥99.00	≥95.00	≥98.00
澄清度试验	合格	合格	合格
干燥失重	≤0.30	—	—
水不溶物	≤0.010	≤0.050	≤0.10
游离酸（mmol/100 g）	≤2.50	≤5.00	≤1.00
游离碱（mmol/100 g）	≤1.00	≤2.00	≤4.00
氯化物	≤0.0020	≤0.0050	≤0.010
硫酸盐	≤0.010	≤0.030	≤0.050
氟硅酸盐	≤0.10	≤0.60	≤1.20
铁	≤0.0020	≤0.0050	≤0.0050
重金属	≤0.0010	≤0.0030	≤0.0050

C 制备技术

氟硅酸钠（纯碱）一步法：将氟硅酸钠加入盛有母液的反应器中，制成悬浮液，搅拌，加热至 84~95 ℃（压力≤0.148 MPa），随后慢慢加入碳酸钠溶液（母液、氟硅酸钠、纯碱铵的比例为 100 L：38 kg：51.74 kg），在搅拌下反应，搅拌速率为 4 r/s，反应时间 160~180 min，直到反应液中没有气泡为止。在反应釜中须严格控制好反应条件，使副产物硅胶为絮状结构，并使氟化钠晶体颗粒尽可能增大，有利于重力分离工序的操作。经重力分离后，得到氟化钠结晶和硅胶，二者分别经离心分离，母液循环至反应釜，氟化钠经干燥便得成品。该工艺简单，原料易得，反应温度较低，设备腐蚀较小，产品质量较好，还能副产白炭黑。也可用氟硅酸代替氟硅酸钠，其工艺流程如图9.3所示。其化学反应方程式如下：

$$Na_2SiF_6 + 2Na_2CO_3 \Longrightarrow 6NaF + SiO_2\downarrow + 2CO_2\uparrow \tag{9.6}$$

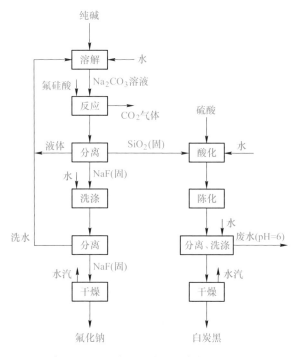

图9.3 氟硅酸（纯碱）一步法制备氟化钠工艺流程图

Fig. 9.3 Flowchart of the process for preparing sodium fluoride by one step fluosilicic acid（soda ash）method

氟硅酸钠（纯碱）-两步法[8]：将氟硅酸和碳酸氢铵进行反应得到氟化铵，有二氧化硅沉淀析出，可转化成活性二氧化硅或者白炭黑，氟转化为氟化铵，加入氯化钠可得到氟化钠和氯化铵，然后过滤、洗涤、干燥后可得到氟化钠产品，溶液经过结晶后得到氯化铵。该工艺优势在于可同时得到多种产品，但工艺较复杂，反应条件需控制精准，确保原料反应完全，否则可能生产无用的副产物氟硅酸钠。其中工艺流程图如图9.4所示。其中反应方程式：

$$H_2SiF_6 + 6NH_4HCO_3 \Longrightarrow 6NH_4F\downarrow + SiO_2\downarrow + 6CO_2\uparrow + 4H_2O \tag{9.7}$$

$$NH_4F + NaCl \Longrightarrow NaF\downarrow + NH_4Cl \tag{9.8}$$

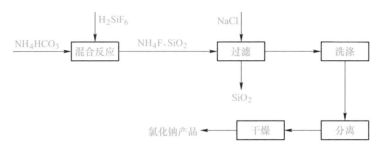

图 9.4 氟硅酸（纯碱）-两步法制备氟化钠工艺流程图

Fig. 9. 4 Process flow diagram of sodium fluoride preparation using fluorosilicic acid （soda ash） two-step method

D 产品用途

氟化钠主要用作甜菜、亚麻、蔬菜等农作物的农业杀虫剂、木材防腐剂、杀菌剂、分析试剂及牙膏的氟化剂，也用于发酵设备的消毒、氟化合物的制造、血液防腐、骨疾病治疗、城市饮用水消毒，用于氟化物废气和粗制元素氟的精制以及催化剂载体等，还可用于制造沸腾钢板的脱氧剂，高碳钢脱气剂，铝冶炼和不锈钢焊接助溶剂组分，是陶瓷、玻璃、珐琅生产过程中的焊剂，是钢铁、金属铝及其他金属的酸洗剂、蚀刻剂，在核工业中用作 UF3 吸附剂。

E 市场情况

随着社会、经济、科技的不断发展，氟化钠行业的市场需求不断扩大。目前，我国氟化钠的应用主要集中在铝冶炼、油田开采、水处理、制冷剂等领域。随着经济的不断发展，从消费者需求和政策引导等方面对环保产品的需求不断增加，与氟化钠产业相关的新兴环保产业发展迅速，使氟化钠的市场需求进一步扩大。国内氟化钠下游行业的快速发展，氟化钠的需求量也跟着增长，在金属材料冶炼精炼、耐磨材料、黑色金属表面处理、陶瓷和玻璃制造等行业都有明显增长，但在农业杀虫剂杀菌剂、木材防腐剂等方面基本上已被其他原料代替，2022年国内氟化钠产量 7.8 万吨。

9.2.1.2 氟化钾

A 性质

化学名：氟化钾；英文名：Potassium fluoride；分子式：KF；相对分子质量：58.10；CAS：7789-23-3；密度：2.48 g/cm³；熔点：858 ℃；沸点：1505 ℃。

氟化钾是一种无色立方晶体，有毒，易溶于水。氟化钾水溶液呈碱性，能腐蚀玻璃及瓷器，可溶于无水氟化氢、液氨，不溶于乙醇。加热至升华温度时有少许分解，但熔融的氟化钾活性较大，能腐蚀耐火材料。固体氟化钾遇空气易潮解，潮解后形成两种水合盐 KF·2H₂O 和 KF·4H₂O。二水盐在室温下较稳定，但在 40 ℃以上会失去水。四水盐仅在 17.7 ℃以下才会存在。氟化钾的其他物性数据如表 9.7 所示。

表 9.7 氟化钾的主要物理性质

Table 9.7 Main physical properties of potassium fluoride

项目			数值
熔点/℃	无水盐		856
	二水盐		41
	四水盐		19.30
沸点/℃	无水盐		1505
溶解度	无水盐在水中 (g/100 g)	18 ℃	91.50
		80 ℃	150
	无水盐在 HF 中 (g/100 g)	−45 ℃	27.20
		0 ℃	30.90
		8 ℃	36.50
	在甲醇中 (25 ℃)/%，质量分数		9.26
	在丙酮中 (18 ℃)/%，质量分数		2.20
	二水盐 在无水 HF 中 (−75 ℃) (g/100 g)		18.40
折射率	无水盐		1.35
	二水盐		1.35
生成热/kJ·mol^{-1}	无水盐		−5682.85
	二水盐		−1163
自由能 (25 ℃)/kJ·mol^{-1}	无水盐		−538.20
	二水盐		−1022.09
熵 (25 ℃)/J·(mol·K)$^{-1}$	无水盐		66.56
	二水盐		155.30
熔化焓/kJ·mol^{-1}			28.46
气化热/kJ·mol^{-1}			172.88
二水盐脱水热/kJ·mol^{-1}			28.20
晶格热/kJ·mol^{-1}			801.61
升华焓/kJ·mol^{-1}			241.95
溶解焓/kJ·mol^{-1}			−19.17
摩尔热容/J·(mol·K)$^{-1}$	400 K		551.07
	600 K		54.29
	800 K		57.43
	1000 K		64.20
急性毒性			对猪致死量为 250 mg/kg，对鼠（口服）半致死量 LD$_{50}$ 为 245 mg/kg

B 质量指标

二水氟化钾、无水氟化钾的规格分别如表9.8、表9.9所示。从工业应用分为活性氟化钾和高活性氟化钾，其中活性氟化钾通常指比表面积大于 $1.0\ \mathrm{m^2/g}$、密度 $0.3\sim0.7\ \mathrm{g/cm^3}$、粒径 $50\sim100\ \mathrm{\mu m}$、含水量 $0.3\%\sim0.5\%$，而高活性氟化钾则为比表面积大于 $1.3\ \mathrm{m^2/g}$、粒径 $1\sim15\ \mathrm{\mu m}$、含水量 $0.05\%\sim0.3\%$。应密闭储存。

表9.8 二水氟化钾（氟化钾）的规格

Table 9.8 Specifications for potassium fluoride dihydrate (potassium fluoride)

项目	分析纯/%	化学纯/%
二水氟化钾	≥99.00	≥98.00
澄清度试验	合格	合格
游离酸	≤0.050	≤0.10
游离碱	≤0.050	≤0.10
氯化物	≤0.0020	≤0.0050
硫酸盐	≤0.010	≤0.020
氟硅酸盐	≤0.050	≤0.10
铁	≤0.00050	≤0.0010
重金属	≤0.0010	≤0.0050

表9.9 工业无水氟化钾产品规格（HG/T 2829—1997）

Table 9.9 Industrial anhydrous potassium fluoride product specifications (HG/T 2829—1997)

指标名称	指标/%
氟化钾（KF）	≥96.00
氯化钾（KCl）	≤3.00
水分	≤0.50

近几年我国含氟医药、含氟农药、含氟染料发展很快，使氟化钾的需求增长。国内氟化钾年消费量估计在1万~2万吨。国内企业正在致力于研究和开发利用高活性氟化钾，与一般无水氟化钾产品相比，其粒度细（比表面积大）、分散性好、纯度高，能大幅度提高有机物氟取代收率，浙江莹光化工公司、江苏射阳氟都化工公司等已有生产，但关键指标比表面积达 $2.00\ \mathrm{m^2/g}$ 以上的产品仍是空白，虽然目前个别企业有一定突破，但最佳水平也只能达到 $2.00\ \mathrm{m^2/g}$。一些特殊含氟有机化合物制备所需的高比表面积活性氟化钾每年均有一定量的进口，高活性氟化钾存在着相当大的市场机遇。

C 制备技术

近些年来，由于中国含氟医药、含氟农药及含氟染料的快速发展，使氟化钾应用领域不断扩大，高活性氟化钾的需求量也在迅速增长。目前，氟化钾的生产方法主要有中和法[9]、氟硅酸钾煅烧法、氟硅酸钾直接水解法[10]、氟硅酸钾碱解法、氟硅酸法、氟化铵法、络合法等[11-13]。

水解法[14-15]：在反应器中加入制造磷肥或湿法磷酸副产的氟硅酸，然后在搅拌下加入过量 20%~25%（质量分数）的氯化钾进行复分解反应。将反应产生的沉淀氟硅酸钾过滤，用水洗至洗涤液 pH 值大于 5。然后向洗涤后的氟硅酸钾中加入 95 ℃左右的热水将其充分水解，水解产物为氟化钾、氟化氢和硅酸沉淀。过滤分离出硅酸，再将滤液经过浓缩、结晶、过滤、干燥即得粗产品氟化钾，粗产品氟化钾可进一步纯化。一般都是通入氟化氢生成氟化氢钾，氟化氢钾在结晶后加热逐出氟化氢，即可得精制氟化钾。水解法工艺较为复杂，且产品纯度较低，但其生产原料来自磷肥厂含氟尾气经水吸收副产的氟硅酸，所以生产成本较低。上述反应中可以用硫酸钾代替氯化钾。也可以将所得的氟硅酸钾用氨水水解、过滤，滤饼为副产品二氧化硅（白炭黑）；滤液浓缩，逸出氨，加热至 500 ℃逸出氟化氢，即得氟化钾。该法生产工艺流程示意如图 9.5 所示。反应方程式如下：

$$H_2SiF_6 + KCl \rlap{=}= K_2SiF_6 \downarrow + 2HCl \qquad (9.9)$$

$$K_2SiF_6 + 4KOH \rlap{=}= 6KF + SiO_2 \downarrow + 2H_2O \qquad (9.10)$$

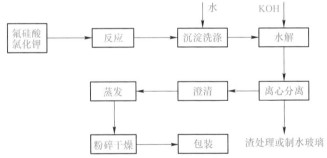

图 9.5 水解法制备氟化钾工艺流程图

Fig. 9.5 Process flow of preparing potassium fluoride by hydrolysis method

氟硅酸钾煅烧法：对氟硅酸钾进行煅烧制得七氟硅酸钾，而后对七氟硅酸钾水解制得二水氟化钾，最后对二水氟化钾进行干燥脱水，便可制得氟化钾。其化学反应方程式如下：

$$3K_2SiF_6 \rlap{=}= 2K_3SiF_7 + SiF_4 \uparrow \qquad (9.11)$$

$$K_3SiF_7 + 2H_2O \rlap{=}= K_2SiF_6 + KF \cdot 2H_2O \qquad (9.12)$$

氟硅酸钾碱解法：副产氟硅酸（氟硅酸质量分数为10%）和工业级氢氧化钾为原料反应制得氟化钾，并联产白炭黑[16-17]。氟硅酸的酸性极强，首先会与氢氧化钾发生酸碱中和反应生成氟硅酸钾，放出大量的热。由于第一步中和反应不需要加热，并且中和反应速度快，所以先将氟硅酸和一定质量分数的氢氧化钾溶液按一定的配料比快速混合至溶液呈弱酸性。在一定温度下，向第一步反应的料浆中缓慢加入一定质量分数的氢氧化钾溶液，严格控制氢氧化钾用量，即控制好反应料浆的pH值，且加料速度不宜过快，避免氢氧化钾溶液未及时与反应料浆混合均匀，导致料浆的局部碱性较强，使反应生成的白炭黑溶解影响产品质量。待反应结束，过滤分离出白炭黑滤饼，得到氟化钾溶液，将其浓缩至一定质量分数时，采用喷雾干燥即可得到氟化钾产品[18]，如图9.6所示。反应方程式如下：

$$H_2SiF_6 + 2KOH \longrightarrow K_2SiF_6\downarrow + 2H_2O \qquad (9.13)$$

$$K_2SiF_6 + 4KOH \longrightarrow 6KF + SiO_2\downarrow + 2H_2O \qquad (9.14)$$

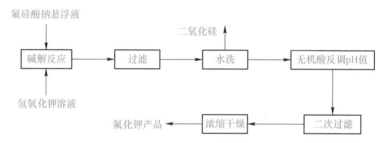

图 9.6　氟硅酸钾碱解法制备氟化钾工艺流程图

Fig. 9.6　Flowchart of the preparation of potassium fluoride by potassium silicofluoride alkalization

D　产品用途

氟化钾最主要的用途是生产含氟中间体，还可用作水汽和氟化氢气体的吸收剂、络合剂、掩蔽剂、金属分析、食品包装材料防腐等，也可用于银、铝合金及各种合金焊接助熔剂、除锈剂和木材保护剂。重要用途是在有机氟化物生产中作为氟化剂，用于生产氟哌酸氟乙酸钠、氟乙酰胺等含氟农药、含氟医药及含氟涂料。氟化钾还用于脱卤化氢、迈克尔加成反应、Knoevenagel反应的催化剂以及制备聚酯、芳香族聚酰胺的催化剂，也是制取氟化氢钾的原料。高活性无水氟化钾能够替代氟化反应时使用的价格昂贵的相转移催化剂，在有机氟化反应中高活性、高收率、低用量、低副产。

E　市场情况

随着全球经济增长和工业化进程的不断推进，无水氟化钾市场逐步扩大。截至2019年，全球无水氟化钾市场规模已经达到40亿美元以上，预计到2025年，市场规模将达到60亿美元左右。

目前存在的问题是：行业进入门槛较低，市场上存在大量的小型企业；行业内存在多个品牌和种类的无水氟化钾产品，竞争激烈；行业市场份额分散，缺乏规模化生产企业；市场对产品品质有较高要求，品牌影响力也是竞争的重要因素。综合来看，无水氟化钾行业处于品牌竞争的阶段。企业需提升品牌影响力，提高产品质量和可靠性，才能在激烈的市场中立于不败之地。

当前，无水氟化钾行业的发展趋势主要体现在以下几个方面：（1）提高生产效益。随着全球的环保呼声不断高涨，无水氟化钾企业需要加大技术创新提高生产效率，从而一方面降低生产成本，另一方面也能够大幅度缩短环境影响。（2）产品性能升级。随着行业市场的竞争加剧，无水氟化钾企业需要提高产品品质和可靠性，满足市场需求。同时，需提升对产品的检测技术，提高产品的稳定性。（3）工业转型升级。当前，无水氟化钾企业在市场竞争中需要进行产业结构的优化和调整，推动工业升级转型。例如，在使用清洁能源方面如太阳能、风能等以及研发生产更加环保、绿色的产品上，都是企业进行转型升级的方向。（4）经销商和客户服务升级。当前，无水氟化钾行业由于品牌和品质差异较大，客户对经销商和售后服务的要求越来越高。因此，无水氟化钾企业需要提升销售和售后服务质量，加强客户和经销商的联系和沟通。

9.2.1.3 氟硼酸钾

A 性质

化学名：氟硼酸钾；英文名：Potassium fluoroborate potassium borofluoride；分子式：KBF_4；相对分子质量：125.92；CAS：14075-53-7；密度：2.50 g/cm^3；熔点 530 ℃。

氟硼酸钾为白色粉末，味苦，从溶液中可结晶出六面棱形晶体。微溶于水及热乙醇中，不溶于冷乙醇、碱，且有毒。氟硼酸钾在被加热到 600～700 ℃ 时，分解释放三氟化硼。如将氟硼酸钾与硼酐一起加热到熔点时，或在这两组分中再加入浓硫酸加热时，也分解出三氟化硼。与碱金属碳酸盐一起熔化时可生成氟化物和硼酸盐，熔融开始时分解，氟硼酸钾主要物性数据如表 9.10 所示。

表 9.10　KBF_4 主要物性数据

Table 9.10　Main physical properties of KBF_4

项　目		数　值
晶体形状		菱形<283 ℃（$a=0.7032$ nm，$b=0.8674$ nm，$c=0.5496$ nm）立方体>283 ℃
水中溶解度（g/100 mL）	20 ℃	0.45
	100 ℃	6.27
蒸气压/Pa		$\mathrm{Log}p = -aT^{-1} + b$（$a=6317$，$b=8.15$，$T=510\sim930$ ℃）

续表9.10

项　目	数　值
晶格热（$-U$）/kJ·mol^{-1}	598
ΔH(25 ℃)/kJ·mol^{-1}	-180.50（固态 KF+气态 BF$_3$→固态 KBF$_4$）
急性毒性	对大鼠的半数致死量 LD$_{50}$：240 mg/kg
离解热/kJ·mol^{-1}	121.00
生成热/kJ·mol^{-1}	-1881.50
熔化热/kJ·mol^{-1}	18.00

B　质量指标

国内还没有统一的国家、行业标准，国内某企业标准氟硼酸钾质量指标如表9.11所示。

表 9.11　国内某企业标准氟硼酸钾质量指标

Table 9.11　Quality indexes of potassium fluoborate standard of a domestic enterprise

项目	企业甲分析纯 指标/%	企业甲化学纯 指标/%	企业乙工业 指标/%	企业丙工业 指标/%
氟硼酸钾	≥98.00	≥97.00	≥98.00	≥98.00
氯化物	≤0.0020	≤0.0050	≤0.050	≤0.050
硫酸盐	≤0.0020	≤0.0050	—	≤0.010
磷酸盐	≤0.0050	≤0.010	—	—
铁	≤0.0020	≤0.0050	—	≤0.30
重金属	≤0.0010	≤0.0030	≤0.010	≤0.010
游离碱	≤0.10	≤0.10	—	—
游离酸	≤0.10	≤0.20	—	—
氟硅酸钾	≤0.30	≤0.80	—	—
硅	—	—	≤0.15	≤0.20
钙	—	—	≤0.050	≤0.050
水	—	—	≤0.050	≤0.050
钠	—	—	—	≤0.050
镁	—	—	—	≤0.010
粒度（45~250 μm）	—	—	—	≥80.00

C　制备技术

国内氟硼酸钾生产厂家多使用传统工艺氢氟酸法，而生产原料氢氟酸目前主要来源于战略资源萤石。随着低碳经济和循环经济的发展，氟化工行业提倡氟资源回收利用达到从源头节约战略资源萤石的目的。而利用氟硅酸溶液和硼酸为原料，生产氟硼酸钾联产白炭黑的工艺路线，能很好地将氟硅酸溶液得以利用，该工艺原料价格比较低，产品附加值高，经济效益显著。氟硅酸主要来源于磷肥副产及无水氢氟酸副产。利用低附加值的氟硅酸和硼酸反应生成高附加值的氟硼酸钾，可以提高经济效益，缓解氟化工行业的环保压力，促使氟化工行业健康发展。

氟硅酸法：将氟硅酸稀释至 25%（质量分数）与硼酸按一定配比在 75~85 ℃下密闭反应 2.5~3 h，反应结束后过滤洗涤，滤液为氟硼酸溶液。滤饼用层次水逐级提浓洗涤，滤饼充分洗涤后干燥即得白炭黑产品。将上述所得清亮透彻的氟硼酸溶液中均匀加入一定量的氯化钾，合成反应 0.5~1 h。充分反应后将料浆过滤，滤液用于制备氯化钙或外卖，将滤饼洗涤干净后即为氟硼酸钾软膏，将氟硼酸钾在 100~120 ℃下干燥 2~5 h，即得氟硼酸钾产品[19]。氟硅酸、硼酸制氟硼酸钾工艺流程简图如图 9.7 所示。其反应方程式如下：

$$H_2SiF_6 + H_3BO_3 =\!\!=\!\!= HBF_4 \downarrow\ + 2SiO_2 \downarrow\ + 5H_2O \qquad (9.15)$$

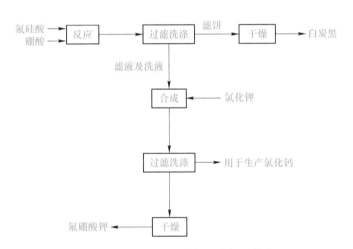

图 9.7　氟硅酸、硼酸制氟硼酸钾工艺流程

Fig. 9.7　Process flow for preparing potassium fluoborate from fluoborate and boric acid

D　产品用途

氟硼酸钾主要用于铝精制除镁剂，优质铝合金晶粒细化剂，也可作为熔剂用于轻金属加工对金属表面处理，制造铝钛硼合金和作砂轮研磨盘的成分，以降低操作温度，用作焊接的助熔剂，用作棉花和人造纤维的阻燃剂，用来清除印刷电路中露出铅的侵蚀液，用于熔接和熔合银、金、不锈钢等金属，还可作铝镁浇铸生产含硼合金的原料、硼铝合金添加剂和航天工业中用于冶炼宇航热高强度镁铝合金[20]。

9.2.2 氟硅酸制备碱土金属氟化物

9.2.2.1 氟化镁

A 性质

化学名：氟化镁，别名二氟化镁；英文名：Magnesium fluoride；分子式：MgF_2；相对分子质量：62.31；CAS：7783-40-6；密度：3.148 g/cm^3；熔点：1266 ℃；沸点：2239 ℃。

氟化镁为无色四方晶系晶体或粉末。微溶于水，溶于硝酸，不溶于乙醇。化学反应活性低，但其与硫酸反应较慢且不完全，故不能用作氟化钙的代用品制取氟化氢。MgF_2 在 750 ℃以下难以水解。该晶体具有中红外宽波段可调谐激光特性。在电光下加热呈现弱紫色荧光。其晶体具有良好的偏振作用，能够透过紫外及中红外的较宽光谱线，特别适于紫外和红外谱线，可用作光学材料。氟化镁的主要物理性质如表9.12所示。

表 9.12 氟化镁的主要物理性质

Table 9.12 Main physical properties of magnesium fluoride

项　　目		数值
相对密度/g·cm^{-3}		3.148
硬度（莫氏）		6
熔点/℃		1263
沸点/℃		2227
折射率		1.37770
溶解度	水（18 ℃，（g/100 mL 溶剂））	0.0076
	水（25 ℃，（g/100 mL 溶剂））	0.013
	氟化氢（12 ℃，（g/100 mL 溶剂））	0.025
	醋酸（25 ℃，（g/100 mL 溶剂））	0.681
	0.01 mol/L HCl/mol·L^{-1}	0.0036
	0.10 mol/L HCl/mol·L^{-1}	0.0086
	1.00 moi/L HCl/mol·L^{-1}	0.0428
熔化热（1536 K）/kJ·mol^{-1}		58.2
气化热/kJ·mol^{-1}		272.19

B 质量指标

目前国家没有对其统一的质量标准规格，某企业标准参考规格如表9.13所示。

表 9.13 氟化镁产品质量的参考规格

Table 9.13 Reference specifications of magnesium fluoride

项目	分析纯/%	化学纯/%
氟化镁	≥97.00	≥95.00
灼烧失重	≤11.00	≤11.00
氯化物	≤0.0050	≤0.020
氮化物	≤0.0050	≤0.030
硫酸盐	≤0.050	≤0.030
硅	≤0.010	≤0.030
铁	≤0.0040	≤0.010
重金属	≤0.0030	≤0.010

C 制备技术

自 20 世纪 60 年代起，热压氟化镁开始用于以中波红外制导的导弹以及飞机的红外前视窗口、红外吊舱、光电雷达等系统中，其中比较有代表性的红外导弹，如美国的"响尾蛇"导弹、俄罗斯的 R-7 导弹、法国的"西北风"导弹、以色列的"怪蛇"导弹等。由于各领域对氟化镁的品质要求不一，其制备的方法也各不相同。工业上生产氟化镁的原料主要来自菱镁矿和盐湖卤水，适用于大规模的工业生产，而高品质氟化镁的实验室制备方法生产原料则来自成品镁盐[21]。氟化镁的生产方法有很多，但传统工艺主要如下：碳酸镁法、氧化镁法、硫酸镁法及氟化氢铵法。

氧化镁法是以氟硅酸和氧化镁为原料，将氟硅酸溶液和氧化镁反应 10 ~ 60 min，过滤得到氟硅酸镁溶液，浓缩结晶得到六水氟硅酸镁；将六水氟硅酸镁在 100 ~ 500 ℃下分解 1 ~ 5 h，生成氟化镁固体和四氟化硅气体及水汽；将四氟化硅气体及水汽用水吸收并水解，过滤得到氟硅酸溶液返回去制氟硅酸镁[22]。

其优点是氟化镁品质高，工艺流程短；缺点是需在高温下分解，能耗高。制备工艺流程图如图 9.8 所示。反应方程式如下：

$$H_2SiF_6 + MgO + 5H_2O \Longrightarrow MgSiF_6 \cdot 6H_2O \downarrow \qquad (9.16)$$

$$MgSiF_6 \cdot 6H_2O \Longrightarrow MgF_2 + SiF_4 \uparrow + 6H_2O \qquad (9.17)$$

D 产品用途

氟化镁主要用于冶炼铝、镁、制造陶瓷玻璃的助熔剂，用于电炉冶炼铁合金中除铝及铝、钢等焊接助熔剂、钛颜料的涂着剂，广泛应用于制备热压晶体、真空镀膜和光学玻璃，在光学仪器中用作镜头及滤光器的涂层、阴极射线屏的荧光材料、光学透镜的反折射剂及焊接剂等。高纯氟化镁还用于光学玻璃、特种军工材料等。

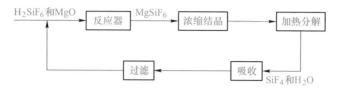

图 9.8 氟硅酸法制备氟化镁工艺流程图

Fig. 9.8 Process flow for preparing magnesium fluoride by fluosilicic acid method

E 市场情况

氟化镁的主要消费领域为铝合金轻量化、防火材料、磁材料、冶金工业等。其中，铝合金轻量化是氟化镁的主要市场，占据了市场需求的80%以上。由于氟化镁具有很好的耐高温性能和加工性能，能够满足铝合金生产的要求，所以在汽车、航空航天等领域的需求持续增长。另外，随着国家加大环保力度，防火材料的需求也在逐渐增加。氟化镁作为一种优良的防火材料，被广泛应用于建筑、工艺品、电子产品等领域。此外，磁材料、冶金工业等领域对氟化镁的需求也在增加。

目前，国内氟化镁行业存在较为明显的寡头垄断现象。目前国内主要厂家有两家，分别是湖南永州市瑞丰化工有限公司和广西百色市金桥氟化材料股份有限公司。其中，湖南瑞丰占据了国内氟化镁生产总量的70%以上，拥有较高的市场份额，行业竞争较为激烈。

氟化镁生产涉及氟化物的使用和产生，造成对环境的污染，因此受到环保政策的限制。据统计，氟化镁行业一些企业存在环保违规行为，因此被关闭整顿。这对氟化镁行业的影响较大，使得一些小微企业被迫停产，使行业整体市场更加集中。

9.2.2.2 氟化钙

A 性质

化学名：氟化钙，别名：氟石，萤石；英文名：Calcium fluoride；分子式：CaF_2；相对分子质量：78.075；CAS：7789-75-5；密度：3.18 g/cm^3；熔点：1423 ℃；沸点：2500 ℃。

氟化钙是一种白色立方发光晶体或粉末，多以天然萤石（氟石）存在。天然矿石中含有杂质，略带绿色或紫色。溶于铝盐和铁盐溶液时形成络合物。溶于硼酸形成氟硼酸盐。氟化钙与热的浓硫酸在铅制容器中反应可制得氟化氢。难溶于冷水和热水，可溶于盐酸、氢氟酸、硫酸、硝酸和铵盐溶液，微溶于碱，不溶于酮，有铵离子存在时其溶解度增加。

B 质量指标

氟化钙工业级质量指标（国标 GB/T 27804—2011）如表 9.14 所示。

表 9.14 氟化钙指标一等品合格品
Table 9.14 Calcium fluoride specifications

项目	I 类	II 类	
		一等品	合格品
氟化钙/%	≥99.00	≥98.50	≥97.50
游离酸/%	≤0.10	≤0.15	≤0.20
二氧化硅/%	≤0.30	≤0.40	—
铁/%	≤0.0050	≤0.008	≤0.0150
氯化物/%	≤0.20	≤0.50	≤0.80
磷酸盐/%	≤0.0050	≤0.010	—
水分/%	≤0.10	≤0.20	—

C 制备技术

复分解法制备高纯氟化钙：该工艺主要利用 H_2SiF_6 和 $CaCO_3$ 直接反应，反应完全后进行过滤，滤饼经过洗涤、干燥得到 CaF_2 产品；滤液进行浓缩后即得到硅胶产品，或进一步将此浓缩液进行喷雾造粒干燥，再经旋风进行气固分离得到白炭黑产品[23]。其中的优点是工艺简单、反应温和，对设备要求较低；缺点是会产生大量二氧化碳，对环境造成一定程度的不良影响。工艺流程如图 9.9 所示。反应方程式如下：

$$H_2SiF_6 + 3CaCO_3 \rightleftharpoons 3CaF_2 \downarrow + SiO_2 \cdot H_2O + 3CO_2 \uparrow \qquad (9.18)$$

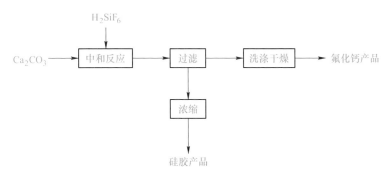

图 9.9 氟硅酸制备氟化钙工艺流程图

Fig. 9.9 Process flow diagram for preparing calcium fluoride from silicofluoride

其他制备方法：可由氟化钠、氟化钾或氟化铵与碳酸钙反应制得，或者由硝酸钙与氟化铵反应制得，非常纯的氟化钙可由氢氟酸与高纯沉淀碳酸钙反应制得。

D 产品用途

氟化钙可用于制氢氟酸、氟化物、陶瓷、搪瓷。冶金工业用作助熔剂，有机化学反应中用作脱水或脱氢催化剂，还可用于电子、仪表、光学仪器制造。纯的氟化钙还可用作红外光材料。天然萤石作为无水氟化氢等的原料，合成产品用于特殊光学玻璃制造和生产单晶、光导纤维、搪瓷及医药[24]。

9.2.3 氟硅酸制备其他类氟化工产品

9.2.3.1 冰晶石

A 性质

化学名：冰晶石：别名六氟铝酸钠；英文名：Sodium fluroaluminate；分子式：Na_3AlF_6；相对分子质量：209.94；CAS：15096-52-2；有立方和单斜晶型，在565 ℃时单斜结晶转化成立方结晶；密度：2.95-3.10 g/cm^3；熔点约为1000 ℃。

冰晶石是一种无色，但常呈灰白色、淡黄色或淡红色，有时呈黑色。单斜晶系，是一种不可分割的致密块体，具有玻璃光泽，微溶于水，呈酸性反应，遇强酸或在高温时与水蒸气接触易放出剧毒的氟化氢气体。在熔融态可溶解许多盐和氧化物而形成比其组分熔点低的溶液。冰晶石不自燃也不助燃，其结晶水的含量随分子比的升高而降低，因而其灼烧损失也随分子比的升高而降低。冰晶石在某些溶液中的溶解度和冰晶石的主要物性数据分别如表9.15所示。

表 9.15 冰晶石在溶液中的溶解度 （g/100 g 饱和溶液）
Table 9.15 Solubility of cryolite in solution （g/100 g saturated solution）

溶剂	溶解度 （g/100 g 溶剂）
水 （25 ℃）	0.042
5%$AlCl_3$ （25 ℃）	5.80
5$FeCl_3$ （25 ℃）	2.50
1.5%HCl （20 ℃）	0.38
NaOH （热强碱）	完全溶解

B 质量指标

天然冰晶石仅个别国家蕴藏，目前工业上用的冰晶石主要为人工合成（Na和Al摩尔数之比不足3.0）。冰晶石种类，按氟化钠与氟化铝的分子之比，可分为高分子比冰晶石和低分子比冰晶石；按合成方法，有干法冰晶石和湿法冰晶石。由中国有色金属协会提出、并由全国有色金属标准化技术委员会负责制定了冰晶石的质量标准 GB/T 4291—2007，对人造冰晶石的化学成分规定如表9.16所示。

表 9.16 冰晶石的化学指标

Table 9.16 Chemical specifications of cryolite

牌号	质量分数/%, ≤									
	F	Al	Na	SiO_2	Fe_2O_3	SO_4^{2-}	CaO	P_2O_5	H_2O	灼减量
CH-0	52	121	33	0.25	0.0	0.6	0.15	0.02	0.2	2.0
CH-1	52	12	33	0.36	0.08	1.0	0.2	0.03	0.4	2.5
CM-0	53	13	32	0.25	0.05	0.6	0.2	0.02	0.2	2.0
CM-1	53	13	32	0.36	0.08	1.0	0.6	0.03	0.4	2.5

C 制备技术

冰晶石是一类碱金属的复合氟铝酸盐[25]，是电解铝厂和钢铁冶炼等所用的助熔剂。国内外生产冰晶石的方法主要有萤石法、含氟废气法、再生冰晶石回收法和氟硅酸法。从磷矿伴生氟资源回收角度来看，冰晶石生产工艺主要分为直接合成法、氨法、氨-铝酸钠法和氟硅酸法[26]。目前，先将氟硅酸转化为氟硅酸钠，再以氟硅酸钠为原料生产冰晶石的氟硅酸生产法在我国磷肥厂中得到了广泛的应用[27-29]。

氟硅酸钠法：目前以氟硅酸为原料制冰晶石比较成熟的工艺路线主要是氟硅酸钠法。在此制备工艺中，经过以下反应过程：氟硅酸溶液中加入氯化钠反应生成氟硅酸钠，氟硅酸钠分离提纯后，制成氟硅酸钠溶液。通入过量氨水氨化，得到产物氟化铵、氟化钠溶液和二氧化硅沉淀（白炭黑）。产物分离干燥后，向所得滤液中加入偏铝酸钠，反应后加热挥发出氨气、浓缩结晶析出冰晶石，过程可实现氨气循环利用。此工艺最大特点是制备出来的冰晶石纯度高，制备工艺如图9.10 所示。反应方程式如下：

$$H_2SiF_6 + NaCl =\!=\!= Na_2SiF_6 \downarrow + HCl \qquad (9.19)$$

$$Na_2SiF_6 + 4NH_3 \cdot H_2O =\!=\!= NH_4F + 2NaF \downarrow + SiO_2 \downarrow + 2H_2O$$
$$\qquad (9.20)$$

$$NaF + 5NH_4F + Na_2AlO_3 =\!=\!= Na_3AlF_6 \downarrow + 5NH_3 \uparrow + 3H_2O \qquad (9.21)$$

1991 年我国湘乡铝厂对该法进行了研究，1998 年多氟多化工股份有限公司对该方法进行了再创新并进行了工业化技术的开发，同时成功制得高分子比冰晶石和优质白炭黑产品，建成年产 2 万吨冰晶石及 6 千吨白炭黑生产装置，氟硅酸钠法制冰晶石联产优质白炭黑项目，于 2002 年被原国家发展计划委列为"国家高技术产业化示范工程"，现已扩建至 3 万吨冰晶石联产 9 千吨白炭黑装置。

氟硅酸钠法制冰晶石联产优质白炭黑技术属于国内首创，具有自主知识产权，显示出巨大的经济效益和社会效益。一是开辟了新的"氟"资源。国内普遍采用纯碱氟铝酸法生产冰晶石，该项目利用磷肥副产品作为氟资源制造冰晶

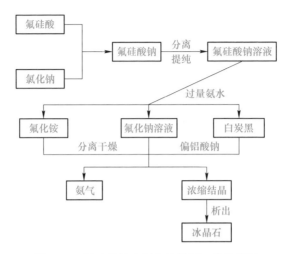

图 9.10 氟硅酸钠法制备冰晶石工艺流程图

Fig. 9.10 Process flow chart of cryolite preparation by sodium fluosilicate method

石，节约了大量的萤石资源；二是项目解决了长期制约我国磷肥行业发展的环境污染问题，有力地促进了这一行业的发展；三是推动了电解铝行业的技术进步。该项目生产的高分子比冰晶石主要用于电解铝的启槽，可以有效提高其技术和经济指标。该产品有利于电解铝启槽时槽帮均匀吸钠，节约纯碱，避免启槽初期偏析；在启槽后期，能有效增加启动槽的稳定性，延长电解槽的使用寿命，该产品的应用是我国电解槽启动技术应用上的一大进步。四是实现了我国沉淀法白炭黑生产技术上的新突破。该项目经氨解氟硅酸钠得到的二氧化硅经技术处理得到优质白炭黑。

D 产品用途

冰晶石主要在冶金工业方面，作为助熔剂用于氧化铝电解及精炼纯铝，不仅能够溶解氧化铝，还具有稳定性好、不易分解和挥发、熔点高、导电性好等优点，用以降低熔点和提高电解质的电导率，也可用作焊条涂层和多种金属焊接加工时的助熔剂。在玻璃工业中，因其与硅、铝和钙的氧化物具有优良的溶解能力，可成为一种高效助熔剂。又因其可以与玻璃中的许多组分形成低熔点化合物，可制造乳白玻璃和不透明玻璃（玻璃遮光剂）。作为添加剂可以改善陶瓷、搪瓷釉料的延展性能，可以用作橡胶、砂轮的树脂添加剂和耐磨填充剂、胃毒性药剂、农作物的杀虫剂、陶瓷乳白剂、金属熔剂、烯烃聚合催化剂，还用于制造人造石、玻璃反射涂层、激光镜面涂层、钢材的修边剂、自润滑轴承。

E 市场情况

2022 年人造冰晶石出口总额为 1681 万美元，1 月份及 10 月份出口额较高，分别为 342 万美元和 288 万美元。其他月份则在 178 万~197 万美元间波动。2022 年人造冰晶石采购排名前十的国家及地区中，阿联酋的采购量最高，达

5629 t, 占比 34%; 其次是伊朗, 采购量 3069 t。两个国家的采购量占比达 50% 以上。2022 年人造冰晶石出口排名前十的省份中, 河南省出口量最大, 为 6492 t, 其次是浙江和湖北, 出口量分别为 2248 t 和 2074 t。

由于冰晶石材料具备强大的热学性能, 加之其价格比同类产品比较低廉, 因此冰晶石材料得到了广泛应用。市场报告显示, 冰晶石材料行业处于高速发展的过程中, 其市场需求量也是非常旺盛。除此之外, 由于其特殊的热学性能, 冰晶石材料在高精度侦察行业得到了极大的应用, 已成为难以取代的高精度测量仪器材料, 从而增加了冰晶石材料的需求量。

9.2.3.2 氟化铵

A 性质

化学名: 氟化铵; 英文名: Ammonium fluoride; 分子式: NH_4F; 相对分子质量: 37.04; CAS: 12125-01-8; 密度: 1.315 g/cm^3。

氟化铵是一种白色六角柱状晶体或粉末, 有毒, 易潮解, 易溶于水、甲醇, 较难溶于乙醇, 不溶于氨。水溶液呈酸性, 受热或遇热水分解为氨与氟化氢, 能腐蚀玻璃。氟化铵在水中的溶解度如表 9.17 所示, 其他物化性质如表 9.18 所示。

表 9.17 氟化铵在水中的溶解度
Table 9.17 Solubility of ammonium fluoride in water

温度/℃	溶解度 (g/100 g)	固相物
−4.10	5.00	冰
−8.20	10.00	冰
−12.10	15.00	冰
−14.70	20.00	冰
−20.70	25.00	冰
−24.90	30.00	冰
−26.50	32.30	冰+$NH_4F \cdot H_2O$
−19.00	39.20	$NH_4F \cdot H_2O + NH_4F$
−16.00	41.00	NH_4F
0	41.81	NH_4F
5.60	43.50	NH_4F
10	42.55	NH_4F
15.30	45.10	NH_4F
20	45.25	NH_4F
25	45.31	NH_4F

续表 9.17

温度/℃	溶解度（g/100 g）	固相物
30	47.05	NH_4F
45	49.81	NH_4F
60	52.62	NH_4F
80	54.05	NH_4F

表 9.18 氟化铵的主要物理性质
Table 9.18 Main physical properties of ammonium fluoride

项目		数值
密度/$g \cdot cm^{-3}$		1.32
熔点/℃		40~100 ℃时分解
热熔（固态）/$J \cdot (mol \cdot K)^{-1}$		65.27
生成热/$kJ \cdot mol^{-1}$		−455.90
熵（25 ℃）/$J \cdot (mol \cdot K)^{-1}$	固态	71.97
	液态	99.58
自由能（25 ℃）/$kJ \cdot mol^{-1}$	固态	−348.70
	液态	−358.19
毒性分级		剧毒
急性毒性		腹腔-大鼠LD_{50}：31 mg/kg
职业标准		TWA2.5 mg（氟）/m^3；STEL5 mg（氟）/m^3
灭火器		水
储运特性		库房通风低温干燥，与酸碱食品等分开储运

B 质量指标

氟化铵化学成分执行国家标准 GB/T 1276—1999，具体指标如表 9.19 所示。

表 9.19 氟化铵化学成分标准
Table 9.19 Chemical composition standards for ammonium fluoride

项目	优级纯	分析纯	化学纯
氟化铵/%	≥96.00	≥96.00	≥95.00
澄清度试验	合格	合格	合格
灼烧残渣（硫酸盐）/%	≤0.0050	≤0.020	≤0.050
游离酸（以NH_4HF_2计）/%	≤0.20	≤0.50	≤1.00
游离碱	合格	合格	合格
氯化物/%	≤0.00050	≤0.0050	≤0.010

项目	优级纯	分析纯	化学纯
硫酸盐/%	≤0.0050	≤0.010	≤0.020
氟硅酸铵/%	≤0.080	≤0.30	≤0.60
铁/%	≤0.0050	≤0.0020	≤0.0040
重金属/%	≤0.0050	≤0.0010	≤0.0020

C 制备技术

氟化铵是无机氟化工的重要产品，传统方式以氟化氢为原料生产。但是随着萤石供应日趋紧张，近些年出现了以工业副产氟硅酸生产氟化铵的技术，并在工业级氟化铵领域对传统法逐步进行替代[30]。

液相法：液相法生产氟化铵主要是采用氟硅酸溶液与氨水或液氨反应制得含白炭黑的氟化铵料浆，过滤洗涤得优质白炭黑，滤液浓缩得氟化铵或氟化氢铵产品。此方法的关键在于副产的白炭黑质量优劣、氟化铵溶液浓缩过程中能耗的高低以及反应体系水平衡等。白炭黑质量可通过调整氨水或液氨的加料速度、晶种数量和质量、氨解时间和温度以及氨解体系白炭黑料浆浓度等参数控制；氟化铵溶液浓缩能耗与浓缩装备工况相关；反应体系保持水平衡，应尽可能地不带入新鲜水，体系多余的水经石灰中和处理后返回系统用于白炭黑的洗涤，若再有多余的水，可用作系统的冷凝水。总之，做好系统的水平衡，是此工艺能大规模实施的重点和关键点。

氟化铵可由含氟和含氨的化工原料采用液相法[31]、气相法或固相混合物加热升华制得，三种氟化铵的生产方法，其中液相法[32]生产设备简单，易于控制；气相法成品质量较高；而升华法则成本最低。目前在工业化生产中大多采用液相法。将氟硅酸首先制备成氟硅酸铵固体，氟硅酸铵进一步在氟化铵溶液中氨解，氟、硅进行化学分离，得到氟化铵和二氧化硅，反应液经陈化、冷却、结晶后，将氟化铵、二氧化硅分离得到氟化铵固体和二氧化硅，氟化铵溶液循环使用。制备工艺流程图如图 9.11 所示。

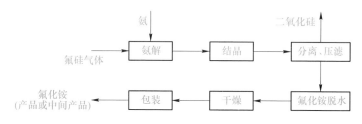

图 9.11 制备氟化铵工艺流程图

Fig. 9.11 Process flow diagram for preparing ammonium fluoride

含氟废气回收法：用8%~9%NH$_4$F溶液吸收含氟废气中的SiF$_4$，生成18%~20%（NH$_4$）$_2$SiF$_6$和2%H$_2$SiF$_6$溶液，然后再用氨或氨水中和。氨和氟硅酸反应，当氨稍过量（4~7 g/L）时，在15~20 ℃下，可制得很纯的氟化铵溶液。

D 产品用途

氟化铵主要用于合成冰晶石的中间体，也可用于电子工业清洗腐蚀剂和硅片、二氧化硅层蚀刻剂，也可与氢氟酸配成缓冲腐蚀液，雕刻玻璃，冶金工业用作提取稀有金属等；酿造工业用作啤酒消毒的细菌抑制剂；机械工业用作金属表面化学抛光剂；木材工业用作防腐剂；化学分析中用作离子检测的掩蔽剂，用于配制滴定液来测定铜合金中的铅、铜、锌成分。

E 市场情况

随着新兴产业的不断崛起，氟化铵作为一种半导体材料，受到了越来越多的关注。据统计，2019年氟化铵市场规模已达到120亿美元。而随着科技的不断进步，它的应用领域将不断扩大，市场规模也将持续增长。

目前，氟化铵市场主要集中在亚洲和北美两个地区，并且随着中国和印度等国家的快速发展，市场需求也将在这些国家得到进一步提高。此外，随着技术的不断发展和创新，应用领域将逐步扩大，包括半导体、光电子、医药等领域。氟化铵市场需求量日益增加，不过市场上的供应商数量依然较少，氟化铵价格仍然偏高。目前，市场上的价格竞争主要集中在出厂价上，价格水平相对较稳定。

随着新兴产业的不断发展和市场监管的加强，氟化铵市场需求将不断增加。在未来，氟化铵行业将会呈现出多元化、专业化和高品质化的趋势。因此，企业应加强技术研发，提升产品质量，同时加强市场营销，提高企业竞争力。

9.2.3.3 氟化氢铵

A 性质

化学名：氟化氢铵，别名酸式氟化铵、二氟化氢铵；英文名：Ammoniumbi fluoride；分子式：NH$_4$HF$_2$；相对分子质量：57.04；CAS：1241-49-7；密度：1.52 g/cm^3；熔点：124.6 ℃；沸点：240 ℃。

氟化氢铵为白色或无色透明正方晶系结晶，商品通常呈均匀片状晶体。氟化氢铵通常状况下为无嗅化合物，但当HF含量超过1%时会产生酸臭味。在干燥状态下比较稳定，但在空气中易潮解，遇潮后水解成有毒氟化物、氮氧化物和氨气。其微溶于醇，极易溶于水，在热水中易分解，水溶液呈强酸性。在较高的温度下能升华。80 ℃开始慢慢热分解，最高235 ℃时质量完全消失。能腐蚀玻璃，对皮肤有腐蚀性，有毒。氟化氢铵在水中的溶解度及其物理性质分别如表9.20、表9.21所示。

表 9.20 氟化氢铵在水中的溶解度

Table 9.20 Solubility of ammonium hydrogen fluoride in water

温度/℃	溶解度（g/100 g）	固相物
-3.40	5.00	冰
-6.50	10.00	冰
-9.40	1.00	冰
-12.60	20.00	冰
-14.80	23.60	冰+NH_4HF_2
0.00	28.45	NH_4HF_2
10	31.96	NH_4HF_2
20	37.56	NH_4HF_2
25	43.73	NH_4HF_2
40	50.00	NH_4HF_2
60	61.00	NH_4HF_2
80	74.53	NH_4HF_2
100	85.55	NH_4HF_2
104.60	89.00	NH_4HF_2
110.50	92.00	NH_4HF_2
114	94.00	NH_4HF_2
126.10	100	NH_4HF_2

表 9.21 氟化氢铵的主要物理性质

Table 9.21 Main physical properties of ammonium hydrogen fluoride

项　目	数　值
类别	腐蚀物品
相对密度/g·m^{-3}	1.52
熔点/℃	126.10
沸点℃	239.50
定压比热/kJ·kg^{-1}	1.15
溶解热/kJ·mol^{-1}	20.27
折射率	1.40
90%乙醇中溶解度（25 ℃，g/100 g）	1.73
标准生成热/kJ·mol^{-1}	298.30
熔化热/kJ·mol^{-1}	19.10
蒸发热/kJ·mol^{-1}	65.30

项　目		数　值
离解热/kJ·mol^{-1}		1411.40
摩尔热熔/kJ·mol^{-1}		106.70
熵（25 ℃）/J·(mol·K)$^{-1}$	晶体	115.52
	溶液	205.89
自由能（25 ℃）/kJ·mol^{-1}	晶体	-651.52
	含水	-657.52
毒性分级		高毒
急性毒性		腹腔-大鼠 LD$_{50}$：31 mg/kg
职业标准		TWA2.5 mg（氟）/m^3；STEL5 mg（氟）/m^3
灭火剂		雾状水
储运特性		库房通风低温干燥，与碱分开存放

B　质量指标

我国工业氟化氢铵质量标准执行中国化工行业标准 HG/T 3586—1999，具体指标如表 9.22 所示，化学试剂氟化氢铵质量标准则执行 GB/T 1278—1994，具体指标如表 9.23 所示。

表 9.22　我国工业氟化氢铵的质量标准

Table 9.22　Quality standard of ammonium hydrogen fluoride in China

项目	优等品/%	一等品/%
氟化氢铵	≥97.00	≥95.00
干燥减量	≤3.00	≤5.00
灼烧残渣含量	≤0.20	≤0.20
硫酸盐	≤0.10	≤0.10
氟硅酸铵	≤2.00	≤4.00

表 9.23　我国化学试剂氟化氢铵的质量标准

Table 9.23　Quality standard of ammonium hydrogen fluoride in China

项目	分析纯/%	化学纯/%
氟化氢铵	≥98.00	≥97.00
干燥减量	≤0.010	≤0.050
灼烧残渣含量	≤0.0010	≤0.0050
硫酸盐	≤0.0050	≤0.010

项目	分析纯/%	化学纯/%
氟硅酸盐	≤0.20	≤0.50
铁	≤0.0010	≤0.0050
重金属	≤0.0020	≤0.0050

C 制备技术

"氟硅酸-液氨"液相法生产工艺目前趋于成熟，但建成生产线较少，该方法既解决了磷肥企业的氟污染问题，保护了萤石资源，也为含氨氟化盐的深加工开辟了一条新思路，随着磷肥企业越来越重视氟资源的利用，该工艺也逐渐成熟[33]。

氟硅酸-液氨法：氟化氢铵生产主要采用氟硅酸溶液与氨水或液氨反应制得含白炭黑固体的氟化铵料浆，过滤洗涤得优质白炭黑，滤液浓缩得氟化铵或氟化氢铵产品[34]。氟化铵进一步与氟化氢反应后得到氟化氢铵。氟化氢铵制备工艺流程图如图9.12所示。

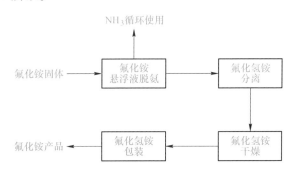

图9.12 氟硅酸制备氟化氢铵工艺流程图

Fig. 9.12 Process flow for preparing ammonium hydrogen fluoride from fluorosilicic acid

D 产品用途

氟化氢铵可用于采油中，主要用来清洁钻轴，以及用含2%氟化氢铵的15%盐酸溶液来溶解硅石和硅酸盐等硅质岩层恢复废弃油井的采油能力。用于清洗含有硅酸盐的锅炉给水系统和蒸汽发生系统结垢，还可用于金属铝表面抛光。在玻璃、珐琅加工中，通常和氢氟酸配合使用，蚀刻普通透明玻璃、珐琅进行磨砂处理和花纹绘制。在纺织品处理中，用以除去织物上的碱性物和铁锈。在冶金工业中，用氟化氢铵在较高温度下可与许多金属氧化物或碳酸盐形成复盐的特性来制取金属铍。氟化氢铵和浓硝酸混配可用于不锈钢和钛的酸浸以避免金属的氢脆，在镀锌和镀镍前用氟化氢铵浸洗可使表面活化、用于镁及其合金的抗腐蚀处理以及硅钢的表面防锈处理等。用于杀菌剂。也可用于烷基化、异构化催化剂组分。

超纯级氟化氢铵用于电子行业硅晶片的蚀刻成分以及氧化物缓冲蚀刻剂。

E　市场情况

随着下游市场发展，氟化氢铵需求量不断增长。2019年我国氟化氢铵行业产量17.74万吨，进口量0.27万吨，出口量1.41万吨，氟化氢铵行业表观消费量达16.60万吨。2019年我国氟化氢铵市场规模18.88亿元，其中高纯度氟化氢铵市场规模4.02亿元，较2014年1.98亿元大幅增加，年复合增长率达15.22%，2022年中国氟化氢铵市场规模约26.32亿元。

就目前来看，国内从事氟化氢铵生产的企业主要有领疆科技、淄博飞源化工、东岳金峰氟化工、英杰化工、华新化工、宝硕化工、同晟祥化工、富宝集团等，合计企业产能在2020年突破至20万吨以上，虽然较之前已有很大提升，但整体仍处于较低水平，国内尚未出现全国性龙头企业，未来市场集中度提升潜力较大。随着我国铝制品加工的发展，铝制品表面处理用氟化氢铵需求猛增；高档玻璃、珐琅制品（特别是磨砂玻璃）及装饰灯具等市场需求也在增加。此外，我国中西部油田逐步开采，潜在的需求也在逐步显现，刺激了氟化氢铵生产。国内生产企业数十家，产量和装置水平悬殊较大。随着我国电子工业半导体市场前景工业的发展，气相法技术、无水氟化氢铵、超纯氟化氢铵将成为开发重点，有着良好的市场前景。

9.2.3.4　四氟化硅

A　性质

化学名：四氟化硅；英文名：Silicon tetrafluoride；分子式：SiF_4；相对分子质量：104.079；CAS：7783-61-17；密度：3.57 g/cm^3。

四氟化硅为无色、有窒息气味，味道类似于氯化氢的刺激性气体。吸湿性很强，在潮湿空气中水解而生成硅酸和氟化氢，同时形成浓烟。溶于硝酸和乙醇。有制止镁在空气中氧化的性能，有毒。

B　制备技术

直接法：直接法同硫酸法制氟化氢方法一样，硫酸热解氟硅酸产生的氟化氢和四氟化硅气体经硫酸洗涤得到四氟化硅和氟化氢，方程式见（9.22）。优点是经济效益高，缺点是设备等要求高、纯化难。

$$H_2SiF_6 \rightleftharpoons 2HF\uparrow + SiF_4\uparrow \qquad (9.22)$$

间接法：间接法是将氟硅酸先转化为氟硅酸盐[35]，再将氟硅酸盐热解或者与浓硫酸热解制备四氟化硅。氟硅酸盐与浓硫酸热解制备四氟化硅同氟硅酸盐法制备氟化氢工艺一样，不同的是将反应得到的四氟化硅不用于浓缩氟硅酸，而是直接提纯制备四氟化硅产品，工艺流程如图9.13所示。

采用氟硅酸盐直接热解反应制备四氟化硅主要是氟硅酸盐的选择，常用的氟硅酸盐有氟硅酸钠和氟硅酸钙。采用氟硅酸钠热解须在400~900℃下热解1~2h，热

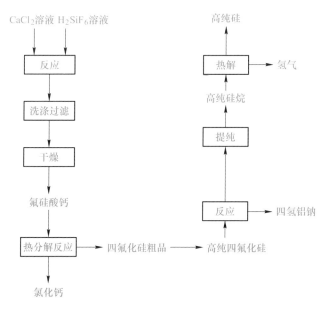

图 9.13 四氟化硅间歇法工艺流程图

Fig. 9.13 Silicon tetrafluoride batch process flow chart

解温度高、能耗大，氟硅酸钠在高温热解时流动性差、黏性增加，容易结壁。采用氟硅酸钙热解也须在 400 ℃热解 1 h[36]。优点是成本低，缺点是需要的能耗较高，工艺不成熟。

C 产品用途

四氟化硅作为半导体与光纤加工应用中所使用的一种电子专用气体，是有机硅化物的合成材料，常作为硅基半导体器件生产过程中所采用的离子注入法中的一种重要成分。四氟化硅还可用于处理干燥混凝土部件，能很好地改进其防水性、耐腐蚀性和耐磨性；还可提高结晶分子筛的憎水性能；以及生产高分散性的硅酸、氢氟酸、原硅酸酯、高质量的硅、光电池的无定形硅、硅烷等。并且可作为一种蚀刻介质用于半导体工业的含硅材料上，还可用于硅的外延生长、非晶硅膜生成和等离子刻蚀等。由于四氟化硅的高附加值，并随着硅基产业的发展，具有广阔的市场前景。四氟化硅生产工艺的研究起初源于欧美等发达国家，我国对于四氟化硅的研究尚处于发展阶段。国外生产四氟化硅的厂家有：美国联合化学公司、美国普莱克斯公司、美国空气产品公司，日本的三井化学公司、昭和电工化学公司和中央硝子公司，意大利的 EniChem 公司和南非的 BOC 公司等。近年来国内四氟化硅的生产工艺在向自主化研究发展，主要生产厂家有：天津赛美特特种气体有限公司、北京华科微能特种气体有限公司、北京绿菱气体科技有限公司、广州谱源气体有限公司等。

9.2.3.5　介孔二氧化硅

A　性质

化学名：二氧化硅；英文名：Silicon dioxide；分子式：SiO_2；相对分子质量：60.84；CAS：14808-60-7；密度：2.2 g/cm³；熔点：1723 ℃；沸点：2230 ℃。

二氧化硅是一种无色透明的固体，化学性质比较稳定，不与水反应，具有较高的耐火、耐高温性能，热膨胀系数小，高度绝缘、耐腐蚀，同时具有压电效应、谐振效应以及其独特的光学特性。它属于酸性氧化物，不与一般酸反应，与氢氟酸反应生成气态四氟化硅，与热的浓强碱溶液或熔化的碱反应生成硅酸盐和水。跟多种金属氧化物在高温下反应生成硅酸盐。二氧化硅的性质不活泼，它不与除氟、氟化氢以外的卤素、卤化氢以及硫酸、硝酸、高氯酸作用（热浓磷酸除外）。

B　制备技术

湿法磷酸副产物 SiO_2 被认为是主要的硅源，由于其独特的物理和化学性质，二氧化硅有广泛的应用，国内缺乏高质量的二氧化硅，目前的商业合成二氧化硅工艺如气相法和溶胶-凝胶法成本较高。因此，对低成本、高质量二氧化硅的需求一直受到高度关注。

氟硅酸法。原料氟硅酸在氨化釜内与液氨反应，生成氟化铵与二氧化硅混合物，经分离后得到氟化铵溶液和硅胶固体物。硅胶固体物经过清洗、干燥后成为高纯二氧化硅[37]，如图 9.14 所示。化学反应式如下：

$$H_2SiF_6 + 6NH_3 + 2H_2O \stackrel{}{=\!=\!=} 6NH_4F + SiO_2 \downarrow \tag{9.23}$$

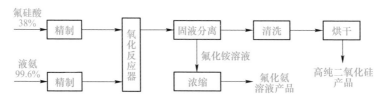

图 9.14　高纯二氧化硅制备工艺流程图

Fig. 9.14　Flowchart of the preparation process of high purity silica

C　产品用途

二氧化硅是制造玻璃、石英玻璃、水玻璃、光导纤维、电子工业的重要部件、光学仪器、工艺品和耐火材料的原料。除此之外，二氧化硅还可以作为润滑剂，是一种优良的流动促进剂，主要作为润滑剂、抗黏剂、助流剂[38]。特别适宜油类、浸膏类药物的制粒，制成的颗粒具有很好的流动性和可压性。还可以在直接压片中用作助流剂。作为崩解剂可大大改善颗粒流动性，提高松密度，使制得的片剂硬度增加，缩短崩解时限，提高药物溶出速度。颗粒剂制造中可作为干燥剂，以增强药物的稳定性。还可以作助滤剂、澄清剂、消泡剂以及液体制剂的助悬剂、增稠剂。

9.3 本章小结

从第8章、第9章可知，氟硅酸可以用于无机氟硅酸盐的生产，但由于市场原因，氟硅酸钠、氟化铝市场也趋于饱和；氟硅酸生产出的氟化钙产品品质无法与萤石媲美，用此类氟化钙只能用作低端产品；氟化钠由于产品的使用范围有限。因此，可开发氟化钾、氟化镁、氟化铵/氟化氢铵等产品，而四氟化硅及高比表面积介孔二氧化硅材料由于技术未成熟，还需探索，故不能作为一条成熟的、可选择的发展路线。

参 考 文 献

[1] 韩汉民. 由氟硅酸钾制备氟化钾 [J]. 化学世界，1989，30（9）：44-45.

[2] 张欣露，孙新华. 利用含氟废酸制取氟硅酸钾研究 [J]. 再生资源与循环经济，2018，11（5）：38-40.

[3] 张蒙. 一种大颗粒氟硅酸钾制备工艺的研究 [J]. 化学工程与装备，2019（10）：25-28.

[4] Yang L J，Zhang Y X，Hong L U. Crystallization kinetics of potassium（sodium）fluosilicate in wet-process phosphoric acid [J]. Journal of Chemical Engineering of Chinese Universities，2001，15（3）：286-290.

[5] 张光旭，石瑞，彭宇，等. 利用钾长石制取氟硅酸钾的研究 [J]. 无机盐工业，2014，46（3）：57-59.

[6] 唐波，陈文兴，田娟，等. 利用磷肥企业氟化物生产固体氟硅酸铵的方法 [J]. 无机盐工业，2015，47（10）：45-47.

[7] 陈早明，陈喜蓉. 氟硅酸一步法制备氟化钠 [J]. 有色金属科学与工程，2011，2（3）：32-35.

[8] 卢芳仪，卢爱军. 氟硅酸制氟化钠新工艺的研究 [J]. 硫酸工业，2004（2）：25-29.

[9] 毛振东，刘忠宝，朱祺，等. 氟化钾制备工艺的研究 [J]. 山东化工，2021，50（6）：66-68.

[10] Noguchi H，Adachi S. Chemical treatment effects of silicon surfaces in aqueous KF solution [J]. Applied Surface Science，2005，246（1/2/3）：139-148.

[11] 龚翰章，周丹，雷攀，等. 氟硅酸铵制备氟化钾联产白炭黑的实验研究 [J]. 磷肥与复肥，2017，32（8）：5-7.

[12] 李泽坤. 氟硅酸制备氟化钾及其活性的研究 [D]. 武汉：武汉工程大学，2023.

[13] 李泽坤，丁一刚，龙秉文，等. 湿法磷酸副产物氟硅酸制备氟化钾工艺研究 [J]. 无机盐工业，2018，50（11）：45-48.

[14] 谷正彦. 高品质氟化钾制备新工艺研究 [J]. 河南化工，2020，37（3）：31-34.

[15] Charles H K，Kibutz M M，Harel S，et al. Process for the production of potassium magnesium

fluoride［D］. US, 1966.

[16] 周丹, 魏新宇, 龚翰章. 磷肥副产氟硅酸制备氟化钾的工艺研究［J］. 化工矿物与加工, 2017, 46 (8): 28-31.

[17] 许金秀. 一种氟化钾的生产工艺: CN202310009332［P］. 2023.

[18] 柯文昌, 丁一刚, 龙秉文, 等. 湿法磷酸脱氟制备氟化钾净化除杂的研究［J］. 化学与生物工程, 2016, 33 (9): 23-26.

[19] 杨水艳. 氟硅酸、硼酸制备氟硼酸钾工艺研究［J］. 无机盐工业, 2011, 43 (10): 48-50.

[20] 匡家灵, 王煜. 湿法磷酸副产氟硅酸制氟硼酸钾技术［J］. 无机盐工业, 2013, 45 (2): 39-41.

[21] 帅领, 吴婉娥. 氟化镁制备技术现状及发展趋势［J］. 材料导报, 2011, 25 (S2): 322-325.

[22] 张永忠, 王刚. 高纯氟化镁的制备及其应用［J］. 化工生产与技术, 2021, 27 (1): 21-23.

[23] 施浩进, 丁铁福, 杨波, 等. 氟硅酸制备 HF 和 CaF_2 生产方法简述［J］. 有机氟工业, 2019 (3): 54-57.

[24] 周绿山, 唐涛, 钱跃, 等. 氟化钙制备的研究进展［J］. 当代化工, 2015, 44 (9): 2254-2256.

[25] 陶雄. 由磷肥副产氟硅酸制取冰晶石的新工艺研究［J］. 江西化工, 2007 (1): 74-77.

[26] 刘晓红, 王贺云, 刘晓萍. 氟硅酸制冰晶石联产白炭黑工艺研究［J］. 轻金属, 2007 (7): 58-60.

[27] 张自学, 王煜, 郑浩, 等. 用氟硅酸制备冰晶石联产水玻璃的新工艺［J］. 磷肥与复肥, 2016, 31 (6): 37-40.

[28] 冯双青. 冰晶石生产方法综述［J］. 甘肃联合大学学报（自然科学版）, 2006, 20 (4): 3-5.

[29] 陈红艳, 杨林, 田京城, 等. 氟硅酸钠法冰晶石工艺技术研究进展［J］. 焦作大学学报, 2012, 26 (1): 88-89.

[30] 黄忠, 余双强, 高开元, 等. 高杂质氟硅酸制备氟化铵联产氟化镁工艺技术研究［J］. 无机盐工业, 2020, 52 (10): 110-116.

[31] 应盛荣, 姜战, 应悦. 由氟硅酸和液氨制备氟化铵或氟化氢铵的设备及生产方法: CN201310430060［P］. 2014.

[32] 肖冠斌, 丁一刚, 邓伏礼, 等. 湿法磷酸液相氟制备氟化铵的工艺研究［J］. 化工矿物与加工, 2015, 44 (11): 14-17.

[33] Liu Y, An T, Xu H, et al. New process for joint production of high-purity silica and ammonium hydrogen fluoride［J］. Xiandai Huagong/Modern Chemical Industry, 2014, 34 (2): 65-67.

[34] 徐欢, 安涛, 刘烨, 等. 氟硅酸法制无水氟化氢铵新工艺［J］. 化学工程, 2014, 42 (8): 76-78.

[35] 王建萍. 磷肥副产氟硅酸制备四氟化硅工艺研究［J］. 河南化工, 2016, 33 (9):

34-36.

［36］胡专. 氟硅酸制备高纯硅副产氟化盐的工艺研究［J］. 河南化工，2020，37（6）：23-25.

［37］应盛荣，姜战. 以氟硅酸制备高纯石英砂的技术与工艺［J］. 化工生产与技术，2013，20（4）：27-30.

［38］卢爱军，徐海林，卢芳仪. 由氟硅酸制高纯二氧化硅和氟化铵［J］. 河南化工，2002（12）：17-19.